应用型本科机电类专业"十二五"规划精品教材

数控加工编程与操作综合实训教程

主　编　桂　伟　常　虹
副主编　王卉军　张胜利　章小红　齐洪方
参　编　（按姓氏笔画排列）
　　　　冯　帅　刘　虎　吴　娇　黄　丽

华中科技大学出版社
中国·武汉

内 容 简 介

　　本书较全面地介绍了在数控综合实训中所涉及的数控加工工艺、数控编程、数控机床操作的一些基本知识,以培养学生分析和解决数控加工实际问题的能力为根本出发点,选择各学校广泛使用的 HNC-21 系统及市场上广泛使用的 FANUC 系统,联合编写了数控车、铣、加工中心、线切割等相关实训内容。本书中所选的每一道实训例题均来自实际加工的零件,包括该零件实际加工的整个过程。实训例题之间的安排顺序遵循由简单到复杂的学习思路,以便读者较全面地学习掌握数控编程与操作的基本知识,提高实际动手的综合能力。

　　本书可以作为普通高等院校应用型本科机械设计制造及其自动化、材料成形与控制工程等专业"数控技术"课程的综合实训教材,也可以作为高职高专机电一体化、模具设计与制造等专业的数控实训教材,还可以作为数控从业人员培训学习的参考用书。

图书在版编目(CIP)数据

数控加工编程与操作综合实训教程/桂伟,常虹主编. —武汉:华中科技大学出版社,2011.9
(2022.6重印)
应用型本科机电类专业"十二五"规划精品教材
ISBN 978-7-5609-7203-9

Ⅰ.①数…　Ⅱ.①桂…　②常…　Ⅲ.①数控机床-程序设计-高等学校-教材　②数控机床-操作-高等学校-教材　Ⅳ.①TG659

中国版本图书馆 CIP 数据核字(2011)第 129320 号

数控加工编程与操作综合实训教程	桂　伟　常　虹　主编

策划编辑:袁　冲
责任编辑:狄宝珠
封面设计:潘　群
责任校对:李　琴
责任监印:徐　露

出版发行:华中科技大学出版社(中国·武汉)　　电话:(027)81321913
　　　　　武汉市东湖新技术开发区华工科技园　　邮编:430223
录　　排:武汉市兴明图文信息有限公司
印　　刷:广东虎彩云印刷有限公司
开　　本:787mm×1092mm　1/16
印　　张:17.25
字　　数:415 千字
版　　次:2022 年 6 月第 1 版第 5 次印刷
定　　价:33.00 元

本书若有印装质量问题,请向出版社营销中心调换
全国免费服务热线:400-6679-118　　竭诚为您服务
版权所有　侵权必究

应用型本科机电类专业"十二五"规划精品教材

编 委 会

总策划：袁　冲

顾　问：文友先

成　员（排名不分先后）：

容一鸣	潘　笑	李家伟	卢帆兴	孙立鹏
杨玉蓓	胡均安	叶大萌	冯德强	张胜利
李立慧	张　荣	贾建平	严小黑	王　伟
石从继	邓拥军	桂　伟	姜存学	蒋慧琼
李启友	赵　燕	张　融	李如钢	江晓明
徐汉斌	熊才高	肖书浩	王　琨	卢　霞

应用型本科机电类专业"十二五"规划精品教材

鸣谢学校名单

（排名不分先后）

华中科技大学武昌分校	广西工学院鹿山学院
武汉东湖学院	燕山大学里仁学院
海军工程大学	长春理工大学光电信息学院
武汉工业学院工商学院	广州大学松田学院
武汉工程大学邮电信息学院	沈阳航空航天大学北方科技学院
湖北工业大学工程技术学院	大连理工大学城市学院
武汉生物工程学院	武汉科技大学城市学院
中国地质大学江城学院	电子科技大学中山学院
湖北工业大学商贸学院	吉林大学珠海学院
武汉理工大学华夏学院	北京理工大学珠海学院
江汉大学文理学院	东莞理工学院城市学院
江西理工大学应用科学学院	集美大学诚毅学院
河海大学文天学院	河南理工大学万方科技学院
北京化工大学北方学院	浙江大学城市学院
华东交通大学理工学院	安徽工程大学机电学院
广州技术师范学院天河学院	长沙理工大学城南学院
大连工业大学艺术与信息工程学院	青岛滨海学院
北京交通大学海滨学院	南京航空航天大学金城学院

总序

  2010年12月，我们邀请了十多所二本和三本层次院校的机电学科教学负责人和骨干教师召开了应用型本科院校机电类专业的教学研讨和教材建设会议。会议重点研讨了当前应用型本科机电专业建设、课程设置、招生就业、教材使用、实验实训课程改革等情况。大家一致认为，教材建设是专业建设发展的重要环节，配合教学改革进行教材改革已迫在眉睫。尤其是独立学院面临脱离母体学校独立发展的紧迫形势，编写适合自身特点的教材，也是水到渠成，大家认为编写应用型本科教材，切合市场的需要，也切合各个学院内涵提升的需要，会议决定开发一套应用型本科机电类专业"十二五"规划精品教材，它以独立学院为主体，广泛吸纳民办院校（包括二类本科院校）参与。

  这套教材定位在应用型本科的培养层次。应用型本科终究还是本科，绝不等同于高职，因此，教材编写要力求摒弃传统本科的压缩版，也要避免陷入高职提高版的误区，必须围绕本科生所要掌握的基础理论展开，体现理论够用的原则，并要融入新知识、新技术、新内容、新材料，体现最新发展动态，具有一定的前瞻性。其次，我们希望每种教材最好是由一名教师和一名有企业实际岗位工作经验的工程师来联合主编，要求案例和实训方案来源于生产一线，具有代表性和典型性，突出实用性。在体例编排和内容组织上，建议主编根据课程实际情况，借鉴高职教材以职业活动为导向，以职业技能为核心，突出任务驱动的特点，在形式上能有所创新，达到编写体例新颖，主次分明的目的，条件成熟的能配上配套的习题和教学课件。

  总之，我们希望这套教材能够体现"层次适用、理论够用、案例实用、体例创新"的"三用一新"的特点，并达到：思想性、科学性和方法论相统一；先进性和基础性相统一；理论知识和实践知识相统一；综合性和针对性相统一；教材内容与实际工作岗位对接。

  需要特别说明的是，由于时间关系我们没有邀请更多的院校参加会议，但是并不影响我们"博采众长"，我们通过电话、邮件、网络等，得到了很多有价值的信息，有的老师热情的提供人才培养方案，有的老师推荐兄弟院校教师参与，有的老师提供精品课程建设的经验，有的老师提供从企业获取的案例资料等，这些都极大的丰富了编写团队的素材，为教材编写提供了强有力的支撑，这些老师及其学校直接和间接地为本套教材的出版做出了贡献。因此，我们特意收录这些院校的名单，以示鸣谢！

  本系列教材主编和编写人员都是经过精选的，主要选择富有教学和教学改革实践经验的教师或工程师来担任，并要求编写团队有一定精品课程建设经验。为了确保教材的编写质量，我们还邀请了当前国内一流的机电专业教学与研究方面的权威专家对个别教材进行了认真的审稿。专家们普遍给予了高度的肯定,同时也提出了很多宝贵的意见和建议,使得这套教材能更加完善。相信这是一套学生便于学习实践、教师便于教学指导的好教材。也希望各院校在使用的过程当中,给我们提出宝贵的意见和建议,便于我们不断修订完善! 同时,欢迎更多的老师参与到编写修订团队中来!

我们的联系方式如下。

联系人	QQ号	QQ群	E-MAIL
袁冲	151211854	126692072	yingxiao2995@yahoo.com.cn
地址	武汉市珞瑜路1037号华中科技大学出版社(430074)		

编委会

2011-6-9

数控加工技术是当前国内外广泛使用的一种先进的机械加工技术。我国是制造业大国,很多制造企业都大量使用了数控机床,因而出现了数控技术应用专业人才供不应求的局面。当前,教育部等相关部门已经将数控技术应用专业人才确定为技能型紧缺人才。

本书的编写旨在普及数控加工技术,培养数控技术应用专业人才,使之具备一定的数控加工工艺规程设计及实施能力、数控机床编程能力、加工调整能力、加工现场协调能力,并掌握常用数控机床的操作与维护的基本技能与知识。在编写本书的过程中,编者借鉴了近几年数控实训课程教学改革的实践成果,并吸取了国内外各学校同类课程教材的经验,以培养数控从业人员分析和解决数控加工编程与操作中的实际问题的能力为根本出发点,设计了一系列的数控实训例题。

本书的特点在于包含了国内各高校普遍使用的华中数控世纪星 HNC-21 数控系统及企业里普遍使用的 FANUC 数控系统的编程与操作的具体内容。每一章的内容都是根据数控综合实训教学的具体要求进行编写,在对相关内容进行阐述以后,编写了相应的实训任务,提出了实训的目的、要求、条件及具体步骤与详细内容。在有关手工编程的章节中,每一个编程实训例题都有华中数控世纪星 HNC-21 系统详细完整的程序且附有程序段的详细解释,以及例题在采用 FANUC 数控系统编程时注意与 HNC-21 系统编程的区别,有利于广大读者进行自学。

本书由湖北工业大学商贸学院桂伟、武汉工业学院工商学院常虹担任主编并负责统稿,由武汉工业学院工商学院王卉军、湖北工业大学商贸学院张胜利、武汉东湖学院章小红、武汉理工大学华夏学院齐洪方担任副主编,湖北工业大学商贸学院冯帅、武汉工业学院工商学院刘虎、武汉理工大学华夏学院吴娇、武汉工业学院工商学院黄丽参与本书的编写工作。

本书的编写还得到了湖北工业大学商贸学院机电工程学院胡荣强院长、武汉工业学院工商学院机械工程系李家伟主任、张融副主任,以及武汉东湖学院、武汉理工大学华夏学院有关领导和老师的大力支持与帮助,在此一并感谢。

由于编者的水平有限,书中难免存在欠妥之处,望广大读者谅解,并提出宝贵意见。

编　者

2011 年 4 月

目录

第1章 数控综合实训概述 ·· (1)
 1.1 数控综合实训目的与意义 ·· (1)
 1.2 数控机床的安全操作规程与日常维护保养 ··· (1)
 1.3 数控机床中级操作工国家职业技能鉴定标准 ····································· (6)
 1.4 数控综合实训 ·· (14)

第2章 数控加工工艺基础综合实训 ··· (15)
 2.1 数控加工工艺基础知识 ·· (15)
 2.2 数控机床常用对刀仪的使用 ·· (33)
 2.3 数控综合实训 ·· (33)

第3章 华中数控世纪星 HNC-21 系统数控机床操作综合实训 ······················· (45)
 3.1 华中数控世纪星 HNC-21 系统数控机床面板 ···································· (45)
 3.2 华中数控世纪星 HNC-21 系统数控机床基本操作 ······························ (49)
 3.3 数控综合实训 ·· (68)

第4章 FANUC 0i 系统数控机床操作综合实训 ·· (76)
 4.1 FANUC 0i 系统数控机床面板及功能 ··· (76)
 4.2 FANUC 0i 系统数控机床基本操作过程 ·· (81)
 4.3 数控综合实训 ·· (93)

第5章 数控车床手工编程综合实训 ··· (106)
 5.1 华中数控 HNC-21T 系统编程指令代码及编程格式 ··························· (106)
 5.2 FANUC 0i-T 系统编程指令代码及编程格式 ····································· (111)
 5.3 数控综合实训 ·· (115)

第6章 数控铣床手工编程综合实训 ··· (155)
 6.1 华中数控 HNC-21M 及加工中心编程指令代码及编程格式 ················· (155)
 6.2 FANUC 0i-M 及加工中心编程指令代码及编程格式 ·························· (159)
 6.3 数控综合实训 ·· (162)

第7章 数控加工中心手工编程综合实训 ··· (207)
 7.1 数控加工中心的基本指令 ··· (207)

7.2　数控加工中心的刀库装刀步骤 …………………………………………（209）
　　7.3　数控综合实训 ………………………………………………………………（209）
第8章　数控电火花机床编程与操作综合实训 ……………………………………（229）
　　8.1　数控电火花加工机床知识 …………………………………………………（229）
　　8.2　数控电火花线切割机床操作与编程 ………………………………………（235）
　　8.3　数控综合实训 ………………………………………………………………（254）
参考文献 …………………………………………………………………………………（263）

第1章 数控综合实训概述

1.1 数控综合实训目的与意义

1. 数控综合实训目的

为适应数控加工技术的发展对专业人才的要求,根据数控加工职业技能鉴定的标准,在通过理论学习掌握必需的"应知"知识的基础上,经过数控综合实训实践活动,使从事数控工作的相关人员达到以下几点要求。

(1) 了解数控加工的生产环境及相关操作规范。

(2) 熟练掌握待加工零件的装夹、定位、加工路线设置及加工参数调校等实际操作工艺。

(3) 熟练掌握阶梯轴、成形面、螺纹等类型车削零件和平面轮廓、槽形、钻、镗孔等类型铣削零件的手工编程技术。

(4) 熟练操作数控车床、铣床、加工中心、线切割机床,并能加工出中等复杂程度的零件。

(5) 掌握数控技术职业资格考试要求的其他应知、应会的内容,积极争取通过职业技能鉴定的考试。

2. 数控综合实训意义

数控综合实训的实践活动,对于帮助数控工作人员积累数控编程与操作的实际经验,提高数控工作人员专业技术应用能力,培养数控工作人员良好的职业道德具有重要的实际意义。

1.2 数控机床的安全操作规程与日常维护保养

1.2.1 数控机床的安全操作规程

1. 安全操作规程

(1) 工作时要穿好工作服、安全鞋,并戴上安全帽及防护镜,不允许戴手套操作数控机床,也不允许扎领带。

(2) 开机前,应检查数控机床各部件机构是否完好,各按钮是否能自动复位。操作者还应按机床使用说明书的规定给相关部位加油,并检查油标、油量。

(3) 不要在数控机床周围放置障碍物,工作空间应足够大。

(4) 更换保险丝之前应关掉机床电源,千万不要用手去接触电动机、变压器、控制板等有高压电源的地方。

(5) 一般不允许两人同时操作一台机床。但某项工作如需要两个人或多人共同完成时,应注意相互间动作要协调一致。

(6) 上机操作前应熟悉数控机床的操作说明及数控车床的开机、关机顺序,一定要按照机床说明书的规定进行操作。

(7) 开始切削之前一定要关好防护门,程序正常运行中严禁开启防护门。

(8) 在每次电源接通后,必须先完成各轴的返回参考点操作,然后再进入其他运行方式,以确保各轴坐标的正确性。

(9) 机床在正常运行时不允许打开电气柜的门。

(10) 加工程序必须经过严格检查方可运行。

(11) 手动对刀时,应注意选择合适的进给速度;手动换刀时,刀架距工件要有足够的转位距离,确保不发生碰撞。

(12) 加工过程中,如出现异常危机情况可按下【急停】按钮,以确保人身和机床的安全。

2. 工作前的准备工作

(1) 机床开始工作前要先预热,认真检查润滑系统工作是否正常,如机床长时间未开动,可先采用手动方式向各部分加油润滑。

(2) 使用的刀具应与机床允许的规格相符,有严重破损的刀具要及时更换。

(3) 调整刀具所用工具不要遗忘在机床内。

(4) 注意大尺寸轴类零件的中心孔是否合适,中心孔如太小,工作中易发生危险。

(5) 正确地选用数控车削刀具,安装零件和刀具要保证准确牢固。

(6) 刀具安装好后应进行一两次试切削。

(7) 检查卡盘夹紧工作的状态。

(8) 机床开动前,必须关好机床防护门。

(9) 严禁在卡盘上、顶尖间敲打、矫直和修正工件,必须确认工件和刀具夹紧后方可进行下一步工作。

(10) 了解零件图的技术要求,检查毛坯尺寸、形状有无缺陷。选择合理的零件安装方法。

(11) 机床开始加工之前,必须采用程序校验方式检查所用程序是否与被加工零件相符,待确认无误后,方可关好安全防护罩,开动机床进行零件加工。

(12) 了解和掌握数控机床控制和操作面板及其操作要领,将程序准确地输入系统,并模拟检查、试切,做好加工前的各项准备工作。

3. 工作过程中的安全注意事项

(1) 禁止用手接触刀尖和铁屑,铁屑必须要用铁钩子或毛刷来清理。

(2) 禁止用手或其他任何方式接触正在旋转的主轴、工件或其他运动部位。

(3) 禁止加工过程中测量和变速,更不能用棉丝擦拭工件、清扫机床。

(4) 机床运转中,操作者不得离开岗位,如发现车床运转声音不正常或出现故障时,要立即停车检查并报告指导教师,以免出现危险。

(5) 经常检查轴承温度,过高时应找有关人员进行检查。

(6) 在加工过程中,不允许打开机床防护门。

(7) 严格遵守岗位责任制,机床由专人使用,他人使用须经本人同意。

(8) 工件伸出车床 100 mm 以外时,须在伸出位置设防护托架。

(9) 机床运行应遵循先低速,再中速,最后高速的原则,其中低速、中速运行时间不得少于 2~3 min。确定无异常情况后,方可开始工作。

(10) 操作者在工作时更换刀具和工件、调整工件或离开机床时必须停机。

4. 工作完成后的注意事项

(1) 清除切屑、擦拭机床,机床与周围环境应保持清洁状态;对于数控机床来说,还应将尾座和拖板移至床尾位置。

(2) 注意检查或更换磨损坏了的机床导轨上的油察板。

(3) 检查润滑油、冷却液的状态,及时添加或更换。

(4) 依次关掉机床操作面板上的电源和总电源。

(5) 机床上的保险和安全防护装置,操作者不得任意拆卸和移动。

(6) 机床附件和量具、刀具应妥善保管,保持完整与良好,丢失或损坏照价赔偿。

(7) 实训完毕后应清扫机床,保持清洁,并切断机床电源。

(8) 操作者严禁修改机床参数。必要时必须通知机床管理员,请机床管理员修改参数。

1.2.2 数控机床的日常维护保养

数控机床的正确操作和维护保养是正确使用数控机床的关键因素之一。正确的操作使用能够防止机床非正常磨损,避免突发故障。做好日常维护保养,可使机床保持良好的技术状态,延缓劣化进程,及时发现和消灭故障隐患,从而保证机床的安全运行。

1. 数控机床使用中应注意的问题

1) 数控机床的使用环境

为提高数控机床的使用寿命,一般要求要避免阳光的直接照射和其他热辐射,要避免太潮湿、粉尘过多或有腐蚀气体的场所。精密数控机床要远离振动大的机床,如冲床、锻压机床等。

2) 良好的电源保证

为了避免电源波动幅度大(超过±10%)和可能的瞬间干扰信号等影响,数控机床一般采用专线供电(如从低压配电室分一路单独供数控机床使用)或增设稳压装置等,都可减少供电质量的影响和电气干扰。

3) 制定有效操作规程

在数控机床的使用与管理方面,应制定一系列切合实际、行之有效的操作规程。例如,润滑、保养、合理使用及规范的交接班制度等,是数控机床使用及管理的主要内容。制定和遵守操作规程是保证数控机床安全运行的重要措施之一。实践证明,众多故障都可由遵守操作规程而减少。

4) 数控机床不宜长期封存

购买数控机床后要充分利用,尤其是投入使用的第一年,使其容易出故障的薄弱环节尽早暴露,以保证在保修期内排除这些故障。加工中,尽量减少数控机床主轴的启停次数,以降低对离合器、齿轮等器件的磨损。没有加工任务时,数控机床也要定期通电,最好是每周通电1~2次,每次空运行1 h左右,以利用机床本身的发热量来降低机内的湿度,使电子元件不致受潮,同时也能及时发现有无电池电量不足报警,以防止系统设定参数的丢失。

2. 数控机床的维护保养

数控机床种类多,各类数控机床因其功能、结构及系统的不同,各具不同的特性,其维护保养的内容和规则也各有其特色,应根据机床的种类、型号及实际使用情况,并参照机床使用说明书要求,制定和建立必要的定期、定级保养制度。下面是一些常见、通用的日常维护保养要点。

1) 数控系统的维护

(1) 严格遵守操作规程和日常维护制度。数控机床操作人员要严格遵守操作规程和日常维护制度,操作人员的技术业务素质的优劣是影响故障发生频率的重要因素。当机床发生故障时,操作者要注意保留现场,并向维修人员如实说明出现故障前后的情况,以利于分析、诊断出故障的原因,及时排除故障。

(2) 防止灰尘污物进入数控装置内部。在机加工车间的空气中一般都会有油雾、灰尘或金属粉末,一旦它们落在数控装置内的电路板或电子器件上,容易引起元器件间绝缘电阻下降,甚至导致元器件及电路板损坏。有的用户在夏天为了使数控系统能超负荷长期工作,采取打开数控柜的门的方法来散热,这是一种极不可取的方法,其最终将导致数控系统的加速损坏,应该尽量减少打开数控柜和强电柜门的次数。

(3) 防止系统过热。应该检查数控柜上的各个冷却风扇工作是否正常。每半年或每季度检查一次风道过滤器是否有堵塞现象,若过滤网上灰尘积聚过多,不及时清理,会引起数控柜内温度过高。

(4) 数控系统的输入/输出装置的定期维护。20世纪80年代以前生产的数控机床,大多带有光电式纸带阅读机,如果读带部分被污染,将导致读入信息出错。为此,必须按规定对光电阅读机进行维护。

(5) 直流电动机电刷的定期检查和更换。直流电动机电刷的过度磨损会影响电动机的性能,甚至造成电动机损坏。为此,应对电动机电刷进行定期检查和更换。数控车床、数控铣床、加工中心等应每年检查一次。

(6) 定期检查和更换存储用电池。一般数控系统内对CMOS RAM存储器件设有可充电电池电路,以保证系统不通电期间能保持其存储器的内容。在一般情况下,即使尚未失效,也应每年更换一次,以确保系统正常工作。电池的更换应在数控系统供电状态下进行,以防更换时RAM内信息丢失。

(7) 备用电路板的维护。备用的印制电路板长期不用时,应定期装到数控系统中通电运行一段时间,以防损坏。

2) 机械部件的维护

(1) 主传动链的维护。定期调整主轴驱动带的松紧程度,防止因主轴驱动带打滑造成的丢转现象;检查主轴润滑的恒温油箱、调节温度范围,及时补充油量并清洗过滤器;液压刀具夹紧装置长时间使用后,会产生间隙,影响刀具的夹紧,需及时调整液压缸活塞的位移量。

(2) 滚珠丝杠螺纹副的维护。定期检查、调整丝杠螺纹副的轴向间隙,保证反向传动精度和轴向刚度;定期检查丝杠与床身的连接是否有松动;丝杠防护装置有损坏要及时更换,以防灰尘或切屑进入。

(3) 刀库及换刀机械手的维护。严禁把超重、超长的刀具装入刀库,以避免机械手换刀时掉刀或刀具与工件、夹具发生碰撞;经常检查刀库的回零位置是否正确,检查机床主轴回换刀点位置是否到位,并及时调整;开机时,应使刀库和机械手空运行,检查各部分工作是否正常,特别是各行程开关和电磁阀能否正常动作;检查刀具在机械手上锁紧是否可靠,发现不正常情况应及时处理。

3)液压、气压系统的维护

定期对各润滑、液压、气压系统的过滤器或分滤网进行清洗或更换;定期对液压系统进行油质化验,检查、添加和更换液压油;定期对气压系统分水滤气器放水。

4)机床精度的维护

定期进行机床水平和机械精度检查并校正。机床精度的校正方法有软硬两种。软方法主要是通过系统参数补偿,如丝杠反向间隙补偿、各坐标定位精度定点补偿、机床回参考点位置校正等;硬方法一般要在机床大修时进行,如进行导轨修刮、滚珠丝杠螺母副预紧调整反向间隙等。

表1-1是日常保养维护表,可供制定有关保养制度时参考。

表1-1 日常保养维护表

检查周期	检查部位	检查要求
每天	导轨润滑油箱	检查油量,及时添加润滑油,润滑泵是否定时启动打油及停止
每天	主轴润滑恒温油箱	工作正常,油量是否充足,温度范围是否合适
每天	机床液压系统	油箱油泵有无异常噪声,工作油面是否合适,压力表指示是否正常,管路及各接头有无泄漏
每天	压缩空气气源压力	气动控制系统压力是否在正常范围内
每天	气源自动分水滤气器,自动空气干燥器	及时清理分水器中滤出的水分,保证自动空气干燥器工作正常
每天	气液转换器和增压器油面	油量不够时要及时补足
每天	X、Y、Z轴导轨面	清除切屑和赃物,检查导轨面有无划伤损坏,润滑油是否充足
每天	液压平衡系统	平衡压力指示正常,快速移动时平衡阀工作正常
每天	CNC输入/输出单元	如光电阅读机的清洁,机械润滑是否良好
每天	各防护装置	导轨、机床防护罩等是否齐全有效
每天	电气柜各散热通风装置	各电气柜中散热风扇是否工作正常,风道过滤网有无堵塞,及时清洗过滤器
每周	各电气柜过滤网	清洗黏附的尘土
不定期	冷却油箱、水箱	随时检查液面高度,及时添加油(或水),太脏时需更换清洗油箱(水箱)和过滤器
不定期	废油池	及时取走存积的废油,避免溢出
不定期	排屑器	经常清理切屑,检查有无卡住等现象
半年	检查主轴驱动皮带	按机床说明书要求调整皮带的松紧程度

续表

检查周期	检查部位	检查要求
半年	各轴导轨上镶条、压紧滚轮	按机床说明书要求调整松紧状态
一年	检查或更换直流伺服电动机碳刷	检查换向器表面,去除毛刺,吹净碳粉,及时更换磨损过短的碳刷
一年	液压油路	清洗溢流阀、减压阀、滤油器、油箱,过滤或更换液压油
一年	主轴润滑恒温油箱	清洗过滤器、油箱,更换润滑油
一年	润滑油泵,过滤器	清洗润滑油池
一年	滚珠丝杠	清洗丝杠上旧的润滑脂,涂上新油脂

数控机床是一种自动化程度高、结构较复杂的先进加工机床,要充分发挥数控机床的高效性,就必须保持正确的操作和精心的维护保养,以保证机床的正常运行和高的利用率。数控机床集机、电、液于一身,因此对维修、维护人员要求较高,除本书所提及的常规维护保养外,还应根据具体数控机床的详细操作说明手册,做具体的专门的维护和保养。

1.3 数控机床中级操作工国家职业技能鉴定标准

1.3.1 数控车床中级操作工国家职业技能鉴定标准

1. 职业概况

(1) 职业名称:数控车工。

(2) 职业定义:从事编制数控加工程序并操作数控车床进行零件车削加工的人员。

(3) 职业等级:本职业共设四个等级,分别为中级(国家职业资格四级)、高级(国家职业资格三级)、技师(国家职业资格二级)、高级技师(国家职业资格一级)。

(4) 职业环境:室内,常温。

(5) 职业能力特征:具有较强的计算能力,空间感、形体知觉感及色觉感强,手指、手臂灵活,动作协调性强。

(6) 基本文化程度:高中毕业(或同等学力)。

2. 培训要求

1) 培训期限

全日制职业学校教育,根据其培养目标和教学计划确定。晋级培训期限:中级不少于400 标准学时;高级不少于 300 标准学时。

2) 培训教师

培训中、高级人员的教师应取得本职业技师及以上职业资格证书或相关专业中级及以上专业技术职称任职资格。

3) 培训场地

满足教学要求的标准教室、计算机机房、配套的软件、数控车床及必要的刀具、夹具、量具和辅助机床等。

3. 鉴定要求

1) 适用对象

从事或准备从事本职业的人员。

2) 申报条件

中级：具备以下条件之一者。

(1) 经本职业中级正规培训达规定标准学时数,并取得结业证书。

(2) 连续从事本职业工作 5 年以上。

(3) 取得经劳动保障行政部门审核认定的,以中级技能为培养目标的中等以上职业学校本职业(或相关专业)毕业证书。

(4) 取得相关职业中级职业资格证书后,连续从事本职业 2 年以上。

3) 鉴定方式

分为理论知识考试和技能操作考核。理论知识考试采用闭卷方式,技能操作(含软件应用)考核采用现场实际操作和计算机软件操作相结合的方式。理论知识考试和技能操作(含软件应用)考核均实行百分制,成绩皆达 60 分及以上者为合格。

4) 考评人员与考生配比

理论知识考试考评人员与考生配比为 1∶15,每个标准教室不少于 2 名相应级别的考评员;技能操作(含软件应用)考核考评员与考生配比为 1∶2,且不少于 3 名相应级别的考评员;综合评审委员不少于 5 人。

5) 鉴定时间

理论知识考试为 120 min,技能操作考核中实操时间为中级、高级不少于 240 min,技能操作考核中软件应用考试时间为不超过 120 min。

6) 鉴定场所

理论知识考试在标准教室里进行,软件应用考试在计算机机房进行,技能操作考核在配备必要的数控车床及必要的刀具、夹具、量具和辅助机床的场所进行。

4. 职业道德与基本知识

1) 职业守则

遵守国家法律、法规和有关规定;具有高度的责任心、爱岗敬业、团结合作;严格执行相关标准、工作程序与规范、工艺文件和安全操作规程;学习新知识、新技能,勇于开拓和创新;爱护机床、系统及工具、夹具、量具;着装整洁,符合规定;保持工作环境清洁有序,文明生产。

2) 基础理论知识

机械制图;工程材料及金属热处理;机电控制;计算机基础;专业英语基础。

3) 机械加工基础知识

机械原理;常用机床(分类、用途、基本结构及维护保养方法);常用金属切削刀具;典型零件加工工艺;机床润滑和冷却液的使用方法;工具、夹具、量具的使用与维护;普通车床、钳工基本操作。

5. 安全文明生产与环境保护知识

1) 安全文明生产

安全操作与劳动保护;文明生产;环境保护。

2) 质量管理知识

企业的质量方针;岗位质量要求;岗位质量保证措施与责任。

3) 相关法律、法规知识

劳动法的相关知识;环境保护法的相关知识;知识产权保护法的相关知识。

6. 工作要求

本标准对中级、高级的技能要求依次递进,高级别涵盖低级别的要求。表 1-2 为中级数控车工职业标准。

表 1-2　中级数控车工职业标准

职业功能	工作内容	技 能 要 求	相 关 知 识
工艺准备	读图与绘图	1.能读懂中等复杂程度(如曲轴)的零件图 2.能绘制简单的轴、盘类零件图 3.能读懂进给机构、主轴系统的装配图	1.复杂零件的表示方法 2.简单零件工作图的画法 3.简单机构装配图的画法
	制定加工工艺	1.能读懂复杂零件的数控车床加工工艺文件 2.能编制简单轴、盘类零件的数控加工工艺文件	1.轴、盘类零件的车削加工工艺知识 2.数控车床工艺编制方法
	零件定位与装夹	1.能正确装夹薄壁、细长、偏心类工件 2.能合理使用四爪单动卡盘、花盘、弯板装夹外形复杂的简单箱体工件	1.定位夹紧的原理及方法 2.车削是防止工件变形的方法 3.复杂外形工件的装夹方法
	刀具准备	1.能够根据数控加工工艺文件选择、安装和调整数控车床常用刀具,并确定切削参数 2.能够刃磨常用车削刀具	1.车削刀具的种类、材料及几何参数的选择原则 2.数控车床对刀具的要求 3.常用车削刀具刃磨知识
数控编程	手工编程	1.能编制由直线、圆弧组成的二维轮廓数控加工程序 2.能编制螺纹加工程序 3.能够运用固定循环、复合循环进行零件的加工程序编制	1.几何图形中直线与直线、直线与圆弧、圆弧与圆弧的交点的计算方法 2.机床坐标系与工件坐标系的概念 3.手工编程的各种功能代码及基本代码的使用方法和格式要求 4.刀具补偿的作用及计算方法
	计算机辅助编程	1.能够使用计算机绘图设计软件绘制简单轴、盘、套零件图 2.能够利用计算机绘图软件计算节点	1.计算机绘图设计软件的使用方法 2.绘图与加工代码生成方法

续表

职业功能	工作内容	技 能 要 求	相 关 知 识
数控车床操作	操作面板	1.能够按照操作规程启动及停止机床 2.能使用操作面板上的常用功能键（如回零、手动、MDI、修调等）	1.数控车床的操作说明书 2.数控车床操作控制面板的使用方法
	程序输入与编辑	1.能够通过各种途径（如 DNC、网络等）输入加工程序 2.能够通过操作面板编辑加工程序	1.数控加工程序的输入方法 2.数控加工程序的编辑方法
	对刀	1.能进行对刀并确定相关坐标系 2.能设置刀具参数	1.正确掌握对刀方法 2.工件坐标系的知识
	程序调试与运行	能够对程序进行校验、单步执行并完成零件试切	1.正确掌握程序的调试方法 2.在实践中积累加工经验
零件加工	轮廓加工	1.能进行轴、套类零件加工，并达到以下要求： （1）尺寸公差等级：IT6级； （2）形位公差等级：IT8级； （3）表面粗糙度：Ra 达 1.6 μm 2.能进行盘类、支架类零件加工，并达到以下要求： （1）轴径公差等级：IT6级； （2）孔径公差等级：IT7级； （3）形位公差等级：IT8级； （4）表面粗糙度：Ra 达 1.6 μm	1.外圆车刀的选用 2.轴、套类零件的加工方法
	螺纹加工	能进行单线等节距的普通三角螺纹、锥螺纹的加工，并达到以下要求： （1）尺寸公差等级：IT6～IT7级； （2）形位公差等级：IT8级； （3）表面粗糙度：Ra 达 1.6 μm	1.外圆车刀的选用 2.螺纹的加工方法
	槽类加工	能进行内径槽、外径槽和端面槽的加工，并达到以下要求： （1）尺寸公差等级：IT8级； （2）形位公差等级：IT8级； （3）表面粗糙度：Ra 达 3.2 μm	1.槽刀（切断刀）的选用 2.槽的加工方法
	孔加工	能进行孔加工，并达到以下要求： （1）尺寸公差等级：IT7级； （2）形位公差等级：IT8； （3）表面粗糙度：Ra 达 3.2 μm	1.内孔车刀的选用 2.内孔的加工方法
	零件精度检验	能够进行零件的长度、内外径、螺纹、角度精度检验	各类测量工具的使用方法，如卡尺，内、外千分尺，公法线千分尺，螺纹千分尺，内径千分表等

续表

职业功能	工作内容	技能要求	相关知识
数控车床维护和故障诊断	数控车床日常维护	能够根据说明书完成数控车床的定期及不定期维护保养,包括:机械、电气、液压、数控系统检查和日常保养等。	1. 数控车床说明书 2. 数控车床日常保养方法 3. 数控车床安全操作规程 4. 数控系统(进口、国产)说明书
	数控车床故障诊断	能读懂数控系统的报警信息,能发现并排除数控车床的一般故障	1. 使用数控系统的报警信息表的方法 2. 数控车床的编程和操作故障诊断方法
	机床精度检查	能够检查数控车床的常规几何精度	1. 水平仪的使用方法 2. 机床垫铁的调整方法

1.3.2 数控铣/加工中心中级操作工国家职业技能鉴定标准

1. 职业概况

(1) 职业名称:数控铣/加工中心操作工。

(2) 职业定义:从事编制数控加工程序并操作数控铣/加工中心的加工人员。

(3) 职业等级:本职业共设四个等级,分别为中级(国家职业资格四级)、高级(国家职业资格三级)、技师(国家职业资格二级)、高级技师(国家职业资格一级)。

(4) 职业环境:室内,常温。

(5) 职业能力特征:具有较强的计算能力,空间感、形体知觉感及色觉感强,手指、手臂灵活,动作协调性强。

(6) 基本文化程度:高中毕业(或同等学力)。

2. 培训要求

1) 培训期限

全日制职业学校教育,根据其培养目标和教学计划确定。晋级培训期限:中级不少于400 标准学时;高级不少于 300 标准学时。

2) 培训教师

培训中、高级人员的教师应取得本职业技师及以上职业资格证书或相关专业中级及以上专业技术职称任职资格。

3) 培训场地

满足教学要求的标准教室、计算机机房及配套的软件、数控机床及必要的刀具、夹具、量具和辅助机床等。

3. 鉴定要求

1) 适用对象

从事或准备从事本职业的人员。

2) 申报条件

中级:具备以下条件之一者。

(1) 经本职业中级正规培训达规定标准学时数,并取得结业证书。

(2) 连续从事本职业工作7年以上。

(3) 取得经劳动保障行政部门审核认定的,以中级技能为培养目标的中等以上职业学校本职业(或相关专业)毕业证书。

(4) 取得相关职业中级职业资格证书后,连续从事本职业2年以上。

3) 鉴定方式

分为理论知识考试和技能操作考核。理论知识考试采用闭卷方式,技能操作(含软件应用)考核采用现场实际操作和计算机软件操作方式。理论知识考试和技能操作(含软件应用)考核均实行百分制,成绩皆达60分及以上者为合格。

4) 考评人员与考生配比

理论知识考试考评人员与考生配比为1∶15,每个标准教室不少于2名相应级别的考评员;技能操作(含软件应用)考核考评员与考生配比为1∶2,且不少于3名相应级别的考评员;综合评审委员不少于5人。

5) 鉴定时间

理论知识考试为120 min,技能操作考核中实操时间为中级、高级不少于240 min,技能操作考核中软件应用考试时间为不超过120 min。

6) 鉴定场所机床

理论知识考试在标准教室里进行,软件应用考试在计算机机房进行,技能操作考核在配备必要的数控机床及必要的刀具、夹具、量具和辅助机床的场所进行。

4. 基本要求与基础知识

1) 职业道德

遵守法律、法规和有关规定;爱岗敬业,具有高度的责任心;严格执行工作程序、工作规范、工艺文件和安全操作规程;工作认真负责,团结合作;爱护机床及工具、夹具、刀具、量具;着装整洁,符合规定;保持工作环境清洁有序,文明生产。

2) 基础理论知识

机械识图;公差与配合;常用金属材料及热处理;常用非金属材料。

3) 机械加工基础知识

机械传动;机械加工常用机床(分类、用途);金属切削常用刀具;典型零件(主轴、箱体、齿轮等)的加工工艺;机床润滑及切削液的使用;气动及液压知识;工具、夹具、量具使用与维护知识。

4) 钳工基础知识

划线;钳工操作(錾、锉、锯、钻、绞孔、攻螺纹、套螺纹)。

5) 电工知识

通用机床常用电器的种类及用途;电力拖动及控制原理基础;安全用电。

5. 安全文明生产与环境保护知识

1) 安全文明生产

现场文明生产要求;安全操作与劳动保护;环境保护。

2) 质量管理知识

企业的质量方针;岗位的质量要求;岗位的质量保证措施与责任。

3) 相关法律、法规知识

劳动法相关；合同法相关知识；知识产权保护法的相关知识。

6. 工作要求

本标准对中级、高级的技能要求依次递进，高级别涵盖低级别的要求。表 1-3 为中级数控铣工职业标准。

表 1-3　中级数控铣工职业标准

职业功能	工作内容	技 能 要 求	相 关 知 识
工艺准备	读图与绘图	1. 能读懂等速凸轮、齿轮、离合器、带直线成形面和曲面等中等复杂程度零件的零件图 2. 能读懂分度头尾架、弹簧夹头套筒、可转位铣刀结构等简单机构的装配图 3. 能绘制带斜面或沟槽的轴和矩形零件锥套等简单零件图	1. 复杂零件的表示方法 2. 齿轮、花键轴及带斜面和沟槽的零件等简单零件图的画法
	制定加工工艺	能编制矩形体、平行孔系、圆弧曲面等一般难度工件的铣削工艺。其主要内容如下： 1. 正确选择加工零件的工艺基准 2. 决定工步顺序及工步内容和切削参数	1. 一般复杂程度工件的铣削工艺 2. 数控铣床的工艺编制
	工件定位与夹紧	1. 能正确选择工件的定位基准 2. 能正确使用铣床常用夹具及气动、液压自动夹紧装置	气动、液压自动夹紧装置的使用方法
	刀具准备	1. 能正确选择和安装数控铣床常用刀具 2. 能合理选择切削用量	1. 数控铣削刀具及其切削参数 2. 数控铣削刀具的种类、结构、性能及用途
数控编程	手工编程	1. 能编制简单的铣削加工程序 2. 能够手工编制钻、扩、镗（铰）等孔类加工程序 3. 能够运用固定循环、子程序进行零件的加工程序编制	1. 机床坐标系及工件坐标系知识 2. 数控编程的基本知识
	计算机辅助编程	1. 能够使用计算机绘图设计软件绘制简单零件图 2. 能够利用计算机绘图软件计算节点	1. 计算机绘图设计软件的使用方法 2. 绘图与加工代码生成方法
数控车床操作	操作面板	1. 能够按照操作规程启动及停止机床 2. 能使用操作面板上的常用功能键（如回零、手动、MDI、修调等）	1. 数控铣床的操作说明书 2. 数控铣床操作控制面板的使用方法
	输入程序	1. 能手工输入程序 2. 能使用各种自动程序输入装置 3. 能进行程序的编辑与修改	1. 机床坐标系及工件坐标系的含义 2. 各种程序输入装置的使用方法

续表

职业功能	工作内容	技能要求	相关知识
数控车床操作	对刀	1.能正确进行试切对刀 2.能正确使用各种机内自动对刀仪 3.能正确修正刀补	1.试切对刀的方法及各种对刀仪器的使用方法 2.修正刀补的方法 3.坐标系的知识
	程序调试与运行	能够对程序进行校验、单步执行并完成零件试切	1.正确掌握程序的调试方法 2.在实践中积累加工经验
零件加工	平面加工	能够运用数控加工程序进行平面、垂直面、斜面、阶梯面等的铣削加工,并达到如下要求: 1.尺寸公差等级:IT7级 2.形位公差等级:IT8级 3.表面粗糙度:Ra 达 3.2 μm	1.平面铣削的基本知识 2.铣刀的种类及功能 3.加工精度的影响因素 4.常用金属材料的切削性能
	内外轮廓加工	能够运用数控加工程序进行二维直线、圆弧轮廓的铣削加工,并达到如下要求: 1.尺寸公差等级:IT8级 2.形位公差等级:IT8级 3.表面粗糙度:Ra 达 3.2 μm	1.平面轮廓铣削的基本知识 2.铣刀的种类及功能 3.加工精度的影响因素 4.常用金属材料的切削性能 5.刀具的侧削特点
	曲面加工	能够运用数控加工程序进行圆锥面、圆柱面组成的平面轮廓的铣削加工,并达到如下要求: 1.尺寸公差等级:IT8级 2.形位公差等级:IT8级 3.表面粗糙度:Ra 达 3.2 μm	1.曲面铣削的基本知识 2.球头刀具的切削特点 3.加工精度的影响因素 4.常用金属材料的切削性能 5.刀具的侧削特点
	孔类加工	能够运用数控加工程序进行钻孔、扩孔、镗孔、铰孔加工,并达到如下要求: 1.尺寸公差等级:IT8级 2.形位公差等级:IT8级 3.表面粗糙度:Ra 达 3.2 μm	1.各类麻花钻、扩孔钻、丝锥、镗刀及铰刀的加工方法 2.钻/铰孔的基本知识 3.加工精度的影响因素 4.常用金属材料的切削性能
	槽类加工	能够运用数控加工程序进行槽、键槽、T形槽加工,并达到如下要求: 1.尺寸公差等级:IT8级 2.形位公差等级:IT8级 3.表面粗糙度:Ra 达 3.2 μm	1.各类键槽刀的加工方法 2.键槽刀的基本知识 3.加工精度的影响因素 4.常用金属材料的切削性能
精度检验及误差分析	平面、矩形工件、斜面、台阶、沟槽的检验	能用常用量具及量块、正弦规、卡规、塞规等检验高精度工件的各部尺寸和角度	量块、卡规、塞规、水平仪、正弦规的使用和保养方法
	特殊形面的检验	1.能进行平行孔系、离合器、齿轮、齿条、成形面、螺旋面、凸轮和刀具齿槽的检验 2.能正确使用齿轮卡尺、公法线长度千分尺、样板、刀具、万能角度尺	齿轮卡尺、公法线长度千分尺、刀具万能角度尺,以及样板、套规等专用量具的构造原理、使用和保养方法

续表

职业功能	工作内容	技 能 要 求	相 关 知 识
数控铣床维护和故障诊断	数控铣床日常维护	能够根据说明书完成数控铣床的定期及不定期维护保养,包括:机械、电、气、液压、数控系统检查和日常保养等	1. 数控铣床说明书 2. 数控铣床日常保养方法 3. 数控铣床安全操作规程 4. 数控系统(进口、国产)说明书
	数控铣床故障诊断	1. 能读懂数控系统的报警信息 2. 能发现并排除数控铣床的一般故障	1. 使用数控系统的报警信息表的方法 2. 数控铣床的编程和操作及故障诊断方法
	机床精度检查	能够检查数控铣床的常规几何精度	1. 水平仪的使用方法 2. 机床垫铁的调整方法

1.4　数控综合实训

实训任务　数控机床的安全操作规程与日常维护保养

1. 实训目的

(1) 熟悉数控机床安全操作规程,避免操作机床安全事故。
(2) 熟悉数控机床日常维护保养内容与方法。
(3) 培养数控机床安全、文明的生产意识,养成良好的职业习惯。

2. 实训要求

(1) 通过学习,熟练掌握数控机床安全操作规程的内容。
(2) 通过学习,熟练掌握数控机床日常维护保养的内容与方法。

3. 实训条件

数控机床、数控机床操作手册、数控机床安全操作规章制度、数控机床日常维护保养物品及数控机床维护保养制度。

4. 实训的具体步骤与详细内容

(1) 数控机床安全操作规程的学习(示教),详细见 1.2.1。
(2) 数控机床安全操作规程的练习。
(3) 数控机床日常维护保养的内容与方法的学习(示教),详细见 1.2.2。
(4) 数控机床日常维护保养的内容与方法的练习。

【思考题】

1-1　试述数控机床安全操作规程。

1-2　数控机床日常维护保养工作有哪些内容?

1-3　浅谈数控机床维护保养的重要性。

第 2 章 数控加工工艺基础综合实训

2.1 数控加工工艺基础知识

2.1.1 数控加工零件的工艺性分析

数控加工工艺是指使用数控机床加工零件的一种工艺方法。数控机床与普通机床加工零件在内容上有一些相同之处,但也有许多不同,最大的不同在于,数控加工中对工步的划分,以及零件表面先后加工顺序、走刀路线、切削用量等内容,按规定的代码格式编制成数控加工程序,加工时,由数控机床按编好的程序自动进行加工。因此,设计数控加工工艺是数控加工中的一个非常重要的组成部分。

数控加工零件的工艺性分析是指根据零件图样,针对加工内容分析其数控加工的适应性,它是设计数控加工工艺的一项主要内容,涉及面很广,这里仅从数控加工的可行性、方便性和特殊性的角度提出一些必须分析和审查的主要内容。

1. 零件图样中的尺寸标注应符合编程方便的原则

(1) 零件图样上尺寸标注应适应数控加工的特点。一般来说,零件设计时尺寸的标注是以零件在机器中的功用、装配是否方便和零件的使用特性作为基本依据的。大多都采用如图 2-1(b)所示的局部分散的标注方法,这样的标注就给数控编程带来诸多不便。对于数控加工,其标注尺寸应以同一基准标注尺寸或直接给出坐标尺寸,如图 2-1(a)所示。这种标注方法既便于数控编程,又有利于设计基准、工艺基准和编程原点的统一。由于数控加工精度和重复定位精度都很高,因此不会产生较大的累积误差而破坏零件的使用特性。在数控加工前要把局部分散的标注尺寸以平均尺寸的方式换算成以同一基准标注的尺寸,一般保留小数点后三位数。

(2) 构成零件轮廓的几何元素的条件应充分准确。构成零件轮廓的几何元素(如点、线、面的位置和尺寸)的条件及相互位置(如相切、相交和平行等)是数控编程的重要依据。手工编程时,要根据这些几何条件计算每一个基点的坐标;自动编程时,则要根据这些几何条件才能对构成零件的所有几何元素进行定义,无论哪一个条件不明确,编程都无法进行,因此,在分析零件图样时,务必要分析几何元素的给定条件是否充分准确,必要时要用计算

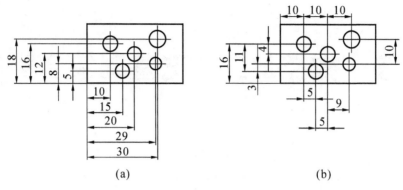

图 2-1 零件尺寸标注

机绘图软件把图形再画一遍,如果发现给定的尺寸不完整或尺寸之间互相矛盾时要与设计人员协商解决。如图 2-2(a)所示,手柄的标注尺寸不完整,无法进行编程。而图 2-2(b)的标注尺寸是完整的,可以进行编程。

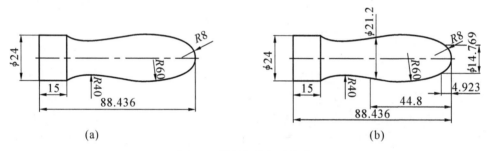

图 2-2 零件标注尺寸完整

2. 零件各加工部分的结构工艺特性应符合数控加工的特点

(1) 零件的内形和外形最好采用统一的几何类型和尺寸。这样可以减少刀具规格和换刀次数,使编程方便,生产效率得到提高。如图 2-3(a)所示的轴承座上要加工 6 个 M8 和 2 个 M10 的螺孔,需要 2 种钻头和 2 种丝锥,换 4 次刀。如果改成图 2-3(b),加工 8 个 M8 螺孔,则只需 1 种钻头和 1 种丝锥,换 2 次刀,刀具规格减少了,生产效率也提高了。

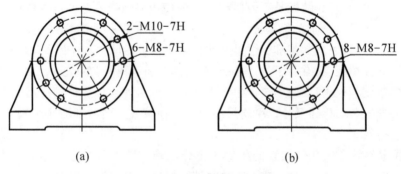

图 2-3 轴承座上的螺孔尺寸尽量一致

(2) 内槽圆角半径不应太小。如图 2-4 所示,内槽圆角的大小决定着刀具直径的大小。零件结构工艺特性还与被加工轮廓的高低、转接圆弧半径大小有关。图 2-4(b)与图 2-4(a)

两零件相比,前者转接圆弧半径大,可以采用较大直径的铣刀加工,加工平面部分时,进给次数减少了,表面加工质量也提高了,因而工艺性较好。

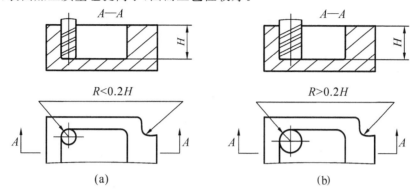

图 2-4　数控加工工艺性比较

(3) 零件铣削底平面时,槽底圆角半径 r 不应过大。如图 2-5 所示,圆角半径 r 越大,铣刀端面刃铣削平面的能力就越差(r 越大,铣刀端面刃铣削面积越小,则铣削平面的能力下降),效率也就越低。当 r 大到一定程度时,甚至必须用球头刀加工,应当避免这样的情况发生。

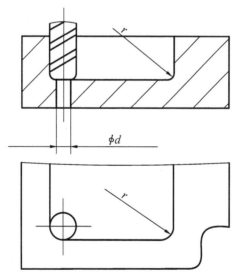

图 2-5　零件底面圆弧对工艺的影响

(4) 采用统一的基准定位。在数控加工中,若没有统一基准定位,无法保证两次装夹加工后其相对位置的准确性,从而导致两次装夹加工后,出现两个面上轮廓位置及尺寸不协调的现象。如图 2-6 所示的顶尖式心轴,第 1 工序就把两端的中心孔加工出来,以后的粗车、半精车、粗磨、精磨工序都以两端中心孔定位,这样既符合基准统一和基准重合的原则,也容易保证垂直度和全跳动的要求。

在数控加工时,最好采用零件上合适的孔作为定位基准。若零件上没有合适的孔,可设置工艺孔,若无法加工出工艺孔,可考虑选用经过精加工的表面作为统一基准,以减少两次装夹产生的误差。如图 2-7 所示的片状凸轮,为了在加工凸轮轮廓时定位方便,就专门加工了一个 $\phi 4H7$ 的工艺孔。

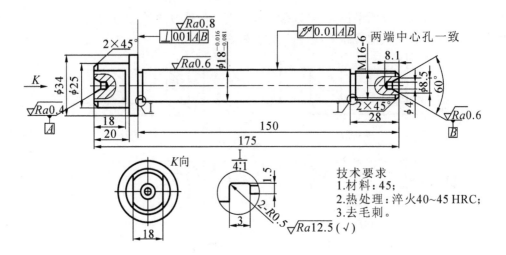

图 2-6　顶尖式心轴

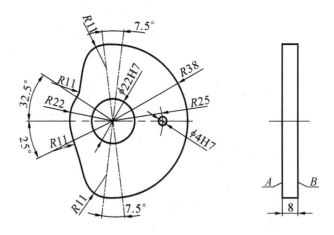

图 2-7　片状凸轮

除了上述分析之外,还应分析零件加工精度、尺寸公差、表面粗糙度等是否可以得到保证,有无引起矛盾的多余尺寸或影响工序安排的封闭尺寸等。

2.1.2　数控加工工序与工步的划分

1. 工序的划分

根据数控加工的特点,数控加工工序的划分一般可按下列方法进行。

(1) 以一次安装加工划分工序。这种方法适合于加工内容不多,加工后就能达到待检状态的零件。

(2) 以一把刀具加工的内容划分工序。为了减少换刀次数,压缩空行程时间,减少不必要的定位误差,可按刀具集中工序的方法加工零件,即在一次装夹中尽可能用一把刀具加工出可能加工的所有部位,然后再换另一把刀具加工其他部位。在专用数控机床和加工中心中常采用这种方法,但此法会使工序内容多、程序长、增加出错率,且查错困难。

(3) 以加工部位划分工序。对于加工内容很多、零件轮廓的表面结构差异较大的零件,可按其结构特点,将加工部位分成几个部分,如内形、外形、曲面和平面等,分别安排工序进行加工。

(4) 以粗、精加工划分工序。对于易发生加工变形的零件,由于粗加工后可能发生的变形而需要进行校形,故一般应先切除大部分余量(粗加工),再将其表面精加工一遍进行校形,以保证加工精度和表面粗糙度的要求。

2. 工步的划分

工步的划分主要从加工精度和效率两方面考虑。合理的加工工艺,不仅要保证加工出符合图样要求的零件,而且要使机床的功能得到充分发挥,在一个工序内往往要采用不同的刀具和切削用量,对不同的表面进行加工。为了便于分析和描述较复杂的工序,在工序内又细分为若干工步。下面以加工中心为例来说明工步的划分方法。

(1) 按粗加工、精加工划分工步。同一表面按粗加工、半精加工、精加工依次完成,或者全部加工表面按粗加工、精加工分开进行,前者适合加工尺寸精度要求较高的零件,后者适合加工位置精度要求较高的零件。

(2) 按先面后孔划分工步。对于既有铣面又有镗孔的零件,可按"先面后孔"的原则划分工步,即先铣面后镗孔。因为铣削时铣削力较大,零件易发生变形,先铣面后镗孔,使其有一段时间恢复,可减少由于变形引起的对孔的精度的影响,从而提高孔的加工质量。如果先镗孔后铣面,则由于铣削时在孔口极易产生飞边、毛刺,导致孔的精度下降。

(3) 按所用刀具划分工步。某些机床工作台回转时间比刀具交换时间短,可采用按刀具划分工步,以减少换刀次数,提高加工效率。

总之,工序与工步的划分要根据具体零件的结构特点、工艺性、技术要求及机床的功能和企业生产组织形式等实际情况综合考虑。

2.1.3 数控加工中零件装夹方案的确定

1. 确定零件定位基准和装夹方案时需要注意的事项

(1) 力求设计基准、工艺基准与编程计算的基准统一。

(2) 尽量减少装夹次数,尽可能做到在一次装夹后就能加工出全部需要加工的表面。

(3) 避免采用占用机床的人工调整式的加工方案,以充分发挥数控机床的效能。

2. 选择夹具时需要注意的事项

(1) 单件小批生产时,尽量采用通用夹具、可调夹具和组合夹具。

(2) 大批大量生产时,可采用专用夹具,但应力求结构简单。

(3) 夹具尽量要开敞,其定位元件、夹紧机构、导向元件或夹具体等不能影响加工中的刀具进给,以免发生碰撞。

(4) 装卸零件要方便可靠,尽可能采用气动、液压或多工位等高效率夹具,以缩短准备时间,提高生产效率。

2.1.4 数控加工常用刀具的选择

刀具的选择是数控加工工艺中的重要内容之一。刀具选择得合理与否不仅影响机床的加工效率,而且还直接影响加工质量。选择刀具通常要考虑机床的加工能力、工序内容及零件材料和热处理状态等因素。数控机床因其主轴转速高、功率大、机床刚度大、主轴精度高等特点，与普通机床的切削加工相比，数控加工对刀具的要求更高。数控加工不仅要求刀具切削性能好、精度高、刚度好、耐用度高、断屑及排屑性能好，而且还要求刀具尺寸稳定、安装调整方便。目前数控加工普遍使用的刀具有高性能高速钢刀具、硬质合金刀具、涂层刀具和新型刀具（如陶瓷刀具、立方氮化硼刀具、聚晶金刚石刀具等）。

数控加工刀具从结构上划分可分为以下几种。

（1）整体式刀具。刀具切削部分和刀具夹持部分是用同一种材料制造的，例如，高速钢刀具。这种刀具容易磨成锋利切削刃，刚度好。

（2）焊接式刀具。刀具切削部分与刀具夹持部分是用不同材料制造的，一般刀具切削部分是硬质合金刀片，刀具夹持部分是碳钢刀杆，用钎焊的方法把硬质合金刀片焊在刀杆上，然后刃磨出需要的刃口。

（3）机夹式刀具。刀具切削部分与刀具夹持部分是用不同材料制造的，一般刀具切削部分是硬质合金刀片，刀具夹持部分是碳钢刀杆，用机械夹固的方法把硬质合金刀片夹持在刀杆上。刀刃磨损后，将刀片卸下，经过刃磨，又可重新装上继续使用。

（4）可转位式刀具。刀具切削部分与刀具夹持部分是用不同材料制造的，刀具切削部分常用的是硬质合金刀片，也可用陶瓷刀片、涂层刀片、立方氮化硼刀片，刀具夹持部分是碳钢或合金钢刀杆。刀片上压制有合理的几何参数、断屑槽型、装夹孔和数个切削刃，用夹紧元件、刀垫等，以机械夹固方法，将刀片夹紧在刀杆上。当刀片的一个切削刃磨损后，只要把夹紧元件松开，将刀片转一个角度，换另一个新切削刃，并重新夹紧就可以继续使用，不需要重新对刀。当所有切削刃都磨损后，换一片新刀片即可继续切削，不需要更换刀杆。可转位式刀具的分类和用途见表2-1。

表2-1 可转位式刀具的分类和用途

刀具名称		用 途
车刀	可转位外表面车刀	适用于各种材料外回转表面、端面的粗车、半精车及精车
	可转位内表面车刀	适用于加工通孔或不通孔
	可转位仿形车刀	适用于仿形车削，常用圆形、三角形和平行四边形刀片
	可转位螺纹车刀	适用于加工各种内、外螺纹、管螺纹、锥管螺纹
	可转位切断、切槽刀	适用于对棒料、管件进行切断和切削环槽、成形槽或端面槽
	可转位自夹紧切断刀	适用于对工件的切断、切槽
面铣刀	普通形式面铣刀	适用于铣削大的平面，用于不同深度的粗加工、半精加工
	可转位精密面铣刀	适用于表面质量要求高的场合，用于精铣
	可转位立装面铣刀	适用于钢、铸钢、铸铁的粗加工，能承受较大的切削力，适用于重切削
	可转位圆刀片面铣刀	适用于加工平面或根部有圆角肩台、肋条，小规格的刀具还可用于加工曲面
	可转位密齿面铣刀	适用于铣削短切屑材料及较大平面和较小余量的钢件，切削效率高
	阶梯式可转位面铣刀	适用于功率小、刚度差的铣床铣削加工
	重型可转位面铣刀	适用于重型加工

续表

刀具名称		用途
可转位三面刃铣刀		适用于铣削较深和较窄的台阶面、沟槽及工件的侧面和凸台平面
可转位两面刃铣刀		适用于铣削深的台阶面,可组合起来用于多组台阶面的铣削
立铣刀	普通可转位立铣刀	适用于粗铣或半精铣有肩台的窄平面及开口槽
	可转位螺旋齿立铣刀（玉米铣刀）	平装形式适用于直槽、台阶、特殊形状及圆弧插补的铣削;立装形式适用于重切削
	钻削立铣刀	适用于水平方向进给铣台阶面和开口槽,也可垂直向下进给,钻浅孔,铣封闭槽,又可斜向进给铣斜槽
	沉孔立铣刀	适用于钻铣平底沉孔
	孔槽立铣刀	适用于铣削内孔或外圆上的环形槽及平面上的窄槽
	可转位球头立铣刀	普通型适用于模腔内腔及过渡圆弧的外形面的粗加工、半精加工;曲线affiliation球头立铣刀,适用于铣各种复杂形面
孔加工刀具	可转位浅孔钻	适用于高效率的加工铸铁、碳钢、合金钢等,可进行钻孔、铣切等
	可转位套料钻	适用于浅孔、深孔套料加工,可节省原材料,减少加工余量
	可转位深孔钻	适用于加工深径比为 50~100 的各种深孔
	可转位锪钻	包括沉孔、倒角、反沉孔锪钻,适用于在预钻孔上锪沉孔或平端面
	可转位铰刀	适用于各种材料的铰削
	可转位镗刀	有单刃、多刃及复合镗刀,适用于各种材料的高效镗削加工

按国家标准规定,不同用途的可转位刀具,其型号的表示方式也有所不同。如果型号中不加前缀,即指装有硬质合金可转位刀片的可转位刀具。可转位刀具可以根据被加工材料的需要装夹其他材料的可转位刀片,但必须加前缀。例如装夹陶瓷可转位刀片的车刀,称为陶瓷可转位车刀。

我国硬质合金可转位刀片的国家标准采用的是 ISO 国际标准,已经颁布了 6 项,分别为 GB/T 2076—2007、GB/T 2077—1987、GB/T 2078—2007、GB/T 2079—1987、GB/T 2080—2007 和 GB/T 2081—1987。产品型号的表示方法、品种规格、尺寸系列、制造公差及尺寸值的测量方法等,都与 ISO 标准相同。

(5) 减振式刀具。在切削过程中,振动时常发生,它不仅恶化零件表面质量,而且对刀具磨损、机床精度有很大的影响。减振式刀具就是能消除在切削过程中所引起振动的刀具。目前减振式刀具有带消振棱的刀具、带消振器的刀具和弹簧刀杆式刀具等。当刀具的工作臂长与直径之比较大时,为了减少刀具的振动,提高加工精度,多采用此类刀具。

(6) 内冷式刀具。此类刀具的切削液通过刀体内部由喷口喷射到刀具的切削刃部。

(7) 特殊型式刀具。此类刀具有复合刀具、可逆攻螺纹刀具等。

数控加工刀具从切削工艺上划分可分为以下几种。

(1) 车削刀具。车削刀具包括外圆、内孔、端面、外螺纹、内螺纹、车槽、切割刀具等。

(2) 钻削刀具。钻削刀具包括小孔、短孔、深孔、攻螺纹、铰孔刀具等。

(3) 镗削刀具。镗削刀具包括粗镗、精镗刀具等。

(4) 铣削刀具。铣削刀具包括面铣、立铣、三面刃刀具等。

2.1.4.1 数控车床常用刀具及选用

数控车床上安装刀具的刀架分为前置刀架和后置刀架,前置刀架和后置刀架所用的车刀相同,但要注意车刀的安装方式和主轴的转向,前置刀架主轴正转时刀尖朝上,后置刀架主轴正转时刀尖则朝下。前置刀架数控车床常用的焊接式车刀的种类如图 2-8 所示。

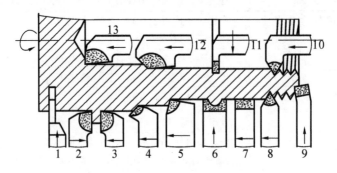

图 2-8 前置刀架数控车床常用的焊接式车刀的种类

1—切断刀(切槽刀);2—90°左偏刀;3—90°右偏刀;4—弯头车刀;5—直头车刀;6—成形车刀;7—宽刃精车刀;8—外螺纹车刀;9—端面车刀;10—内螺纹车刀;11—内槽车刀;12—通孔车刀;13—盲孔车刀

图 2-9 所示为数控车床上使用的机夹可转位式车刀,这种车刀由刀体、刀片、刀垫及夹紧元件等组成。

2.1.4.2 数控铣床和加工中心常用刀具及选用

在数控铣床和加工中心上使用的刀具主要为铣刀,包括面铣刀、圆柱立铣刀、球头铣刀、三面刃盘铣刀、环形铣刀等,除此以外还有各种孔加工刀具,如中心钻、麻花钻头、锪钻、铰刀、镗刀、丝锥和螺纹铣刀等。

图 2-9 机夹可转位式车刀

1. 面铣刀

面铣刀的形状如图 2-10 所示,它适用于加工平面,尤其适合加工大面积平面。主偏角为 90°的面铣刀还能同时加工出与平面垂直的直角面,这个直角面的高度受到刀片长度的限制。面铣刀的主切削刃分布在外圆柱面或外圆锥面上,其端面上的切削刃为副切削刃。

目前数控机床上使用的面铣刀基本都是硬质合金面铣刀,并广泛使用可转位刀片,这种面铣刀在刀片损坏时,更换刀片即可,不需要再次对刀,不但能够快速更换刀具,而且可保证加工精度,大大提高了生产效率。

图 2-10 面铣刀

面铣刀可以用于粗加工,也可以用于精加工。粗加工要求有较高的生产效率,即要求有较大的铣削用量。为使粗加工时能取较大的切削深度,切除较大的余量,粗加工宜选较小直径的铣刀;精加工应能够保证加工精度,要求加工表面粗糙度值较低,应该避免精加工面上的接刀痕迹,所以精加工的铣刀要选直径大一些的,最好能包容加工面的整个宽度。

面铣刀的齿数对铣削生产效率和加工质量有直接影响,齿数越多,同时工作齿数也多,生产效率高,铣削过程平稳,加工质量好。直径相同的可转位铣刀根据齿数的不同可分为粗齿铣刀、细齿铣刀、密齿铣刀三种。可转位铣刀直径与齿数的关系见表 2-2。粗齿铣刀主要用于粗加工;细齿铣刀主要用于平稳条件下的铣削加工;密齿铣刀铣削时的每齿进给量较小,主要用于薄壁铸铁的加工。

表 2-2 可转位铣刀直径与齿数的关系

直径/mm	50	63	80	100	125	160	200	250	315	400	500
粗齿	4	4	4	4	6	8	10	12	16	20	26
细齿				6	8	10	12	16	20	26	34
密齿					12	18	24	32	40	52	64

2. 圆柱立铣刀

圆柱立铣刀主要用于数控铣床和加工中心上加工平面、台阶面、沟槽、内外轮廓等。从结构上划分可分为整体式(小尺寸刀具)和机械夹固式(尺寸较大刀具)两种。圆柱立铣刀如图 2-11 所示。

圆柱立铣刀的主切削刃分布在铣刀的圆柱面上,副切削刃分布在铣刀的端面上,且有端面切削刃过刀具中心和不过中心之分。切削刃过刀具中心的立铣刀可以沿刀具轴向做进给运动,但进给速度要控制合适;切削刃不过刀具中心的立铣刀在铣削时一般不能沿铣刀轴向做进给运动,只能沿铣刀径向做进给运动。

3. 球头铣刀

球头铣刀的端面不是平面,而是带有切削刃的球面,如图 2-12 所示。按刀体形状划分有圆柱形球头铣刀和圆锥形球头铣刀,也可分为整体式和机夹式。球头铣刀主要用于模具产品的曲面加工,在加工曲面时,一般采用三坐标联动,铣削时不仅能沿铣刀轴向做进给运动,也能沿铣刀径向做进给运动,而且球头与工件接触往往为一点,这样,该铣刀在数控系统的控制下,就能加工出各种复杂的成形表面。

4. 三面刃铣刀

三面刃铣刀主要用于加工槽、台阶面等。三面刃铣刀的主切削刃分布在铣刀的圆柱面上,副切削刃分布在两端面上。该铣刀按刀齿结构划分可分为直齿、错齿和镶齿三种形式。三面刃铣刀如图 2-13 所示。

5. 环形铣刀

环形铣刀又称 R 角立铣刀或牛鼻刀,如图 2-14 所示。该铣刀形状类似于面铣刀,所不同的是刀具的每个刀齿均有一个较大的圆角半径,从而使其具备类似球头铣刀的切削能力,同时又可加大刀具直径以提高生产效率,并改善切削性能(中间部分不需切削刃),也可采用可转位刀片。

图 2-11 圆柱立铣刀　　图 2-12 球头铣刀　　图 2-13 三面刃铣刀　　图 2-14 环形铣刀

6. 中心钻

中心钻是专门用于加工中心孔的钻头，如图 2-15 所示。数控机床在钻孔时，刀具的定位是由数控程序控制的，不需要钻模导向。为了保证加工孔的位置精度，应该在用麻花钻钻孔前，用中心钻划窝，或者用刚度较好的短钻头划窝，以保证钻孔中的刀具引正，确保麻花钻的定位。

7. 麻花钻

麻花钻主要用于孔的钻削加工，一般用于孔的粗加工，如图 2-16 所示。可从不同方面给麻花钻分类：按刀具材料分类，麻花钻可分为高速钢钻头和硬质合金钻头；按麻花钻的柄部分类，麻花钻可分为直柄和莫氏锥柄，直柄一般用于小直径钻头，莫氏锥柄一般用于大直径钻头；按麻花钻长度分类，麻花钻可分为基本型钻头和短、长、加长、超长钻头等。

8. 可转位浅孔钻

当钻削直径为 $\phi 20$ mm～$\phi 60$ mm、孔的长径比小于 3 的中等直径浅孔时，可选用硬质合金可转位浅孔钻，如图 2-17 所示。该钻头的切削效率和加工质量均好于麻花钻，最适于箱体零件的浅孔加工。可转位浅孔钻的刀体上有内冷却通道及排屑槽，刀体头部装有一组硬质合金刀片（刀片可以是正多边形、菱形、四边形）。为了提高刀具的使用寿命，可以在刀片上涂镀碳化钛涂层。使用这种钻头钻箱体孔，比普通麻花钻可提高效率 4～6 倍。

9. 铰刀

铰刀是用来对已加工孔进行半精加工和精加工的一种刀具，它的加工精度一般为 IT6～IT9，表面粗糙度值 Ra 为 0.4～1.6 μm，如图 2-18 所示。机用铰刀的刀柄形式有直柄、锥柄和套式三种。

图 2-15　中心钻　　　图 2-16　麻花钻　　　图 2-17　可转位浅孔钻　　　图 2-18　铰刀

10. 镗刀

镗孔所用的刀具称为镗刀，镗刀切削部分的几何角度和车刀、铣刀的切削部分基本相同。镗孔是使用镗刀对已钻出的孔或毛坯孔进一步加工的方法。镗刀的通用性较强，可以粗加工、半精加工、精加工不同尺寸的孔，以及镗通孔、不通孔、阶梯孔、镗加工同轴孔系、平面孔系等。粗镗孔的精度为 IT11～IT13，表面粗糙度 Ra 为 6.3～12.5 μm；半精镗的精度为 IT9～IT10，表面粗糙度 Ra 为 1.6～3.2 μm；精镗的精度可达 IT6，表面粗糙度 Ra 为 0.1～0.4 μm。镗孔具有修正形状误差和位置误差的功能。

常用的镗刀有整体式镗刀和机械固定式镗刀。整体式镗刀一般装在可调镗头上使用；机械固定式镗刀一般装在镗杆上使用，如图 2-19 所示。

图 2-19　机械固定式镗刀

11. 螺纹加工刀具

在成批和大批量生产中,常采用铣削的方法加工螺纹。铣螺纹一般在专门的铣床上进行,根据所用的螺纹铣刀结构不同可划分为盘形螺纹铣刀、梳形螺纹铣刀、单齿螺纹铣刀等,其中单齿螺纹铣刀用于高速切削加工,适合铣削一些较大的螺纹孔,能够进行精度修正,加工效率较高,一般常用,如图 2-20 所示。

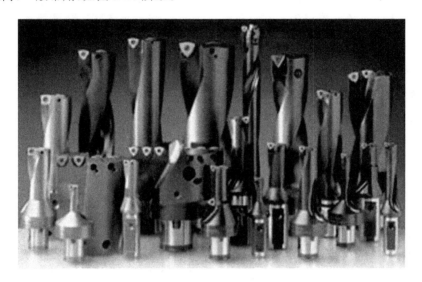

图 2-20　单齿螺纹铣刀

对于小尺寸的内螺纹孔,攻螺纹几乎是唯一有效的加工方法,也是应用较广的螺纹加工方法。单件小批量生产时,可以用手用丝锥攻螺纹,丝锥如图 2-21 所示。当批量较大时,则应在攻丝机上用机用丝锥攻螺纹。采用机床攻螺纹,加工效率高,但加工螺纹孔时有一定的加工范围,在机床上一般加工的螺纹孔径在 $\phi 6\,mm \sim \phi 20\,mm$,如果超出范围则选择手动攻螺纹。

图 2-21　丝锥

2.1.4.3　数控刀具的工具系统

数控刀具的工具系统是指用来连接机床主轴与刀具之间(数控车床是联结刀架与刀具之间)的辅助系统。它除了刀具本身之外,还包括实现刀具快换所必需的定位、夹持、拉紧、动力传递和刀具保护等部分。在数控加工过程中,使用的刀具种类很多,要求换刀迅速。为此,通过标准化、系列化和模块化来提高其通用化程度,且也便于刀具组装、预调、使用、管理及数据管理。因此,研究用较少种类的刀具满足多种工件的加工需求,建立包括刀具、刀夹、刀杆、刀座、刀柄和拉钉等工具结构体系是数控加工的基础。为此,不少国家和公司都已制定出自己的标准和体系。

数控刀具的工具系统按使用范围可分为车削类数控工具系统和镗铣类数控工具系统;

按系统的结构特点可分为整体式工具系统和模块式工具系统。

1. 车削类数控工具系统

目前,我国广泛使用的是一种整体式车削工具系统,即 CZG 车削工具系统,如图 2-22 所示,其中 CZG 分别表示"车削"、"整体式"、"工具"三个词组,它等同于德国标准 DIN69880。

CZG 车削工具系统与数控车床刀架连接的柄部是由一个有与其轴线垂直的齿条的圆柱和法兰组成,其形状如图 2-23 所示。在数控车床的刀架上,安装刀夹柄部圆柱孔的侧面,设有一个由螺栓带动的可移动楔形齿条,该齿条与刀夹柄部上的齿条相啮合,并有一定错位,由于存在这个错位,当旋转螺栓,楔形齿条径向压紧刀夹柄部的同时,使柄部的法兰紧密地贴紧在刀架的定位面上,并产生足够的拉紧力。这种结构具有刀夹装卸操作简便、快捷,刀夹重复定位精度高,连接刚度高等优点。

图 2-22 CZG 车削工具系统

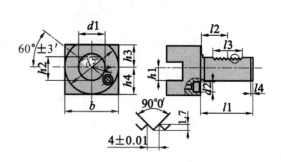

图 2-23 CZG 车削工具系统刀夹柄部的形状

2. 镗铣类数控工具系统

镗铣类数控工具系统采用 7∶24 圆锥刀柄与机床主轴连接,刀柄通过拉钉和主轴内的拉刀装置固定在主轴上。它具有不自锁、换刀方便、定心精度高等优点,可分为整体式和模块式两大类。

1) 整体式镗铣类工具系统

整体式镗铣类工具系统的柄部与夹持刀具的工作部分连成一体,不同品种和规格的工作部分都必须有与机床主轴连接的柄部,如图 2-24 所示。

我国的 TSG82 工具系统是整体式镗铣类工具系统的简称,其中 TSG 分别表示"镗铣"、"数控"、"工具"三个词组,它是在日本机床工业协会标准 MAS403—1982 的基础上制定出来的。图 2-25 所示为 TSG82 工具系统图谱,它表示了 TSG82 工具系统中各种工具的组合型式,供选用时参考(具体见标准《TSG 工具系统 型式与尺寸》(JB/GQ5010—1983))。它包含刀柄、多种接杆和少量刀具,可完成平面、斜面、沟槽的铣削加工,以及钻孔、扩孔、铰孔、镗孔和攻螺纹等工序。它具有结构简单、使用方便、装卸灵活、更换迅速等特点,在国内得到

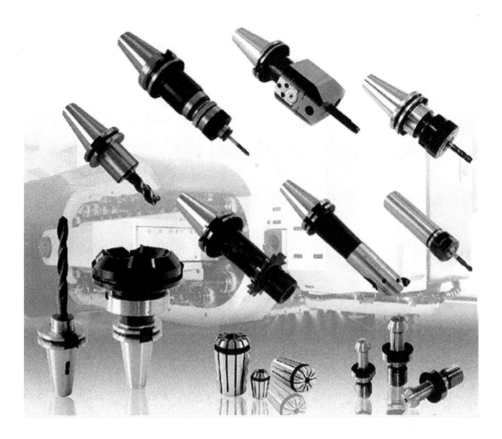

图 2-24 整体式镗铣类工具系统的柄部

广泛应用。

2) 模块式镗铣类工具系统

随着数控机床的推广使用,工具的需求量迅速增加。为了克服整体式镗铣类工具系统规格品种繁多,给生产、使用和管理带来许多不便的缺点。20 世纪 80 年代以来相继开发了模块式镗铣类工具系统,其图谱及各模块如图 2-26、图 2-27 所示,它把整体式工具系统的柄部和工作部分分开,分别制成主柄模块、中间模块和工作模块三大系列化模块。使用者可根据加工零件的尺寸、精度要求、加工程序、加工工艺,利用这三部分模块,任意组合成钻削、铣削、镗削及攻螺纹的各种工具进行切削加工。

我国 TMG 工具系统是模块式镗铣类工具系统的简称,其中 TMG 分别表示"镗铣"、"模块"、"工具"三个词组。为了区别不同结构的模块式工具系统,需在 TMG 之后加上两位数字,前位数字表示模块连接的定心方式,各种定心方式的数字代号见表 2-3。后位数字表示模块连接的锁紧方式,各种锁紧方式的数字代号见表 2-4。各工具模块型号及拼装后刀柄型号编写方法见有关标准(例如,GB/T 25668.1—2010 镗铣类模块式工具系统 第 1 部分:型号表示规则和 GB/T 25668.2—2010 镗铣类模块式工具系统 第 2 部分:TMG21 工具系统的型式和尺寸)。

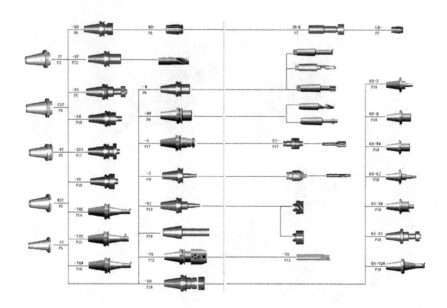

图 2-25　TSG82 工具系统图谱

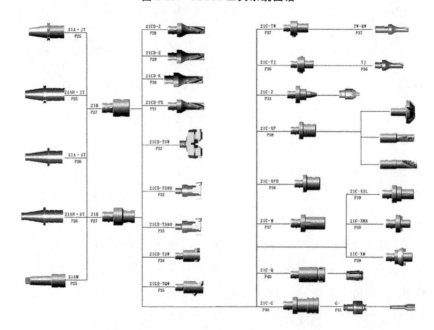

图 2-26　TMG21 模块式镗铣类工具系统图谱

表 2-3　定心方式代号

前位数字代号	模块连接的定心方式
1	短圆锥定心
2	单圆柱面定心
3	双键定心
4	端齿啮合定心
5	双圆柱面定心

表 2-4　锁紧方式代号

后位数字代号	模块连接的锁紧方式
0	中心螺钉拉紧
1	径向销钉锁紧
2	径向楔块锁紧
3	径向双头螺栓锁紧
4	径向单侧螺钉锁紧
5	径向两螺钉垂直方向锁紧
6	螺纹连接锁紧

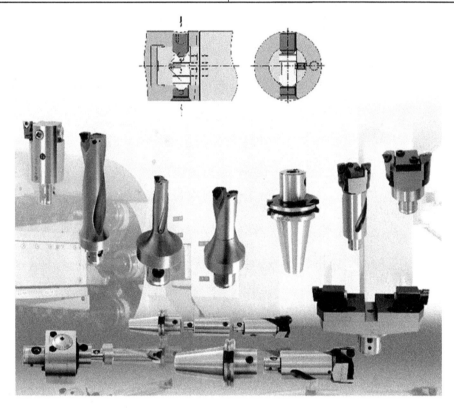

图 2-27　TMG21 模块式镗铣类工具系统的主柄模块、中间模块和工作模块

3. 高速铣削用的工具系统

一般认为主轴转速在 8 000 r/min 以上的铣削加工属于高速铣削,高速铣削有许多优点。7∶24 锥度刀柄镗铣类工具系统存在某些缺点,远不能满足高速铣削的要求。传统主轴 7∶24 前端锥孔在高速铣削时,由于离心力的作用会发生膨胀,膨胀量的大小随着旋转半径与转速的增大而增大,主轴锥孔成喇叭状扩张,如图 2-28 所示。但 7∶24 实心刀柄则膨胀较小,引起总的锥度连接刚度降低。在拉杆拉力作用下,刀具的轴向位置发生变化。另外,还会引起刀具及夹紧机构质量中心偏离,从而影响主轴的动平衡。由上述可知,7∶24 锥度刀柄与主轴连接中存在的主要问题是连接刚度、精度、动平衡等性能差。目前改进的最佳途径是将原来仅靠锥面定位改为锥面和端面同时定位。这种方案最有代表性的是德国 HSK 刀柄、美国 KM 刀柄及日本 BIG-plus 刀柄。

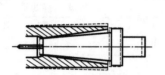 

图 2-28　在高速运转中离心力使主轴锥孔扩张

德国 HSK 双面定位型空心刀柄是一种典型的 1∶10 短锥面工具系统。HSK 刀柄与主轴连接结构如图 2-29 所示,HSK 刀柄与刀具结构如图 2-30 所示。HSK 刀柄由锥面和端面共同实现定位和夹紧。其主要优点如下:① 采用锥面和端面过定位的结合方式,提高了结合刚度;② 锥部短,采用空心结构,质量小,自动换刀快;③ 采用 1∶10 锥度,楔紧效果较好,故有较强的抗扭能力;④ 有较高的安装精度。但这种结构也存在一些缺点,主要是与现在的主轴结构和刀柄不兼容;同时由于过定位安装使制造工艺难度增大、制造成本增高。

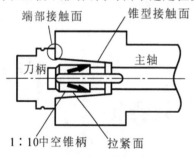 

图 2-29　HSK 刀柄与主轴连接结构　　　图 2-30　HSK 刀柄与刀具结构

2.1.5　数控加工余量的确定

加工余量是指零件在加工过程中从加工表面上所切除的金属层厚度。加工余量可分为工序加工余量和总加工余量。

1. 工序加工余量和总加工余量

工序加工余量是相邻两工序的工序尺寸之差。对于外圆和内孔等回转表面,加工余量是从直径方向考虑的,故称为双边余量,即实际切除的金属层厚度是加工余量的一半。平面的加工余量是单边余量,它等于实际切除的金属层厚度。总加工余量也称为毛坯余量,它是零件上同一表面的毛坯尺寸与零件尺寸之差。总加工余量等于各工序加工余量之和。

加工余量的大小对零件的加工质量、生产效率和生产成本均有较大影响。若零件的加工余量过大,则不能保留零件最耐磨的表面层,降低了被加工表面的机械性能,同时增加了材料的损耗,提高了生产成本,增加了机械加工工时,降低了生产效率;若零件的加工余量过小,则不能保证去除零件表面的缺陷层。如果加工余量不够,就有可能造成零件报废。因此,要合理确定加工余量。

2. 确定加工余量时应注意的问题

(1) 采用最小加工余量原则。在保证加工精度和加工质量的前提下,余量越小越好,以缩短加工时间、减少材料消耗、降低加工费用。

(2) 余量要充分,防止因余量不足而造成不良品。

(3) 余量中应包含因热处理引起的变形量。

(4) 大零件取大余量。零件越大,切削力、内应力引起的变形越大。因此工序加工余量应取大一些,以便通过本道工序消除变形量。

(5) 总加工余量(毛坯余量)与工序余量要分别确定。总加工余量的大小与所选择的毛坯成型方法和制造精度有关。粗加工工序的加工余量应等其他工序的加工余量确定后再确定,它等于总加工余量减去其他各工序的加工余量之和。

数控加工一般用于零件的半精加工或精加工,因此加工余量较小。半精车内外圆的双边加工余量一般为 0.8～1.6 mm,精车内外圆的双边加工余量一般为 0.5～0.8 mm;半精铣平面的单边加工余量一般为 0.7～1.5 mm,精铣平面的单边加工余量一般为 0.5～0.8 mm;半精镗内孔的双边加工余量一般为 0.5～1.5 mm,精镗内孔的双边加工余量一般为 0.2～0.5 mm。

2.1.6 数控加工切削用量的确定

切削用量是表示主运动及进给运动参数的量,它包括切削速度、进给量和背吃刀量等三要素。数控加工中这三要素都要编入程序中,以保证加工质量。在数控加工时,切削速度反映在主轴转速上,即 S 指令;进给量一般用进给速度表示,即 F 指令;背吃刀量一般反映在坐标值的变化上,与加工余量相对应。半精加工主轴转速一般为 500～800 r/min,精加工主轴转速一般为 1 500～3 000 r/min;半精加工进给速度一般为 80～100 mm/min,精加工进给速度一般为 20～50 mm/min;半精加工背吃刀量一般为 0.4～0.8 mm,精加工背吃刀量一般为 0.2～0.5 mm。

2.1.7 数控加工顺序的确定

加工顺序是指各道加工工序安排的先后顺序。加工顺序安排总的原则是前面工序为后续工序创造条件。具体原则如下。

1. 先粗后精

零件的加工一般应将粗加工、精加工分开进行,即按粗加工→半精加工→精加工→光整加工的顺序进行,以求逐步提高表面的加工精度和减小表面粗糙度。

2. 基准先行

用作精基准的表面要首先加工出来。因为精基准的表面加工质量越好,后续工序的装夹精度就越高,所以第一道工序一般是进行定位面的粗加工和半精加工(有时包括精加工),然后再以精基面定位加工其他表面。

3. 先主后次

先安排主要表面的加工,后安排次要表面的加工。因为主要表面加工若出不良品的话,可以中止加工,以减少工时浪费。次要表面的加工一般安排在主要表面的半精加工之后、精加工之前进行。

4. 先面后孔

先加工平面,后加工内孔。因为平面一般面积较大,轮廓平整,所以先加工好平面,便于加工孔时定位安装,有利于保证孔与平面的位置精度,同时也给孔加工带来了方便。

2.1.8 数控加工走刀路线的确定

在数控加工中,刀具刀位点相对于工件运动的轨迹和方向称为走刀路线,也称为进给路线,它既包括切削加工的路线,又包括刀具切入、切出和下刀、抬刀、进刀、退刀等空行程路线,同时也包括了工步的内容和先后顺序,是编写数控加工程序的依据之一。在确定走刀路线时通常画一张工序简图,将已经拟定出的走刀路线画上去(包括刀具切入、切出、下刀、抬刀、进刀、退刀路线),以便于编程。确定走刀路线的原则主要有下列几点。

(1) 使被加工零件获得良好的加工精度和表面质量。
(2) 使数值计算容易,以减少编程工作量。
(3) 尽量使走刀路线最短,这样可使程序段数量减少,缩短空走刀时间。

2.1.9 数控加工切削液的确定

在数控加工时,合理选用切削液能有效地减小切削力、降低切削温度、减小加工系统热变形、延长刀具寿命和改善已加工表面质量,此外,选用高性能切削液也是改善难加工材料切削性能的一个重要措施。切削液一般具有冷却、润滑、排屑、洗涤和防锈等作用。

数控加工钢件时,一般使用乳化液。乳化液是将乳化油用水稀释而成,呈乳白色或半透明状的液体。乳化油是一种油膏,它由矿物油、脂肪酸、皂及表面活性乳化剂(石油磺酸钠、磺化蓖麻油)配制而成。在表面活性剂的分子上带极性的一头与水亲和,不带极性的一头与油亲和,从而起到水油均匀混合作用,再添加乳化稳定剂(乙醇、乙二醇等)防止乳化液中水、油分离。

乳化液的用途很广,可以自行配制,含较少乳化油的称为低浓度乳化液,它主要起冷却作用,适用于粗加工和普通磨削;含较多乳化油的称为高浓度乳化液,它主要起润滑作用,适用于精加工和复杂刀具加工。表 2-5 列出了加工碳钢时,不同浓度乳化液的用途。

表 2-5 不同浓度乳化液的用途

加工要求	车削、磨削	切割	铣削	铰孔	拉削	齿轮加工
浓度/(%)	3~5	10~20	5	10~15	10~20	15~25

数控加工铸铁和非铁合金时,一般不使用切削液,这种切削方式称为干切削。

2.1.10 数控加工工艺文件的制定

数控加工工艺文件是指所有与数控加工有关的工艺技术文件。这些工艺技术文件既可为数控编程人员提供依据和方便,又可指导操作人员正确进行操作,同时也是生产组织、技术管理、质量管理、计划调度的重要依据,因此必须认真编制。

数控加工工艺文件一般包括《数控加工通用工艺守则》(JB/T9168.10—1998)、数控编程任务书、数控加工工序卡片、数控加工零件安装和原点设定卡片、数控加工刀具卡片、数控加工走刀路线图及数控加工程序单等,具体内容参考有关资料。

2.2 数控机床常用对刀仪的使用

对刀仪是测量刀具尺寸的精密仪器,它可以测量刀具的轴向尺寸、径向尺寸及刀具的形状和角度。使用对刀仪的目的是为了确保刀具快换后不经试切就可获得合格的工件尺寸。对刀仪根据安装位置可分为机外对刀仪和机内对刀仪,也可根据测量原理分为机械接触式对刀仪、光学投影式对刀仪和 TCAM 电子摄像式对刀仪等。

2.2.1 机外对刀仪对刀

机外对刀的本质是测量出刀具假想刀尖点到刀具台基准之间 X 及 Z 方向的距离。利用机外对刀仪可将刀具预先在机床外校对好,以便装上机床后将对刀长度值及半径值输入到相应刀具补偿号即可以使用。机外对刀仪如图 2-31 所示。

图 2-31 机外对刀仪

图 2-32 数控车床用机内对刀仪

2.2.2 机内自动对刀

机内自动对刀是通过刀尖检测系统来实现的。刀尖以设定的速度向接触式传感器接近,当刀尖与传感器接触并发出信号时,数控系统立即记下该瞬间的坐标值,并自动修正刀具补偿值。数控车床用机内对刀仪如图 2-32 所示。

2.3 数控综合实训

实训任务一 数控车削加工编程工艺综合实训

在 CK6140 数控车床上加工如图 2-33 所示的轴类零件,毛坯为 $\phi40$ mm×100 mm 的圆钢,材料为 45 钢,不需要热处理。

一、实训目的

掌握前面所学的数控车削加工工艺的知识,并把这些知识应用于实际编程中。

二、实训要求

(1) 进行车削加工零件的工艺性分析,正确划分数控加工工序与工步。
(2) 选用正确的零件装夹方案及加工过程中所需要的刀具。

(3) 合理确定加工余量、切削用量、加工顺序、走刀路线、切削液等。
(4) 学会编制数控加工工艺文件。

三、实训条件

实训条件包括数控车床、各种刀具、测量工具等。

四、实训的具体步骤与详细内容

1. 零件工艺性分析

该零件如图 2-33 所示,是一个实心轴,长度不长,且毛坯有余量,适合于数控车床加工,可采用三爪卡盘直接夹紧工件毛坯外圆面定位,一次装夹将工件连续加工完成,不用顶尖顶夹。圆钢装夹时伸出卡盘端面 80 mm,取工件的右端面中心为工件坐标系的原点。

此工件的车削加工包括车外圆、圆锥面、圆弧面、切槽、车螺纹和切断。

为了保证零件加工后的尺寸精度要求,要将零件的标注尺寸换算成中间尺寸及对称公差。

如:$\phi 38_{-0.039}^{0}$ 改为 $\phi 37.9805 \pm 0.0195$,编程时应用尺寸为 $\phi 37.981$;

$\phi 25_{-0.033}^{0}$ 改为 $\phi 24.9835 \pm 0.0165$,编程时应用尺寸为 $\phi 24.984$;

68 ± 0.05 本身为中间尺寸及对称公差,编程时应用尺寸为 68。

同时注意,当尺寸精度要求较高,图纸尺寸标注基准与编程基准不重合时,应进行尺寸链换算。

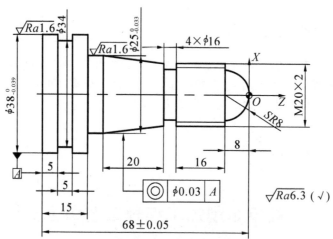

图 2-33 数控车削加工编程工艺综合实训件

2. 工序与工步的划分

此工件的工序与工步可分为粗车外轮廓、精车外轮廓、切槽、车螺纹、切断等。

3. 零件装夹方案的制订

直接用三爪卡盘夹紧工件毛坯外圆面定位,不用顶尖顶夹。

4. 刀具的选用

加工此工件需要三把刀具,具体如下。1 号刀具:93°外圆刀,粗车、精车外轮廓。2 号刀具:60°普通螺纹刀,车螺纹孔 M20×2。3 号刀具:切槽刀(宽 4 mm),切退刀槽、切断。

5. 加工余量的确定

(1) 由于毛坯直径为 $\phi 40$ mm,而球面 SR 8 过工件中心,所以单边最大加工余量为 20 mm,

需要多次粗车外轮廓,每次粗车的背吃刀量为 3 mm,最后给精车留下加工余量为 0.25 mm。

(2) 车螺纹的加工余量确定方法如下。

由于螺纹刀具是成形刀具,刀刃与工件接触线较长,切削力较大,而切削力过大会损坏刀具或在切削中容易引起振动,因此在切削螺纹时需要多次进刀,每次进刀的深度按递减规律分配,具体每次的背吃刀量见表 2-6。

表 2-6 常用螺纹切削进给次数与背吃刀量

		公 制 螺 纹						
螺距/mm		1.0	1.5	2.0	2.5	3.0	3.5	4.0
牙高(半径值)/mm		0.649	0.974	1.299	1.624	1.949	2.273	2.598
切削次数及背吃刀量（直径值）/mm	1次	0.7	0.8	0.9	1.0	1.2	1.5	1.5
	2次	0.4	0.6	0.6	0.7	0.7	0.7	0.8
	3次	0.2	0.4	0.6	0.6	0.6	0.6	0.6
	4次	—	0.16	0.4	0.4	0.4	0.4	0.6
	5次			0.1	0.4	0.4	0.4	0.4
	6次				0.15	0.4	0.4	0.4
	7次					0.2	0.2	0.4
	8次						0.15	0.3
	9次							0.2
		英 制 螺 纹						
牙/in		24牙	18牙	16牙	14牙	12牙	10牙	8牙
牙高(半径值)/in		0.678	0.904	1.016	1.162	1.355	1.626	2.033
切削次数及背吃刀量（直径值）/in	1次	0.8	0.8	0.8	0.8	0.9	1.0	1.2
	2次	0.4	0.6	0.6	0.6	0.6	0.7	0.7
	3次	0.16	0.3	0.5	0.5	0.5	0.6	0.6
	4次	—	0.11	0.14	0.3	0.4	0.4	0.5
	5次				0.13	0.21	0.4	0.5
	6次						0.16	0.4
	7次							0.17

螺纹的大径、小径和牙高可按下式近似计算。

螺纹大径:$D_{大} = D_{公称直径} - 0.1 \times 螺距$;

螺纹小径:$D_{小} = D_{公称直径} - 1.3 \times 螺距$;

螺纹牙高:$H_{牙高} = (D_{大} - D_{小})/2$。

6. 切削用量的确定

粗车外轮廓时主轴转速取 650 r/min,进给速度取 80 mm/min,背吃刀量取 3 mm。

精车外轮廓时主轴转速取 1000 r/min,进给速度取 40 mm/min,背吃刀量取 0.25 mm。

切槽和切断时主轴转速取 500 r/min,进给速度取 30 mm/min。

车螺纹时主轴转速取 300 r/min,进给速度取 2 mm/r,每次的背吃刀量分别取 0.9 mm、0.6 mm、0.6 mm、0.4 mm、0.1 mm。

7. 零件加工顺序的确定

零件按粗车外轮廓→精车外轮廓→切槽→车螺纹→切断的顺序依次加工。

8. 走刀路线的确定

走刀路线如图 2-34 所示,图中换刀点 P 设在离工件坐标系原点 X 方向 100 mm、Z 方向 100 mm 处。

图中循环起点 A 设在工件毛坯尺寸之外 X 方向 5 mm、Z 方向 5 mm 处。粗车外轮廓循环时，每一层切削深度（半径值）为 3 mm，退刀量为 1 mm；精车时 X 方向加工余量（直径值）为 0.5 mm，Z 方向加工余量为 0.3 mm。

图中螺纹切入长度为 2 倍螺距，螺纹切出长度为 1 倍螺距。

9. 切削液的确定

选用浓度为 5% 的乳化液作为切削液。

10. 数控加工工序卡片和数控加工刀具卡片的制定

数控加工工序卡片和数控加工刀具卡片见表 2-7 和表 2-8。

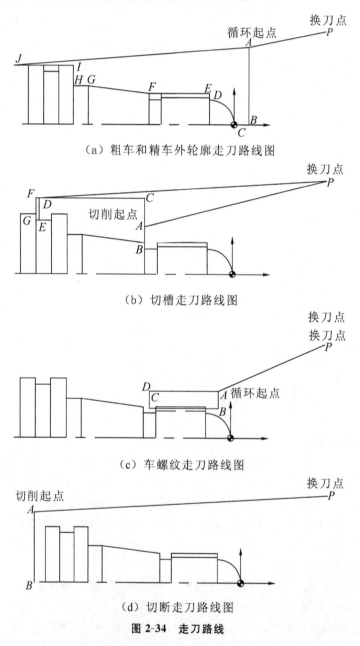

图 2-34 走刀路线

表 2-7　数控加工工序卡片

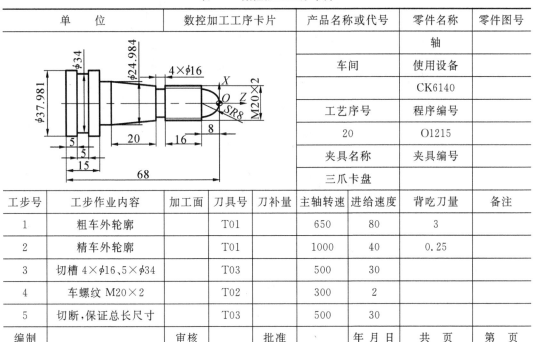

单　位		数控加工工序卡片		产品名称或代号	零件名称	零件图号
					轴	
				车间	使用设备	
					CK6140	
				工艺序号	程序编号	
				20	O1215	
				夹具名称	夹具编号	
				三爪卡盘		
工步号	工步作业内容	加工面	刀具号	刀补量	主轴转速	进给速度	背吃刀量	备注
1	粗车外轮廓		T01		650	80	3	
2	精车外轮廓		T01		1000	40	0.25	
3	切槽 4×φ16、5×φ34		T03		500	30		
4	车螺纹 M20×2		T02		300	2		
5	切断,保证总长尺寸		T03		500	30		
编制		审核		批准		年 月 日	共　页	第　页

表 2-8　数控加工刀具卡片

刀具号	刀具规格名称	数量/把	加工内容	刀尖半径/mm	主轴转速/(r/min)	进给速度/(mm/min)
T01	93°外圆车刀	1	粗、精车外轮廓	0.5	650/1000	80/40
T02	60°普通螺纹刀	1	车螺纹 M20×2	—	300	2 mm/r
T03	切槽刀(宽 4 mm)	1	切退刀槽、切断	0.1	500	30

实训任务二　数控铣削加工编程工艺综合实训

在 XK714B 数控铣床上加工如图 2-35 所示的凸轮零件,已经加工好上下平面、φ35H7 和 φ12H7 两孔、φ280 mm 外圆和 φ65 mm 凸台,工件材料为 HT200,本工序只铣削 28 mm 的槽轮廓。

一、实训目的

掌握前面所学的数控铣削加工工艺的知识,并把这些知识应用于实际编程中。

二、实训要求

(1) 进行铣削加工零件的工艺性分析,正确划分数控加工工序与工步。
(2) 选用正确的零件装夹方案及加工过程中所需要的刀具。

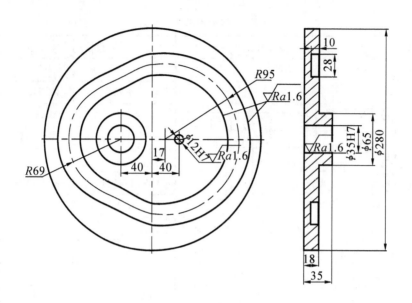

图 2-35 凸轮

（3）合理确定加工余量、切削用量、加工顺序、走刀路线、切削液等。

（4）学会编制数控加工工艺文件。

三、实训条件

实训条件包括 XK714B 数控铣床、ϕ20 mm 麻花钻、ϕ20 mm 硬质合金立铣刀、测量工具等。

四、实训的具体步骤与详细内容

1. 零件工艺性分析

该零件为一个平面槽形凸轮，其结构简单，加工工艺性较好，但凸轮槽表面粗糙度要求较高，需要分为粗铣和精铣两步完成。

2. 工序与工步的划分

分为钻工艺孔、粗铣、精铣等三步。

3. 零件装夹方案的制订

采用"一面两孔"定位专用夹具，如图 2-36 所示。

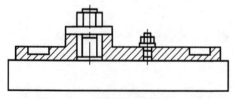

图 2-36 "一面两孔"定位专用夹具

4. 刀具的选用

ϕ20 mm 麻花钻和 ϕ20 mm 硬质合金立铣刀。

5. 加工余量的确定

粗加工后凸轮槽两侧面轮廓留 1 mm 的精加工余量。

6. 切削用量的确定

凸轮槽宽度 28 mm，深度 10 mm，粗加工时，Z 向每次切削深度取 4.5 mm，精加工两侧轮廓面时，Z 向一次下刀 1 mm 到位。具体切削用量见表 2-9。

表 2-9 切削用量

工 步	切削用量		
	切削深度/mm	进给速度/(mm/min)	主轴转速/(r/min)
钻工艺孔	9.5	20	600
凸轮槽粗加工	4.5	100	400
凸轮槽精加工	10	50	550

7. 零件加工顺序的确定

零件按钻工艺孔→凸轮槽粗加工→凸轮槽精加工的顺序依次加工。

8. 走刀路线的确定

为保证凸轮槽工作表面有较好的表面质量，采用顺铣方式走刀。铣削凸轮槽时 XY 平面内的走刀先沿凸轮槽中心铣一圈，然后向凸轮槽两侧壁方向分别进给 3 mm 后各走刀一圈，最后沿凸轮槽内、外工作表面分别精加工。

9. 切削液的确定

因被加工材料为铸铁，且采用硬质合金铣刀，所以不需加切削液。

10. 数控加工工序卡片的制定

数控加工工序卡片见表 2-10。

表 2-10 数控加工工序卡片

单 位		数控加工工序卡片		产品名称或代号	零件名称	零件图号
					凸轮	
				车间	使用设备	
					XK714B	
				工艺序号	程序编号	
				10	O1015	
				夹具名称	夹具编号	
				专用夹具		
工步号	工步作业内容	加工面	刀具号	刀补量	主轴转速	进给速度	切削深度	备注
1	钻工艺孔		T01		600	20	9.5	
2	粗铣凸轮槽		T02		400	100	4.5	
3	精铣凸轮槽		T02		550	50	10	
编制		审核		批准		年月日	共 页	第 页

实训任务三 数控加工中心加工工艺综合实训

在 XH714 立式加工中心上加工如图 2-37 所示的底模,零件材料为 HT200,已经进行过粗加工,各部分单边余量为 5 mm,本工序要将其余所有内容加工完成。

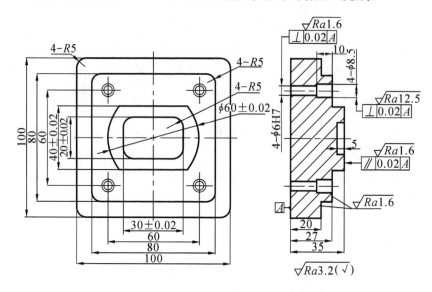

图 2-37 底模

一、实训目的

了解综合件加工的工艺知识,掌握刀具和切削用量的选择,能够填写工艺卡片,并为加工中心编程做好准备。

二、实训要求

(1) 进行加工中心加工时零件的工艺性分析,正确划分数控加工工序与工步。
(2) 选用正确的零件装夹方案及加工过程中所需要的刀具。
(3) 合理确定加工余量、切削用量、加工顺序、走刀路线、切削液等。
(4) 学会编制数控加工工艺文件。

三、数控综合实训的条件

数控综合实训的条件包括 XH714 立式加工中心、ϕ100 mm 硬质合金端面铣刀、ϕ20 mm 硬质合金立铣刀、ϕ8 mm 键槽铣刀、ϕ5 mm 中心钻、ϕ5.8 mm 钻头、ϕ8.5×4.5 mm 锪钻、ϕ6 mm 铰刀、测量工具等。

四、实训的具体步骤与详细内容

1. 零件工艺性分析

该零件主要由平面、孔系、型腔及外轮廓组成。上表面及两台阶面要求粗糙度 Ra 为 1.6 μm，其他面要求粗糙度 Ra 为 3.2 μm，上、下平面的平行度要求为 0.02 mm，上、下表面可采用粗铣—精铣的加工方案。

台阶孔 ϕ6H7 的表面粗糙度 Ra 为 1.6 μm，要求较高，选择钻孔—铰孔的加工方案；ϕ8.5 孔无尺寸公差要求，可按自由尺寸公差 IT12 处理，表面粗糙度 Ra 为 12.5 μm，要求不高，用锪钻锪孔即可。

型腔内表面及外轮廓表面粗糙度 Ra 要求为 3.2 μm，采用粗铣→精铣的加工方案。

2. 工序与工步的划分

底模的加工分为两道工序：第一道工序，在数控铣床上粗加工和精加工定位基准面 A 及四周的外轮廓面；第二道工序，在加工中心上粗、精加工上表面，粗加工两台阶面，粗加工型腔，粗、精加工孔系，精加工两台阶面，精加工型腔。

3. 零件装夹方案的制订

根据基准重合原则，即设计基准与定位基准重合，加工该零件时，首先以上面为基准加工底面及四周的外轮廓，在数控铣床上完成。然后，在加工中心上，以底面定位，采用平口钳一次装夹，将所有余下的表面和轮廓全部加工完成，这样就可以保证图样要求的尺寸精度和位置精度。

4. 刀具的选用

为提高加工精度和效率，并减少每次进给之间的接刀痕迹，零件上、下表面采用端铣刀加工，铣刀直径应以尽量包容零件整个加工宽度为原则。零件外轮廓、两台阶面采用立铣刀加工。零件型腔采用键槽铣刀（方便垂直进刀）加工，由于是内轮廓加工，因此铣刀直径要受轮廓最小曲率半径（$R_{\min}$）限制，$R_{\min}$ 为 5 mm，根据经验，取刀具半径 $R=(0.8\sim 0.9)R_{\min}$，即采用 ϕ8 键槽铣刀。加工 ϕ6H7 孔时，先用 ϕ5.8 mm 的钻头钻孔，然后用 ϕ6 mm 的铰刀铰孔；加工 ϕ8.5 mm 孔时，采用 ϕ8.5×4.5 锪钻锪孔。所选刀具详见表 2-11。

表 2-11 数控加工刀具卡片

刀具号	刀具规格名称	数量/把	加工内容	备注
T01	ϕ100 硬质合金端面铣刀	1	铣削上、下表面	
T02	ϕ20 硬质合金立铣刀	1	铣削外轮廓及两台阶面	
T03	ϕ8 键槽铣刀	1	铣削型腔	
T04	ϕ5 中心钻	1	钻中心孔 4×ϕ5	
T05	ϕ5.8 钻头	1	粗加工孔 4×ϕ6	
T06	ϕ8.5×4.5 锪钻	1	锪孔 4×ϕ8.5	
T07	ϕ6 铰刀	1	精加工孔 4×ϕ6H7	

5. 加工余量的确定

由于各部分单边余量为 5 mm，两台阶面的总余量较大，要分几次进给，铣削台阶面时每次背吃刀量为 5 mm，精加工余量为 0.5 mm，一次走刀完成。

6. 切削用量的确定

由于该零件材料为 HT200，切削性能较好，因此铣削平面、台阶面、型腔时，留 0.5 mm 的精加工余量；铰孔 $4\times\phi6H7$ 时，留 0.1 mm 的铰削余量。

确定主轴转速时，为了兼顾刀具的耐用度和机床的加工刚度，确保零件的加工质量，根据背吃刀量，先查切削用量手册，确定切削速度，然后按公式 $v_c = \pi Dn/1000$ 计算主轴转速。

确定进给速度时，根据铣刀齿数、主轴转速及切削用量手册中给出的每齿进给量，利用公式 $v_f = f\times n = f_z\times Z\times n$ 计算进给速度。具体数据见表 2-12。

表 2-12 数控加工工序卡片

单 位		数控加工工序卡片		产品名称或代号		零件名称	零件图号
						底模	
					车间	使用设备	
						XH714	
					工艺序号	程序编号	
					20	O1016	
					夹具名称	夹具编号	
					平口钳		
工步号	工步作业内容	加工面	刀具号	刀补量/mm	主轴转速/(r/min)	进给速度/(mm/min)	切削深度/mm	备注
---	---	---	---	---	---	---	---	---
1	粗铣上表面		T01		220	40	2	
2	精铣上表面		T01		220	25	0.5	
3	粗铣台阶面1		T02	D02=10.5	900	60	4	
4	粗铣台阶面2		T02	D02=10.5 D21=15	900	60	4	
5	粗铣型腔		T03	D03=4.5	600	70	3	
6	钻中心孔 $4\times\phi5$		T04		600	80	2.5	
7	钻孔 $4\times\phi5.8$		T05		600	60	2.9	
8	锪孔 $4\times\phi8.5$		T06		400	40	1.45	
9	铰孔 $4\times\phi6H7$		T07		600	25	0.1	
10	精铣台阶面1		T02	D22=10	900	25	0.5	
11	精铣台阶面2		T02	D22=10	900	25	0.5	
12	精铣型腔		T03	D33=4	600	70	3	
编制		审核		批准		年 月 日	共 页	第 页

7. 零件加工顺序的确定

根据基准先行、先面后孔、先粗后精的加工原则，确定各面的加工顺序如下：粗、精加工定位基准面 A 及四周的外轮廓面（数控铣床）→粗、精加工上表面→粗加工两台阶面→粗加工型腔→粗、精加工孔系→精加工两台阶面→精加工型腔。

8. 走刀路线的确定

内外轮廓的加工，刀具均沿切线方向切入与切出。

9. 切削液的确定

因被加工材料为铸铁,且采用硬质合金铣刀,所以不需加切削液。

10. 数控加工工序卡片的制定

数控加工工序卡片见表 2-12。

【思考题】

2-1　数控加工工艺与传统加工工艺相比有哪些特点?

2-2　在数控机床上加工零件时,划分加工工序有哪几种方式?

2-3　数控加工中,通常按哪些原则安排加工顺序?

2-4　为了提高数控机床的效率,在确定零件定位基准与夹紧方案时应注意什么?

2-5　在数控机床上加工零件时,划分工步应遵循哪些原则?

2-6　确定走刀路线时应考虑哪些问题?

2-7　分析图 2-38 所示套筒的数控车削加工工艺。

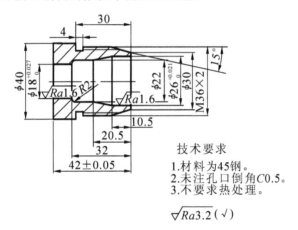

图 2-38　套筒

2-8　分析图 2-39 所示凹模板的数控铣削加工工艺。

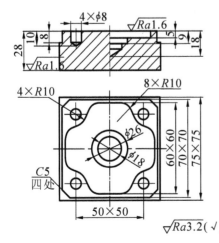

图 2-39　凹模板

2-9 分析图 2-40 所示垫板的数控加工中心加工工艺。

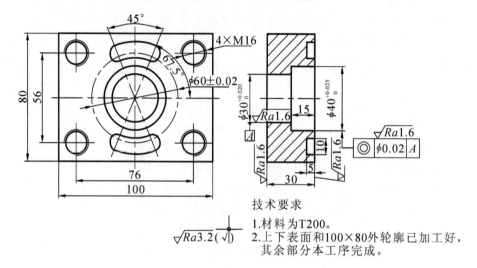

图 2-40 垫板

技术要求
1. 材料为T200。
2. 上下表面和100×80外轮廓已加工好，其余部分本工序完成。

第 3 章 华中数控世纪星HNC-21系统数控机床操作综合实训

3.1 华中数控世纪星 HNC-21 系统数控机床面板

3.1.1 华中数控世纪星 HNC-21 数控系统操作面板

HNC21-T(车床)和 HNC21-M(铣床)数控系统操作面板分别如图 3-1 和图 3-2 所示,其左侧为显示屏,右侧是编程面板。用编程面板上的按键结合显示屏可以进行数控系统的操作。

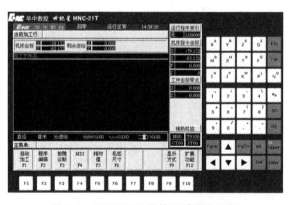

图 3-1 HNC21-T 数控系统操作面板

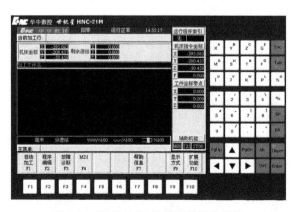

图 3-2 HNC21-M 数控系统操作面板

操作面板上各按键的功能具体如下。

1. 功能键

2. 数字键

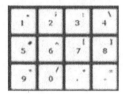

3. 字母键

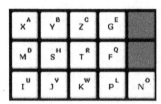

数字/字母键用于输入数据到输入区域,系统会自动判别取字母还是取数字。

4. 编辑键

Alt:替换键。用输入的数据替换光标所在的数据。

Del:删除键。删除光标所在的数据;或者删除一个程序;或者删除全部程序。

Esc:取消键。取消当前操作。

Tab:跳挡键。

SP:空格键。空出一格。

BS:退格键。删除光标前的一个字符,光标向前移动一个字符位置,余下的字符左移一个字符位置。

Enter:确认键。确认当前操作;或者结束一行程序的输入并且换行。

Upper:上挡键。

5. 翻页按钮

PgUp:向上翻页。使编辑程序向程序头滚动一屏,光标位置不变。如果到了程序头,则光标移到文件首行的第一个字符处。

PgDn:向下翻页。使编辑程序向程序尾滚动一屏,光标位置不变。如果到了程序尾,则光标移到文件末行的第一个字符处。

6. 光标移动

▲:向上移动光标。

▼:向下移动光标。

◄：向左移动光标。

►：向右移动光标。

3.1.2 华中数控世纪星 HNC-21 数控机床控制面板

数控装置控制面板位于窗口的右下侧，HNC21-T（车床）和 HNC21-M（铣床）的控制面板分别如图 3-3 和图 3-4 所示，主要用于控制机床运行状态，由模式选择按钮、运行控制开关等多个部分组成，每一部分的详细说明如下。

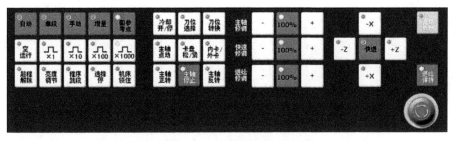

图 3-3　HNC21-T 数控机床控制面板

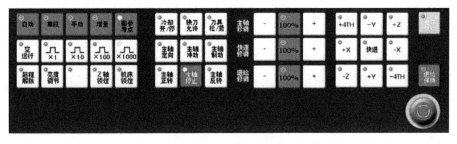

图 3-4　HNC21-M 数控机床控制面板

1. 方式选择

[自动]：进入自动加工模式。

[单段]：按一下【循环启动】按键运行一程序段，机床运动轴减速直至停止，刀具、主轴电动机停止运行；再按一下【循环启动】按键又执行下一程序段，执行完了后又再次停止。

[手动]：手动方式，手动连续移动工作台或刀具。

[增量]：增量进给。

[回参考点]：回参考点。

2. 主轴控制

[主轴定向]：在手动方式下，当主轴制动无效时，指示灯灭，按下此键，主轴立即执行主轴定向功能。定向完成后，按键内指示灯亮，主轴准确停止在某一固定位置。

[主轴冲动]：在手动方式下，当主轴制动无效时，按下此键，主轴电动机以机床参数设定的转速和时间转动一定的角度。

▣:在手动方式下,主轴停止状态,按下此键,主轴电动机被锁定在当前位置。

▣:指示灯亮,主轴电动机以机床参数设定的转速正转。

▣:指示灯亮,主轴电动机停止运转。

▣:指示灯亮,主轴电动机以机床参数设定的转速反转。

3. 增量倍率

▣ ▣ ▣ ▣:选择移动机床轴时,每一步的距离。×1 为 0.001 mm,×10 为 0.01 mm,×100 为 0.1 mm,×1000 为 1 mm。

4. 数控程序运行控制开关

▣:程序运行开始;模式选择旋钮在【AUTO】和【MDI】位置时按下有效,其余时间按下无效。

▣:程序运行停止,在数控程序运行中,按下此按钮停止程序运行。

5. 卡盘操作

▣:在手动方式下,按一下【卡盘松/紧】按键,松开工件(默认值为夹紧),可以进行更换工件操作,再按一下此按键又为夹紧工件,可以进行加工工件操作,如此循环。

▣:卡盘夹紧方式的选择。

6. 空运行

▣:按下此键,各轴以固定的速度运动。

7. 刀位操作

▣:选择刀位。

▣:在手动方式下按一下【刀位转换】按键,转塔刀架转动一个刀位。

8. 超程解除

▣:在伺服轴行程的两端各有一个极限开关,作用是防止伺服机构碰撞而损坏,每当伺服机构碰到行程极限开关时,就会出现超程。当某轴出现超程,此按键内指示灯亮时,系统视其状况为紧急停止,要退出超程状态时必须做到以下几点。

(1) 松开【急停】按钮,置工作方式为手动或手摇方式。

(2) 一直按压着【超程解除】按键,控制器会暂时忽略超程的紧急情况。

(3) 在手动(手摇)方式下使该轴向相反方向退出超程状态。

(4) 松开【超程解除】按键,若显示屏上运行状态栏运行正常取代了运行出错,表示恢复正常,可以继续操作。

9. 亮度调节

▣:机床液晶屏幕亮度调节。

10. 选择停

▣:在自动方式下指示灯亮;遇有 M01 程序会停止。

11. 程序跳段

:在自动方式下按下此键,会跳过程序段开头带有"/"的程序。

12. 机床锁住

:禁止机床所有运动。在自动运行开始前,按一下【机床锁住】按键,再按【循环启动】按键,系统继续执行程序,显示屏上的坐标轴位置信息变化,但不输出伺服轴的移动指令,所以机床停止不动,这个功能用于校验程序。

13. 冷却启停

:在手动方式下,按一下此按键冷却液开(默认值为冷却液关),再按一下又为冷却液关,如此循环。

14. 其他

:主轴正转及反转的速度可通过主轴修调调节,按压主轴修调右侧的【100%】按键,指示灯亮。主轴修调倍率被置为100%,按一下【+】按键,主轴修调倍率递增5%,按一下【-】按键,主轴修调倍率递减5%,机械齿轮换挡时,主轴速度不能修调。

:手动移动刀具式工作台按钮。

15. 急停

:机床运行过程中,在危险或紧急情况下按下【急停】按钮,数控系统即进入急停状态,伺服进给及主轴运转立即停止工作。松开【急停】按钮,左旋此按钮,自动跳起,数控系统进入复位状态。

3.2 华中数控世纪星 HNC-21 系统数控机床基本操作

3.2.1 数控机床上电、关机、急停操作

1. 数控机床上电

通电时,数控机床应该先给机床本体上电,然后给数控系统上电。机床通电后,检查各开关、按钮是否正常、灵活,机床有无异常现象。注意:机床在通电状态时,操作者千万不要打开和接触机床上示有闪电符号的、装有强电装置的部位,以防被电击伤。

2. 数控机床复位

系统上电进入软件操作界面时,系统的工作方式为"急停",为控制系统运行,需左旋并

拔起操作台上的【急停】按钮,使系统复位,并接通伺服电源。系统默认进入"回参考点"方式,软件操作界面的工作方式变为"回零"。

3. 数控机床回参考点

控制机床运动的前提是建立机床坐标系,为此,系统接通电源、复位后首先应进行机床各轴回参考点操作。如果系统显示的当前工作方式不是回零方式,按一下控制面板上面的【回零】按键,确保系统处于"回零"方式,再按机床控制面板上的轴手动按键【+Z】、【+X】、【+Y】、【+4TH】可分别使 Z 轴、X 轴、Y 轴、$4TH$ 轴回参考点。

返回参考点后,屏幕上即显示此时刀具(或刀架)上某一参照点在机床坐标系中的坐标值,对某机床来说,该值应该是固定的,系统将凭这一固定距离关系而建立起机床坐标系。

4. 关机

数控机床的关机步骤如下:确认机械的可动部分全部停止后,先断开数控装置电源,然后再切断机床电源,最后切断墙壁开关。

3.2.2 数控机床手动操作

1. 坐标轴移动

手动移动机床坐标轴的操作由手持单元和机床控制面板上的方式选择【手动】、【增量倍率】、【进给修调】、【快速修调】等按键共同完成。

1) 点动进给

按一下【手动】按键,系统处于点动运行方式,可点动移动机床坐标轴,通过按压【+X】或【-X】、【+Y】或【-Y】、【+Z】或【-Z】、【+4TH】或【-4TH】按键可分别使 X 轴、Y 轴、Z 轴、$4TH$ 轴产生正向或负向的连续移动;松开按键则减速直至停止。

2) 点动快速移动

在点动进给时,若同时按压【快进】按键,则产生相应轴的正向或负向快速运动。

3) 点动进给速度选择

在点动进给时,进给速率为系统参数"最高快移速度"的三分之一乘以进给修调选择的进给倍率。

点动快速移动的速率为系统参数"最高快移速度"乘以快速修调选择的快移倍率。

按压进给修调或快速修调右侧的【100%】按键,进给或快速修调倍率被置为100%,按一下【+】按键,修调倍率递增5%,按一下【-】按键,修调倍率递减5%。

4) 增量进给

当手持单元的坐标轴选择波段开关置于【Off】挡时,按一下控制面板上的【增量】按键,系统处于增量进给方式,可增量移动机床坐标轴,每按压一次【+X】或【-X】、【+Y】或【-Y】、【+Z】或【-Z】、【+4TH】或【-4TH】按键,可分别使 X 轴、Y 轴、Z 轴、$4TH$ 轴产生正向或负向移动一个增量值。

5) 增量值选择

增量进给的增量值由"×1"、"×10"、"×100"、"×1000"四个增量倍率按键控制,表示的增量值分别为 0.001 mm、0.01 mm、0.1 mm、1 mm。

注意:这几个按键互锁,即按下其中一个按键,其余几个按键会失效。

6）手摇进给

当手持单元的坐标轴选择波段开关置于"X"、"Y"、"Z"、"4TH"挡时,按一下控制面板上的按键,系统处于手摇进给方式,可手摇进给机床坐标轴,旋转手摇脉冲发生器,可控制坐标轴正、负向运动,顺时针或逆时针旋转手摇脉冲发生器一格,可向正向或负向移动一个增量值。

7）手摇倍率选择

手摇进给的增量值由手持单元的增量倍率波段开关"×1"、"×10"、"×100"控制,表示的增量值分别为 0.001 mm、0.01 mm、0.1 mm。

2. 主轴控制

1）主轴正转

手动/手摇/单步方式下,按下此键,主轴正向启动。在程序中用 M03 表示主轴正转。

2）主轴反转

手动/手摇/单步方式下,按下此键,主轴反向启动。在程序中用 M04 表示主轴反转。

数控车床主轴旋转方向的确定:前置刀架的车床,人站在主轴后面(即从 Z 轴负方向往正方向看过去),主轴顺时针(CW)转动即为正方向,逆时针(CCW)转动即为反方向;后置刀架的车床则正好相反。

数控铣床主轴旋转方向的确定:沿主轴中心线,垂直工件表面往下看,顺时针转动即为正方向,逆时针转动即为反方向。具体如图 3-5 所示。

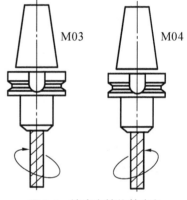

图 3-5 铣床主轴旋转方向

3）主轴停止

手动/手摇/单步方式下,按下此键,主轴停止转动。在程序中用 M05 表示主轴停止。

4）主轴点动

手动/手摇/单步方式下,按下此键,主轴按点动方式运行。数控车床的点动取决于控制面板上的一个开关,在手动模式下,按一下就动一下。通常点动是应用到带 C 轴的车床上,标准的两轴车床很少扩展点动功能。

3. 其他手动操作

1）刀位转换

转塔刀架可以通过 T 码进行自动转位选刀,也可以用【刀位转换】按钮进行手动转位。

在自动转位选刀时,T 代码后面加四位数,地址前两位数是刀具位数,后两位是刀具补偿器的编号。用程序或手动数据输入的方式,可以任意选择刀具工位。在选择刀具的过程中,转塔刀架的正反转可以按最近转动距离自动选择。

在手动转位选刀时,"功能选择"开关选择手动状态。按一下【刀位转换】,转塔刀架转过一个刀位。如果持续按【刀位转换】按钮,转塔抬起转位,一直到松开按钮,转塔刀架才在下一个刀位落下定位。转塔刀架在手动转位选刀过程中,按钮内指示灯亮,并只沿一个方向转动选位。

2）冷却液启动与停止

冷却液开关通过按钮控制。按一下【冷却】按钮,指示灯亮,切削液开;再按一下此按钮,指示灯灭,切削液关。可在任何情况下随时控制切削液的开关。

3）卡盘松紧

在手动方式下,按一下【卡盘松/紧】按键,松开工件(默认值为夹紧),可以进行更换工件操作,再按一下此按键又为夹紧工件,可以进行加工工件操作,如此循环。

4. 手动数据输入(MDI)运行

在主操作界面下按【F4】键进入 MDI 功能子菜单。在 MDI 功能子菜单下按【F6】键进入 MDI 运行方式,命令行的底色变成了白色并且有光标在闪烁。这时可以从 NC 键盘输入并执行一个 G 代码指令段即"MDI 运行"。

1）输入 MDI 指令段

MDI 输入的最小单位是一个有效指令字。因此,输入一个 MDI 运行指令段可以有下述两种方法。

(1) 一次输入,即一次输入多个指令字的信息。

(2) 多次输入,即每次输入一个指令字信息。

在输入命令时,可以在命令行看见输入的内容,在按【Enter】键之前发现输入错误,可用【BS】和"左、右移动光标"键进行编辑,按【Enter】键后,系统发现输入错误,会提示相应的错误信息。

2）运行 MDI 指令段

在输入完一个 MDI 指令段后,按一下操作面板上的【循环启动】键,系统即开始运行所输入的 MDI 指令。如果输入的 MDI 指令信息不完整或存在语法错误,系统会提示相应的错误信息,此时不能运行 MDI 指令。

3）修改某一字段的值

在运行 MDI 指令段之前,如果要修改输入的某一指令字,可直接在命令行上输入相应的指令字符及数值。

例如:在输入"X100"并按【Enter】键后,希望 X 值变为 109,可在命令行上输入"X109"并按【Enter】键。

4）清除当前输入的所有尺寸字数据

在输入 MDI 数据后,按【F7】键可清除当前输入的所有尺寸字数据(其他指令字依然有效),显示窗口内 X、Y、Z、I、J、K、R 等字符后面的数据全部消失,此时可重新输入新的数据。

5）停止当前正在运行的 MDI 指令

在系统正在运行 MDI 指令时,按【F7】键可停止 MDI 运行。

3.2.3　华中数控世纪星 HNC-21 系统数控车床对刀

对刀是数控加工中的主要操作和重要技能。对刀的准确性决定了零件的加工精度,同时,对刀效率还直接影响数控加工效率。对刀的实质是确定随编程而变化的工件坐标系的零点在机床坐标系中的位置。

1. 刀偏数据

1）刀具补偿机能

数控车床编程时,通常都将车刀刀尖作为一点来考虑,但实际上刀尖处存在圆角,若按理论刀尖点编出的程序进行端面、外径、内径等与轴线平行或垂直的表面加工时,是不会产生误差的。但在进行倒角、锥面及圆弧切削时,由于刀尖圆弧半径 R 的存在,实际加工的工件轮廓就和零件图样的尺寸不重合。

因此,在加工锥度或圆弧要素时,若要使刀尖的圆弧与轮廓重合,只有以车刀的刀尖圆弧为中心点,始终保持与轮廓呈圆弧半径为 R 的等距线。如果按刀具中心轨迹编程,计算量会非常大。在实际编程中,只需按照零件轮廓编程,然后使用刀具半径补偿指令,数控系统就能自动计算出刀具中心轨迹,从而准确地加工所需要的工件轮廓。

刀尖半径补偿指令用 G41 和 G42 来实现,用 G40 来注销。

G41:左偏刀尖圆弧半径补偿,即站在第三轴指向上,沿刀具运动方向看,刀具位于工件左侧,则用 G41 指令,因此,G41 也称为左补偿。

G42:右偏刀尖圆弧半径补偿,即站在第三轴指向上,沿刀具运动方向看,刀具位于工件右侧,则用 G42 指令,因此,G42 也称为右补偿。

G40:取消刀尖圆弧半径补偿,按程序路径进给。

2) 刀具补偿设置

(1) 绝对刀偏法。绝对刀偏法是多刀试切,自动设置刀偏值,其对刀具体步骤如下。

装好刀具后,点击操作面板的按键切换到"手动"方式;利用操作面板上的按钮【+X】、【-X】、【+Z】、【-Z】,使刀具移动到可切削零件的大致位置,快接近工件时,可以通过增量方式选择不同的倍率来调整刀具移动的速度。

在主轴转动的情况下,试切工件右端面,点击【+X】按钮,将刀具沿 X 方向退出(Z 方向不动),按软键【F4】(MDI),在弹出的下级子菜单中按软键【F2】(刀偏表),进入刀偏数据设置页面,如图 3-6(a)所示,将光标移至对应刀偏号的"试切长度"处,按【Enter】键,输入右端面在工件坐标系下的 Z 值。当工件坐标系建立在右端面时,则输入"0",按【Enter】键,至此 Z 轴对刀完毕。

试切外圆,点击【+Z】按钮,将刀具沿 Z 反向退出(X 方向不动),手动测量直径,按软键【F4】(MDI),在弹出的下级子菜单中按软键【F2】(刀偏表),进入刀偏数据设置页面,如图 3-6(b)所示,将光标移至对应刀偏号的"试切直径"处,按【Enter】键,输入测得的直径值,按【Enter】键,至此 X 轴对刀完毕。

(a)　　　　　　　　　　　　　　　(b)

图 3-6　T01 刀偏设置窗口

编程时如采用绝对刀偏法对刀,只需在程序开头写入 T×××× 即可建立工件坐标系。如进行的是 2 号刀的对刀操作,则编程时只需在程序开头写入 T0202。第一个 02 是刀具号,第二个 02 是刀偏号。刀具号和刀偏号可以一致也可以不一致,通常取两者相同。

采用上述方法可以分别进行多把刀的对刀操作,各刀之间是独立的关系。

注意:对刀前,机床必须先回机械零点;设置的工件坐标系 X 轴零点偏置＝机床坐标系 X 轴坐标－试切直径,因而试切工件外径后,不得移动 X 轴;设置的工件坐标系 Z 轴零点偏置＝机床坐标系 Z 轴坐标－试切长度,因而试切工件端面后,不得移动 Z 轴。

(2) 相对刀偏法。相对刀偏法是选定基准刀为标准刀,自动设置刀偏值,其对刀具体步骤如下。

用基准刀在主轴转动的情况下试切工件右端面,点击【＋X】按钮,将刀具沿 X 方向退出(Z 方向不动),按软键【F4】(MDI),在弹出的下级子菜单中按软键【F2】(刀偏表),进入刀偏数据设置页面,将光标移至基准刀对应刀偏号的"试切长度"处,按【Enter】键,输入右端面在工件坐标系下的 Z 值。当工件坐标系建立在右端面时,则输入"0",按【Enter】键,至此 Z 轴对刀完毕。

试切外圆,点击【＋Z】按钮,将刀具沿 Z 反向退出(X 方向不动),手动测量直径,按软键【F4】(MDI),在弹出的下级子菜单中按软键【F2】(刀偏表),进入刀偏数据设置页面,将光标移至基准刀对应刀偏号的"试切直径"处,按【Enter】键,输入测得的直径值,按【Enter】键,至此 X 轴对刀完毕。

用光标键移动蓝色亮条对准基准刀的刀偏号位置处,按【F5】键设置该刀为标刀,则所在行变成红色亮条。

选择非基准刀的刀号为手动换刀,让各非基准刀的刀尖分别在主轴转动的情况下通过手动方式对准工件右端面和外圆,并分别在相应刀偏号的"试切直径"和"试切长度"中输入测得的直径值和"0",则各非基准刀的刀偏会在"X 偏置"、"Z 偏置"中自动显示。

相对刀偏法在加工程序的编写上只需用标刀的 T××××建立工件坐标系,换其他刀具时不需取消刀补。

3) 刀补数据

(1) 刀尖方位的定义。车床的刀具可以多方向安装,并且刀具的刀尖也有多种形式,为使数控装置知道刀具的安装情况,以便准确地进行刀尖半径补偿,因此定义了车刀刀尖的位置码。车刀刀尖的位置码表示理想刀具头与刀尖圆弧中心的位置关系,如图 3-7 所示。

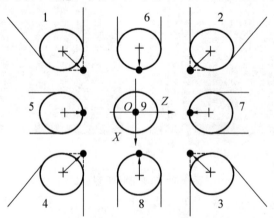

●代表刀具刀位点 A,＋代表刀尖圆弧圆心 O

图 3-7　车刀刀尖方位的定义

(2) 刀补数据设置的操作步骤。

① 在 MDI 功能子菜单下按【F3】键进行刀补设置,图形显示窗口将出现刀具数据,如图 3-8 所示。

图 3-8 刀具刀补数据窗口

② 用光标移动按键和翻页按键移动蓝色亮条,选择要编辑的选项。
③ 按【Enter】键,蓝色亮条所指刀具数据的颜色和背景都发生变化,同时有一光标在闪烁。
④ 用光标移动按键,选择【BS】、【Del】键进行编辑修改。
⑤ 修改完毕,按【Enter】键确认。
⑥ 若输入正确,图形显示窗口相应位置将显示修改过的值,否则原值不变。

4) 坐标系数据

MDI 输入坐标系数据的具体操作步骤如下。

(1) 在 MDI 功能子菜单下按【F4】键进入坐标系手动数据输入方式,图形显示窗口首先显示 G54 坐标系数据,如图 3-9 所示。

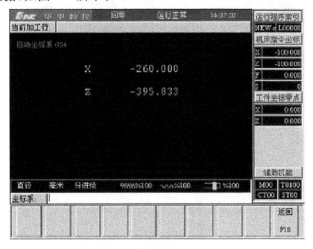

图 3-9 G54 坐标系数据窗口

(2) 按【PgDn】或【PgUp】键,选择要输入的数据类型:G55、G56、G57、G58、G59 坐标系及当前工件坐标系的偏置值(坐标系零点相对于机床零点的值)或当前相对值零点。

(3) 在命令行输入所需数据,如在 G54 坐标系输入"X200 Z300",并按【Enter】键,将设置 G54 坐标系的 X 及 Z 偏置分别为 200、300。

3.2.4 华中数控世纪星 HNC-21 系统数控铣床对刀

铣床对刀的准确程度将直接影响加工零件的精度。对刀的方法一定要同零件加工精度要求相适应。当零件加工精度要求较高时,可用杠杆百分表或千分表找正,使刀位点与对刀点一致。常用的铣床对刀方法有碰刀(或试切)方式对刀、基芯棒对刀和寻边器对刀。

1. 试切对刀

如果对刀要求精度不高,为方便操作,可以采用此种方法进行对刀。通过对刀来确定工件坐标系。

1) Z 轴对刀

装好刀具后,切换到"手动"方式;利用操作面板上的按钮【+X】、【-X】、【+Y】、【-Y】、【+Z】、【-Z】,使刀具移动到可切削零件的大致位置。

点击操作面板上的主轴转动按钮,使主轴转动;点击【-Z】按钮,移动 Z 轴,移动到大致位置后,可采用增量方式移动机床,使操作面板按钮【增量】亮起,通过"×1"、"×10"、"×100"、"×1000"调节操作面板上的倍率,点击【-Z】按钮,使铣刀碰工件上表面,按软键【F4】(MDI),在弹出的下级子菜单中按软键【F3】(坐标系),如图 3-10 所示。

图 3-10 Z 轴对刀

输入刀具当前在机床坐标系中的 Z 坐标值,按【Enter】键,至此 Z 轴对刀完毕。

2) X、Y 轴对刀

(1) 在不知道刀具半径的情况下可以按以下方法对刀。

试碰工件左端面,用纸记下坐标(假设为 -450),试碰工件右端面,用纸记下坐标(假设为 -350),两坐标相加的一半为 $X\alpha$(假设为 $[-450+(-350)]/2 = -400$),按软键【F4】(MDI),在弹出的下级子菜单中按软键【F3】(坐标系),输入当前 $X\alpha$ 值(假设为 -400,则输入 X-400),按【Enter】键,至此 X 轴对刀完毕。

试碰工件前端面,用纸记下坐标(假设为-250),试碰工件后端面,用纸记下坐标(假设为-150),将两坐标相加的一半为 $Y_α$(假设为$[-250+(-150)]/2=-200$),按【F4】(MDI)软键,在弹出的下级子菜单中按软键【F3】(坐标系),输入当前 $Y_α$ 值(假设为-200,则输入 Y-200),按【Enter】键,至此 Y 轴对刀完毕。

(2) 在知道刀具半径的情况下可以按以下方法对刀。

移动刀具,使刀具在 X 轴的正方向与工件相切,按【F4】(MDI)软键,在弹出的下级子菜单中按软键【F3】(坐标系),计算出所要设定的工件坐标系零点在机床坐标系中 X 轴上的坐标(假设为-400,则输入 X-400),按【Enter】键,至此 X 轴对刀完毕。

Y 轴对刀过程同 X 轴。

2. 基芯棒(X、Y 轴)、Z 轴零点设置器对刀

选择基芯棒,安装在主轴上,选择塞尺的厚度(假设为 1 mm)。

设置工件坐标系 X 轴零点:移动基芯棒,观察基芯棒在 X 轴方向与工件对刀面之间的距离差不多有一个塞尺厚度间距时停止移动基芯棒,手动在基芯棒与对刀面之间塞入塞尺,微调基芯棒与对刀面之间的距离,直到塞入塞尺时不松不紧的时候,X 轴对刀完成。利用基芯棒的直径、塞尺的厚度、工件坐标系零点在工件上的位置及基芯棒在机床坐标系中的坐标值,计算出工件坐标系零点在机床坐标系中的坐标值 X_,点击坐标系后移动光标至 G54~G59 坐标系内当中一个,输入 X_,此时即找到工件坐标系的 X 轴的零点位置。

设置工件坐标系 Y 轴零点:方法与设置 X 轴的零点方法一样。

设置工件坐标系 Z 轴零点:卸下基芯棒,装上使用的刀具,在工件的上面放置 Z 轴零点设置器。在设定器使用之前,需要用千分尺对 Z 轴零点设置器进行校表。使用时将 Z 轴零点设置器平放在工件上表面,用当前刀具的底面来推动 Z 轴零点设置器上面的探测面,直到表针指到"0"的时候,对刀完毕。根据刀具当前刀位点在机床坐标系中 Z 轴坐标值和 Z 轴零点设置器的高度,计算出工件坐标系 Z 轴零点在机床坐标系中坐标值 Z_,点击坐标系后移动光标至 G54~G59 坐标系内当中一个,输入 Z_,此时即找到工件坐标系的 Z 轴的零点位置。

此法与试切对刀方法相似,只是对刀时主轴不转动,在刀具和工件之间加入标准芯棒(或塞尺、块规),以塞尺恰好不能自由抽动为准,注意计算坐标时应考虑塞尺的厚度。

因为主轴不需要转动切削,所以这种方法不会在工件表面留下痕迹,对刀精度比试切法对刀精度高。

3. 寻边器对刀(X、Y 轴)、Z 轴零点设置器对刀

操作步骤与试切对刀方法相似,只是将刀具换成寻边器或偏心棒。这是最常用的方法,效率高,能保证对刀精度。使用寻边器时必须小心,让其钢球部位与工件轻微接触,同时被加工工件必须是良导体且定位基准面有较好的表面粗糙度。

3.2.5 程序输入与文件管理

1. 选择程序

1) 选择磁盘程序

(1) 选择"自动加工"菜单中的"程序选择",如图 3-11 所示。

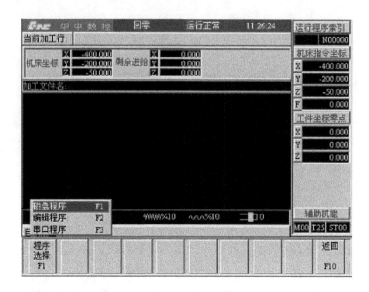

图 3-11 程序选择界面

(2) 按【F1】键,打开磁盘程序窗口界面,如图 3-12 所示。

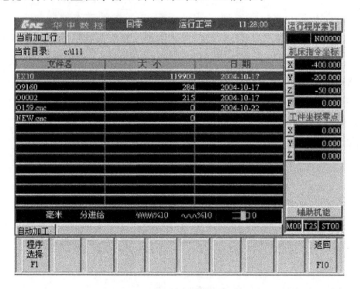

图 3-12 打开磁盘程序窗口界面

(3) 按上、下光标选择其中的程序,按【Enter】键,选中的程序被打开,如图 3-13 所示。

2) 选择编辑程序

编辑完程序,保存好后若要进行加工,具体操作步骤如下。

(1) 选择"自动加工"菜单中的"程序选择",如图 3-14 所示。

(2) 按【F2】键,所编辑的程序被调出,按【循环启动】键,程序可运行。

3) 块操作

(1) 打开已编辑好的程序,将光标移动到所要定义的块之前,如图 3-15 所示。

(2) 按【F7】键,用上、下移动光标键选择"定义块头",如图 3-16 所示。

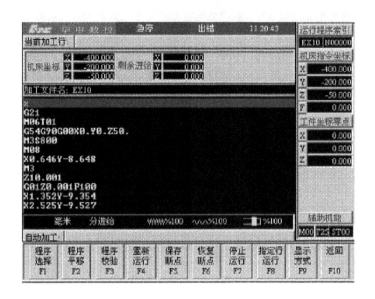

图 3-13 打开程序窗口

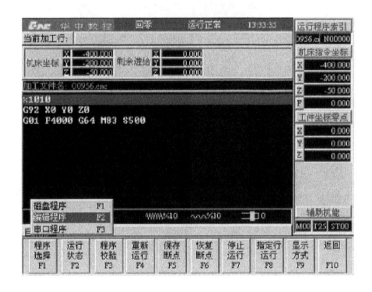

图 3-14 打开编辑程序界面

(3) 移动上、下、左、右光标键,选择所要定义块的部分,如图 3-17 所示。

(4) 按【F7】键,选择"定义块尾",如图 3-18 所示。

(5) 按【F7】键,选择"复制"或"剪切"后,移动上、下、左、右光标键,将光标移动到所要粘贴的位置,如图 3-19 所示。

(6) 按【F7】键,选择"粘贴",定义块的部分就被粘贴在光标处,如图 3-20 所示。

4) 选择当前正在加工的程序进行编辑

(1) 在调出加工程序后,按【F2】键,在选择编辑程序菜单中按【F2】键,选中正在加工的程序选项,如图 3-21 所示。

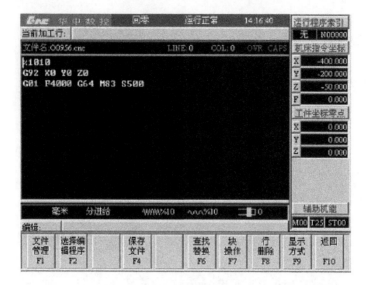

图 3-15 块操作窗口

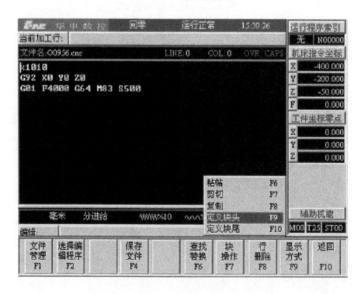

图 3-16 定义块头界面

（2）按光标键即可进行编辑。

2. 编辑程序

1）编辑当前程序

当编辑器获得一个零件程序后，就可以编辑当前程序了。

2）删除一行

在编辑状态下按【F8】键将删除光标所在的程序行。

3）查找

在编辑状态下查找字符串的操作步骤如下：

（1）在编辑功能子菜单下按【F6】键；

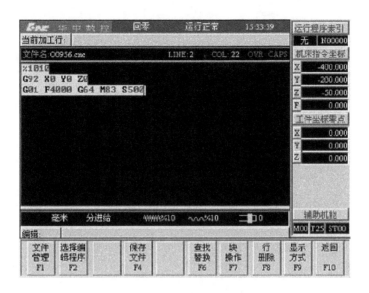

图 3-17 选择块界面

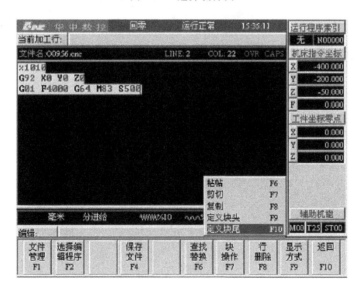

图 3-18 定义块尾界面

（2）在查找栏中输入要查找的字符串；

（3）按【Enter】键从光标处开始向程序结尾处搜索；

（4）如果当前编辑程序不存在要查找的字符串将弹出提示对话框；

（5）如果当前编辑程序存在要查找的字符串，光标将停在找到的字符串处，且被查找到的字符串颜色和背景都将改变；

（6）若要继续查找按【F8】键即可。

注意：查找总是从光标处向程序尾进行到文件尾后再从文件头继续往下查找。

4）替换

在编辑状态下替换字符串的操作步骤如下：

图 3-19 选择粘贴块位置界面

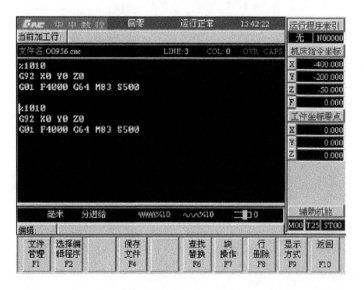

图 3-20 粘贴块界面

(1) 在编辑功能子菜单下按【F6】键；
(2) 在被替换的字符串栏中输入被替换的字符串；
(3) 按【Enter】键；
(4) 在用来替换的字符串栏中输入用来替换的字符串；
(5) 按【Enter】键从光标处开始向程序尾处搜索；
(6) 按【Y】键则替换所有字符串，按【N】键则光标停在找到的被替换字符串后；
(7) 按【Y】键则替换当前光标处的字符串，按【N】键则取消操作；
(8) 若要继续替换按【F8】键即可。

注意：替换也是从光标处向程序结尾进行到文件尾后再从文件头继续往下替换。

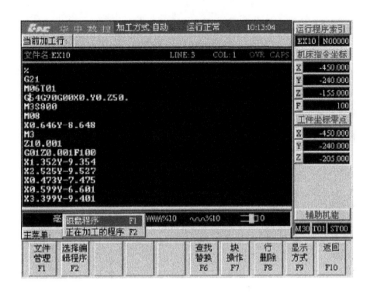

图 3-21 选择编辑程序菜单界面

5) 删除程序

（1）选择"程序编辑"菜单中"文件管理"。

（2）按【Enter】键。

（3）如确实要删除选中的程序按【Y】键，否则按【N】键。

3. 新建程序

软件操作界面如图 3-22 所示，按【F2】"程序编辑"键，在编辑功能子菜单下按【F1】键，如图 3-23 所示。

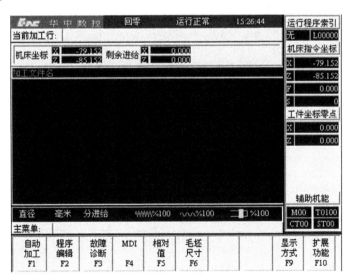

图 3-22 新建程序

选择【F2】键"新建文件"，在文件名栏输入新文件的文件名，程序内容使用字母、符号和数字键直接输入，键入程序的每个程序段内容后，按【Enter】键确认，最终完成程序内容的输入。

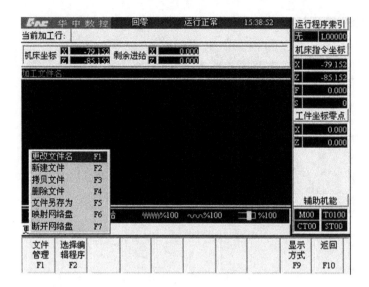

图 3-23 文件管理子菜单

4. 保存程序

在编辑状态下,按【F4】键则程序被保存。

5. 程序校验

未运行的新程序在调入后最好先进行校验运行,正确无误后再启动自动运行。程序校验运行的操作步骤如下:

(1) 选择要校验的加工程序;

(2) 按机床控制面板上的【自动】按键进入程序运行方式;

(3) 在程序运行子菜单下,按【F3】键,此时软件操作界面的工作方式显示改为"校验运行";

(4) 按机床控制面板上的【循环启动】按键,程序校验开始;

(5) 若程序正确,校验完后,光标将返回到程序头,且软件操作界面的工作方式显示改回为"自动";若程序有错,命令行将提示程序的哪一行有错。

6. 重新运行

选择按键【F4】"重新运行",然后按【循环启动】键即可。

3.2.6 NC 程序运行控制

1. 自动、暂停、中止

1) 启动自动运行

系统调入零件加工程序经校验无误后可正式启动运行。

(1) 按一下机床控制面板上的【自动】按键,进入程序运行方式。

(2) 按一下机床控制面板上的【循环启动】按键,机床开始自动运行调入的零件加工程序。

2) 暂停运行

在程序运行的过程中需要暂停运行可按下述步骤操作：

(1) 在程序运行子菜单下按【F7】键；

(2) 按【N】键则暂停程序运行并保留当前运行程序的模态信息。

3) 中止运行

在程序运行的过程中需要中止运行可按下述步骤操作：

(1) 在程序运行子菜单下按【F7】键

(2) 按【Y】键则中止程序运行并卸载当前运行程序的模态信息。

2. 从任意行执行

在自动运行暂停状态下，除了能从暂停处重新启动程序继续运行外，还可控制程序从任意行执行。

先按下机床控制面板上的【进给保持】按键，选择程序后，按下"程序"下的【F3】"运行"键，再按下【F3】"任意行"键，系统提示输入要开始运行的行号，输入行号后，按下【循环启动】键，系统从当前程序输入行开始运行。

3. 空运行

在自动方式下按一下机床控制面板上的【空运行】按键，CNC处于空运行状态，程序中编制的进给速率被忽略，坐标轴以最大速度快移移动。空运行不做实际切削，目的在于确认切削路径及程序，在实际切削时，应关闭此功能，否则可能会造成危险，此功能对螺纹切削无效。

4. 单段运行

按一下机床控制面板上的【单段】按键，系统处于单段自动运行方式，程序控制将逐段执行。

(1) 按一下【循环启动】按键运行一程序段，机床运动轴减速直至停止，刀具、主轴电动机停止运行。

(2) 再按一下【循环启动】按键又执行下一程序段，执行完了后又再次停止。

5. 加工断点保存与恢复

加工过程中时常有一些大零件，需要很复杂的操作，而且加工时间一般都会超过一个工作日，甚至好几天，此时，加工断点保存与恢复就显得非常有必要，即在零件加工一段时间后，保存断点(让系统记住此时的各种状态)，关闭电源，隔一段时间后，打开电源，恢复断点(让系统恢复上次中断加工时的状态)，从而可以继续上次的加工，为用户提供了极大的方便。

1) 保存加工断点

(1) 按下机床控制面板上的【进给保持】按键，系统处于进给保持状态(进行此操作应在程序自动运行状态，然后才可进行断点的保存)。

(2) 在"自动加工"菜单下，选择按键【F5】"保存断点"，系统提示保存断点的文件名，按【Enter】键，系统自动建立一个名为当前加工程序名，后缀为"bp1"的断点文件，用户也可将该文件名改为其他名字,此时不用输入后缀名。

2)恢复断点

(1)如果在保存断点后,关断了系统电源,则上电后首先应进行回参考点操作,否则直接进入步骤(2)。

(2)按【F6】键,系统给出所有断点文件。

(3)用上、下移动光标键选择要恢复的断点文件名。

(4)按【Enter】键,系统根据断点文件中的信息,恢复中断程序运行时的状态。

3)定位至加工断点

在保存断点后,如果某些坐标轴还进行过移动操作,那么在从断点处继续加工之前,必须先重新定位至加工断点。具体操作步骤如下:

(1)先恢复加工断点;

(2)手动移动坐标轴到断点位置附近,并确保在机床自动返回断点时不发生碰撞;

(3)在 MDI 运行中手动输入运行程序段,按下【Enter】键确认;

(4)在单段或自动方式下,按下【循环启动】键,程序从断点处重新开始运行。

4)重新对刀

在保存断点后,如果工件发生过偏移需重新对刀,可使用本功能,重新对刀后继续从断点处加工,具体操作步骤如下:

(1)手动将刀具移动到加工断点处;

(2)在 MDI 运行子菜单下选择【F5】键"重新对刀",自动将断点处的工件坐标输入 MDI 运行程序段;

(3)在单段或自动方式下,按下【循环启动】键,系统将修改当前工件坐标系零点,完成对刀操作。

6. 运行时干预

1)进给速度修调

在自动方式或 MDI 运行方式下,当 F 代码编程的进给速度偏高或偏低时,可用进给修调右侧的【100%】和【+】、【-】按键,修调程序中编制的进给速度。按下【100%】按键,进给修调倍率被置为 100%,按一下【+】按键,进给修调倍率递增 5%,按一下【-】按键,进给修调倍率递减 5%。

2)快移速度修调

在自动方式或 MDI 运行方式下,可用快速修调右侧的【100%】和【+】、【-】按键,修调 G00 快速移动时系统参数最高快移速度设置的速度。按下【100%】按键,快速修调倍率被置为 100%,按一下【+】按键,快速修调倍率递增 5%,按一下【-】按键,快速修调倍率递减 5%。

3)主轴修调

在自动方式或 MDI 运行方式下,当 S 代码编程的主轴速度偏高或偏低时,可用主轴修调右侧的【100%】和【+】、【-】按键,修调程序中编制的主轴速度。按下【100%】按键,主轴修调倍率被置为100%，按一下【+】按键，主轴修调倍率递增5%，按一下【-】按键，主轴修调倍率递减5%。机械齿轮换挡时主轴速度不能修调。

注意：以上操作车床和铣床相同。

3.2.7 显示

1. 显示切换

HNC-21T/M一般可以提供以下五种显示方式。

(1) 机床坐标值：可显示机床坐标系下的实际坐标值和指令坐标值。

(2) 工件坐标值：可显示工件坐标系下的实际坐标值和指令坐标值。

(3) 当前加工的G代码程序。

(4) 坐标值联合显示：机床坐标位置、工件坐标位置、相对坐标位置和剩余进给。

(5) 图形显示：在X、Z平面的刀具轨迹。

2. 显示参数的设置

1) 显示值类型选择

当前显示值包括以下六种。

(1) 指令位置：CNC输出的理论位置。

(2) 实际位置：反馈元件采样的位置。

(3) 剩余进给：当前程序段的终点与实际位置之差。

(4) 跟踪误差：指令位置与实际位置之差。

(5) 负载电流：只对11型伺服有效。

(6) 补偿值：系统参数对每个轴的机械补偿。

显示值选择的具体操作步骤如下。

(1) 在"设置显示"菜单中，用左、右移动光标键选中"显示值"选项。

(2) 用上、下移动光标键选中所需要显示的显示值类型选项。

(3) 按【Enter】键，即可选中相应的显示值。

2) 坐标系类型选择

由于指令位置与实际位置依赖于当前坐标系的选择，要查看当前指令位置与实际位置，首先要选择坐标系，具体操作步骤如下。

(1) 在"设置显示"菜单中，用左、右移动光标键选中"坐标系"选项。

(2) 用上、下移动光标键选中坐标系类型选项。

(3) 按【Enter】键，即可选中相应的坐标系。

注意：当选中"坐标系"选项时，无论"显示值"为何选项，都将显示值置为指令位置选项。

3) 图形显示参数

如要显示XZ平面图形，设置好图形显示参数刀架方位、毛坯尺寸等，XZ平面图形即可正确显示。

3.3 数控综合实训

实训任务一 HNC-21 系统数控车床控制面板基本操作的综合实训

一、实训目的

（1）熟悉数控车床开机、关机步骤，了解操作面板及控制面板各按键的作用及使用方法。

（2）掌握数控程序的输入、编辑、修改、调用、新建程序的输入与循环启动等方法。

二、实训要求

（1）每个学生能独立完成数控车床的基本操作。

（2）按实训的顺序要求，进行每个模块的考核，只有在完成前面模块的基础上才允许进行后面模块的实训。

（3）在实训过程中，应遵守数控实训车间安全管理规定，遵守数控机床教学安全操作规程，有问题及时询问指导老师。

三、实训条件

实训条件：华中数控世纪星 HNC-21 系统数控车床。

四、实训的具体步骤与详细内容

（1）数控车床开机。

（2）熟悉操作面板上的布局及各按键的含义与基本操作。

（3）机床的复位与回零操作。

由于系统关机时，已按下操作面板上的【急停】开关，系统上电进入软件操作界面时，系统的工作方式为"急停"，为控制系统运行，需左旋并拔起操作面板的【急停】按钮使系统复位。机床复位后应建立机床坐标系，通过各轴回参考点（回零）操作来建立，步骤在 3.2.1 中已有详细说明。

注意：① 在每次电源接通后，必须先完成各轴的返回参考点操作，然后再进入其他运行方式，以确保各轴坐标的正确性；② 在回参考点前，应确保回零轴位于参考点的"回参考点方向"相反侧（如 X 轴的回参考点方向为负，则回参考点前，应保证 X 轴当前位置在参考点的正向侧），否则应手动移动该轴直到满足此条件；③ 在回参考点过程中，若出现超程，请按住控制面板上的【超程解除】按键，向相反方向手动移动该轴使其退出超程状态。

(4) 点动移动操作及进给修调。

将控制面板上的工作方式变成"手动"方式,系统处于点动运行方式,在手动状态可以对刀位进行粗调定位。用手按住【-X】或【+X】、【-Z】或【+Z】键将产生连续的移动,若同时按下方向键区中间的黄色快进键,将以快进速度移动刀架;松开 X 或 Z 方向按键(指示灯灭),手动轴即减速直至停止。

在点动进给时,进给速率为系统参数的"最高快移速度"的三分之一乘以进给修调选择的进给倍率(5%、10%、30%、50%、70%、100%)。点动快速移动的速率为系统参数的"最高快移速度"乘以快速修调选择的快移倍率。

(5) 增量方式与倍率选择。

将控制面板上的工作方式旋钮对齐"增量"方式,通过增量移动,可以对刀位进行精确定位。半径编程步进操作时,X、Z 方向步进移动量的读数规则如下:选择×1000、×100、×10、×1 的倍率分别表示刀架移动 1 mm、0.1 mm、0.01 mm、0.001 mm;直径编程步进操作时,X 方向步进移动量的读数规则如下:用手转动倍率修调键,×1000、×100、×10、×1 分别表示刀架移动 2 mm、0.2 mm、0.02 mm、0.002 mm;Z 方向的移动量与相应半径编程步进操作的移动量相同。根据所需定位点的机床坐标值,确定合适的修调倍率后,步进点按 X、Z 轴的正向或负向按键正确的次数后,可对刀位点进行精确定位。例如,可练习将刀架位于 CRT 显示机床坐标(-100,-100)处(直径编程)。

(6) 刀位转换操作。

在手动状态下,通过【刀位转换】按键来选择自己所需要的刀。按一下此键,指示灯变黄色,刀架转动一定角度,松开即灭。

(7) MDI(手动数据输入)运行操作。

在主菜单下按【F4】(MDI 方式)键,进入 MDI 功能子菜单。在 MDI 功能子菜单下按【F6】键,进入 MDI 运行方式,如图 3-24 所示。

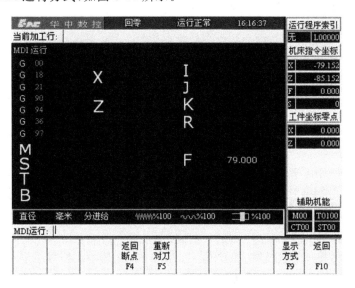

图 3-24 MDI 运行方式

MDI 运行：这时可以从 NC 键盘输入并执行一个 G 代码指令段，即"MDI 运行"。

注意：自动运行过程中，不能进入 MDI 运行方式，可在进给保持后进入。

MDI 输入的最小单位是一个有效指令字。输入一个 MDI 运行指令段可以有下述两种方法：

① 一次输入，即一次输入多个指令字的信息；

② 多次输入，即每次输入一个指令字信息。

例如，要输入"G00 X100 Z100"MDI 运行指令段，可以直接输入"G00 X100 Z100"并按【Enter】键，显示窗口内关键字 G、X、Z 的值将分别变为 00、100、1000；也可先输入"G00"并按【Enter】键，显示窗口内将显示大字符"G00"，再输入"X100"并按【Enter】键，然后输入"Z100"并按【Enter】键，显示窗口内将依次显示大字符"X100"、"Z100"。

在输入命令时，可以在命令行看见输入的内容，在按【Enter】键之前，发现输入错误，可用【BS】键和光标移动键进行编辑；按【Enter】键后，系统若发现输入错误，会提示相应的错误信息。在输入完一个 MDI 指令段后，在自动方式或单段方式下按一下操作面板上的【循环启动】键，系统即开始运行所输入的 MDI 指令。如果输入的 MDI 指令信息不完整或存在语法错误，系统会提示相应的错误信息，此时不能运行 MDI 指令。在运行 MDI 指令段之前，如果要修改输入的某一指令字，可直接在命令行上输入相应的指令字符及数值。例如，在输入"X100"并按【Enter】键后，希望 X 值变为 109，可在命令行上输入"X109"并按【Enter】键。在输入 MDI 数据后，按【F7】键可清除当前输入的所有尺寸字数据（其他指令字依然有效），显示窗口内 X、Z、I、K、R 等字符后面的数据全部消失。此时可重新输入新的数据。在系统正在运行 MDI 指令时，按【F7】键可停止 MDI 运行。

(8) 超程与超程解除。

在伺服轴行程的两端各有一个极限开关，作用是防止伺服机构碰撞而损坏。每当伺服机构碰到行程极限开关时，就会出现超程。当某轴出现超程（"解除超程"指示灯亮）时，系统视其为紧急停止，要退出超程状态，可进行如下操作：

① 置工作方式为"手动"或"手摇"方式；

② 一直按压【超程解除】按键；

③ 在手动或手摇方式下，使该轴向相反方向退出超程状态；

④ 松开【超程解除】按键。

若显示屏上运行状态栏"运行正常"取代了"出错"，表示恢复正常，可以继续操作。

注意：在操作机床退出超程状态时务必注意移动方向及移动速率，以免发生撞机。

(9) 急停操作。

在自动加工过程中，操作者若发现异常现象，可按下红色的【急停】键，则机床主运动、进给运动全部停止；若要解除急停报警，只需轻轻旋转【急停】键复位，切忌用力向上拔出【急停】键，否则该键易被拉断。

(10) 主轴控制。

在手动方式下，按一下【主轴正转】按键（指示灯亮），主轴电动机以手动换挡设定的转速正转，直到按压【主轴停止】或【主轴反转】按键后停止动作。在手动方式下，按一下【主轴反转】按键（指示灯亮），主轴电动机以机床参数设定的转速反转，直到按压【主轴停止】或【主轴正转】按键后停止动作。在手动方式下，按一下【主轴停止】按键（指示灯亮），主轴电动机停止运转。

注意:【主轴正转】、【主轴反转】、【主轴停止】这几个按键互锁,即按下其中一个键(指示灯亮),其余两个键会失效(指示灯灭)。在手动方式下,可用【主轴点动】按键点动转动主轴。

(11) 输入并编辑加工程序(见 3.2.5 节)。

例:%1010
　　T0101
　　S500 M03
　　G00 X80 Z2
　　G80 X60 Z-80 F1.3
　　X50
　　X40
　　X30
　　G00 X100 Z100
　　M30

具体操作步骤如下。

① 选择【F2】"程序编辑"功能,然后在子菜单中选择【F1】"文件管理",再选择"新建文件",在屏幕下方输入新文件名,如图 3-25 所示。

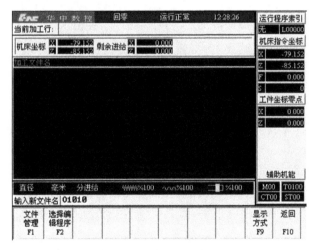

图 3-25　输入新文件名

② 文件名输入后按【Enter】键,程序名出现在上方,可以直接用键盘或右边数字和字母键输入程序。

③ 选择【F4】"保存文件"。

④ 如果发现程序编写有误,可以选择【F2】"选择编辑程序",选择正在加工的程序,可以通过右边的光标移动按键将光标移动到所需要修改的地方,修改完成后再按【保存】,即修改成功。

(12) 加工程序的轨迹校验。

注意:校验运行时,机床不动作;为确保加工程序正确无误,请选择不同的图形显示方式来观察校验运行的结果。

(13) 程序的自动加工。

经实验指导老师确认已校验的程序正确后,方能进行自动加工。将控制面板上的工作方式旋钮对齐"自动"方式,系统处于自动运行方式,在自动加工状态下,选择加工程序后再按一下【循环启动】键,就可进行自动加工。在自动加工期间,可分别进行程序单段、进给保持、取消运行、急停、复位等操作练习。在操作面板上将加工方式旋钮转向"单段运行"位置,系统处于单段自动运行方式,程序控制将逐段执行。按一下【循环启动】按键,运行一程序段,机床运动轴减速直至停止,刀具、主轴电动机停止运行,再按一下【循环启动】按键,又执行下一程序段,执行完后又再次停止。在自动运行状态下,按一下机床控制面板上的【进给保持】按键,则暂停程序运行,并保留当前运行程序的模态信息。在自动运行暂停状态下,按一下机床控制面板上的【循环启动】按键,系统将从暂停前的状态重新启动,继续运行。在程序运行的过程中,需要中止运行,可在程序运行子菜单下按【F7】(停止运行)键,再按【Y】键则中止程序运行,同时卸载当前运行程序的模态信息。程序在非程序起点位置中止运行后,如要重新运行,需要重新对刀,并选择加工程序从程序头重新启动运行。

(14) 数控车床的维护与保养。

对数控车床进行维护保养的目的是延长其机械部件的磨损周期,延长器件的使用寿命,保证车床长时间稳定可靠的运行。一般需对数控车床的润滑系统、传动系统、数控系统、电器系统、防护系统等部分进行日常维护。维护保养要定时、定期,贵在坚持,责任到人。特别要求开机时要给机床运动部位加润滑油,实习结束前,应将机床床面彻底打扫干净,并再加润滑油。

(15) 数控车工的安全文明生产知识。

操作员必须仔细阅读数控系统的说明书,熟悉车床的操作规程。为了确保安全文明生产,除严格遵守普通车床的安全操作规程外,在操作数控车床时特别应注意以下几点。

① 编好程序后,首先应空运行一次,确保走刀路径、进刀量、速度的正确,然后单段试加工以确保无误。

② 遇到紧急情况时,应迅速按下红色【急停】按钮,使机床立即停止运动。事故处理完毕,旋转【急停】按钮,会解除被关闭的功能,但所有输出功能必须重新启动。

③ 如果超程,系统会显示超程报警,刀具运动停止,此时在手动方式下,使刀具向反方向移动,同时按下【超程解除】按键,可解除超程报警。

④ 当数控系统报警时,操作员不必惊慌,可查阅操作说明书进行处理。如解除不了,可请维修人员支援。注意对异常情况要及时处理,以防发生意外。

⑤ 切记不要用硬物和脏手触碰面板,以防弄破面膜,使杂物和水进入;也不要太用力点按按键,以防按键操作失灵。

⑥ 未经老师允许、未经杀毒处理不许擅自带软盘上机。

⑦ 在未经老师确认程序正确无误之前,严禁弹起操作面板上已按下的【机床锁住】键。

⑧ 在上电和关机之前应按下【急停】按钮,以减少设备电冲击。

⑨ 下课前,应将机床、地面打扫干净,经老师检查设备完好及打扫卫生合格,并已登记好工位记录本后,才允许离开现场。

(16) 关机步骤。

① 按下控制面板上的【急停】按钮,断开伺服驱动系统的电源。

② 断开数控电源。
③ 断开机床电源。

实训任务二　HNC-21 系统数控铣床控制面板基本操作的综合实训

一、实训目的

(1) 了解数控铣床的基本操作：启动、停止、回参考点、手动进给、手轮进给、MDI 运行、程序编辑和管理。
(2) 熟悉数控铣床系统界面。

二、实训要求

(1) 每个学生能独立完成数控铣床的基本操作。
(2) 按实训的顺序要求，进行每个模块的考核，只有在完成前面模块的基础上才允许进行后面模块的实训。
(3) 在实训过程中，应遵守数控实训车间安全管理规定，遵守数控机床教学安全操作规程，有问题及时问指导老师。

三、实训条件

实训条件：华中数控世纪星 HNC-21 系统数控铣床。

四、实训的具体步骤与详细内容(同车床)

(1) 电源接通前后检查工作。
(2) 回零操作。
(3) 主轴的操作：主轴的启动与停止；主轴的点动。
(4) 手摇轮进给操作。
(5) 机床急停操作。
(6) 程序的输入、检查与修改。

实训任务三　HNC-21 系统数控车床试切对刀基本操作的综合实训

一、实训目的

(1) 掌握游标卡尺、千分尺的使用方法。

(2) 掌握车刀和工件的安装方法。
(3) 掌握数控车床的对刀操作及步骤。
(4) 培养良好的职业道德及操作规范。

二、实训要求

(1) 每个学生能独立完成数控车床的对刀操作。
(2) 按实训的顺序要求,进行每个模块的考核,只有在完成前面模块的基础上才允许进行后面模块的实训。
(3) 在实训过程中,应遵守数控实训车间安全管理规定,遵守数控机床教学安全操作规程,有问题及时询问指导老师。

三、实训条件

实训条件:华中数控世纪星 HNC-21 系统数控车床、游标卡尺、外圆车刀、螺纹刀、坯料若干。

四、实训的具体步骤与详细内容

(1) 机床复位,回参考点。
(2) 安装毛坯。
(3) 安装刀具:选定一把刀添加到刀架上,转到加工位置后确定。可以根据自己加工的需要添加刀具,选择所需的刀具类型。
(4) 采用试切法进行对刀,具体过程参考 3.2.3。
(5) 选择程序,进行加工。
注意事项:操作数控车床时应确保安全,包括人身和设备的安全;禁止多人同时操作一台机床;禁止让机床在同一方向连续"超程"。工件和刀具要夹紧、夹牢;选择换刀时,要注意安全位置。

实训任务四 HNC-21 系统数控铣床试切对刀基本操作的综合实训

一、实训目的

(1) 掌握游标卡尺、千分表的使用方法。
(2) 掌握铣刀和工件的安装方法。
(3) 掌握数控铣床的对刀操作及步骤。
(4) 培养良好的职业道德及操作规范。

二、实训要求

(1) 每个学生能独立完成数控铣床的对刀操作。

(2) 按实训的顺序要求,进行每个模块的考核,只有在完成前面模块的基础上才允许进行后面模块的实训。

(3) 在实训过程中,应遵守数控实训车间安全管理规定,遵守数控机床教学安全操作规程,有问题及时询问指导老师。

三、实训条件

实训条件:华中数控世纪星 HNC-21 系统数控铣床、方形或圆形坯料若干、立铣刀、键槽铣刀、游标卡尺、千分表等。

四、实训的具体步骤与详细内容

(1) 机床复位,回参考点。

(2) 安装毛坯。

(3) 安装刀具:选定一把刀添加到主轴上,可以根据自己的需要添加刀具,选择所需的刀具类型。

(4) 采用试切法进行对刀,具体过程参考 3.2.4。

(5) 选择程序,进行加工。

注意事项:操作数控车床时应确保安全,包括人身和设备的安全;禁止多人同时操作一台机床;禁止让机床在同一方向连续"超程"。工件和刀具要夹紧、夹牢;选择换刀时,要注意安全位置。

【思考题】

3-1 数控车床、铣床坐标轴及正负方向是如何规定的?

3-2 机床回零的主要作用是什么?

3-3 试说明机床零点、机床参考点、编程零点、刀位点的含义及它们之间的关系。

3-4 简述数控车床、铣床对刀的目的及试切对刀法的步骤。

第4章 FANUC 0i 系统数控机床操作综合实训

4.1 FANUC 0i 系统数控机床面板及功能

4.1.1 CRT/MDI 标准操作面板及功能

1. CRT/MDI 标准操作面板

FANUC 0i 数控系统操作面板位于显示器窗口的右侧，如图 4-1 和图 4-2 所示。

图 4-1 FANUC 0i 数控（车床）机床操作面板

图 4-2 FANUC 0i 数控（铣床）机床操作面板

2. 系统操作面板区域功能位置分布

系统操作面板区域功能位置分布如图 4-3 所示。

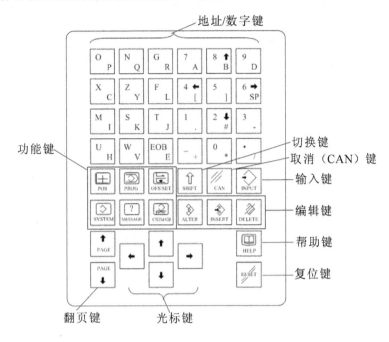

图 4-3　系统操作面板区域功能位置分布

3. FANUC 0i 系统操作面板上各功能键含义

FANUC 0i 系统操作面板上各功能键含义如表 4-1 所示。

表 4-1　FANUC 0i 系统操作面板上各功能键含义

键图符	功能名（英文名）	功能简要说明
RESET	复位键（RESET）	按此键可使 CNC 复位，用于消除报警等
N Q 4 [	地址/数字键	按此键可输入数字、字母及其他字符
SHIFT	换挡键（SHIFT）	在有些键的顶部有两个字符，按 SHIFT 键来选择字符；当一个特色字符 E 在屏幕上显示时，表示键面右下角的字符可以输入
INPUT	输入键（INPUT）	用于修改程序和修改参数等操作
CAN	取消键（CAN）	删除输入到缓冲寄存器中的文字或符号，例如，缓冲器显示为 N0001 时，按下 CAN 键，则 N0001 被删除
↑←→↓	光标移动键（CUSER）	用于将光标朝左、右、上、下方向移动；在左右方向，光标是按一个字符一个字符地移动；在上下方向，光标是按一行一行地移动

续表

键 图 符	功能名（英文名）	功能简要说明
	向前、向后翻页键（PAGE）	多页显示时，用来查看页面
	替换键（ALTER）	编辑程序时，按此键可通过将输入到缓存的数据或字母替换光标处的数据或字母
	删除键（DELETE）	程序编辑时，按此键可删除光标所在处的数据；或者删除一个数控程序或者全部数控程序
	插入键（INSERT）	在 MDI 方式操作时，输入程序；编辑程序时，将输入到缓存的数据字母插入光标处
	段结束符键（EOB）	程序段结束时，后面可书写注释
	坐标位置键（POS）	位置显示页面，位置显示有三种方式
	程序键（PROG）	数控程序显示与编辑页面
	刀偏/设定键（OFFSET/SETTING）	参数输入页面：按第一次进入坐标系设置页面，按第二次进入刀具补偿参数页面
	系统画面键（SYSTEM）	显示系统画面
	信息画面键（MESSAGE）	显示信息画面
	用户宏/图形键（CUSTOM/GRAPH）	显示用户红画面或显示图形画面

4.1.2　FANUC 0i 系统数控机床控制面板及功能

机床控制面板位于窗口 CRT 显示窗口下方，主要用于控制机床运行状态，由方式选择键（或旋钮）、轴移动、快速 & 主轴等多个部分组成，如图 4-4 和图 4-5 所示。

注意：铣床和车床控制面板的差别就在于【方式选择】，铣床的【方式选择】是通过旋钮来选定，车床则是通过每一个按键来选定。

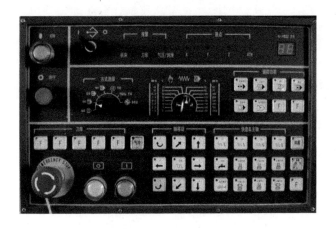

图 4-4　数控铣床控制面板

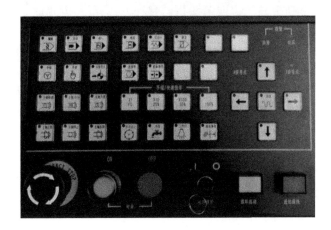

图 4-5　数控车床控制面板

FANUC 0i 系统机床控制面板上各功能键的具体含义如下。

1. 操作方式选择

FANUC 0i 系统有 7 种操作方式选择,在数控车床控制面板上,有 7 个方式选择按键;在铣床控制面板上,通过旋钮来选择各种操作方式。

车床控制面板 7 个方式选择按钮分别介绍如下。

：程序编辑模式。

：手动数据、程序输入。

：程序自动加工模式。

：程序单段加工模式。

:手摇工作方式。按下此键,手轮手柄旋转有效。

:手动工作方式。按下此键,控制面板上的【+X】、【-X】、【+Z】等移动轴键有效。

:回参考点。按下此键,再按【+X】、【+Z】或【+Y】键,刀架或导轨自动回到机床零点。

铣床控制面板方式选择旋钮介绍如下。

:旋钮上白色方向箭头指向哪种方式,哪种方式即有效。

2. 程序运行控制开关

:程序运行开始;模式选择旋钮在"自动"和"MDI"位置时按下有效,其余时间按下无效。

:程序编辑锁定开关,置于 位置时可编辑或修改程序。

3. 机床主轴运动控制

:主轴正转。

:主轴反转。

:主轴停止。

:机床锁定开关,在自动运行开始前,按下【机床锁定】键,再按【循环启动】键,系统继续执行程序,显示屏上的坐标轴位置信息变化,但不输出伺服轴的移动指令,因此机床停止不动,用于校验程序。

:紧急停止旋钮,机床运行时,在危险或紧急情况下按下【急停】键,CNC 进入急停状态,进给及主轴运动立即停止工作。

:进给倍率修调开关。

4.2 FANUC 0i 系统数控机床基本操作过程

4.2.1 数控机床上电、关机、急停操作

4.2.1.1 数控机床启动

启动数控机床的具体步骤如下。

(1) 检查电源的柜内空气开关是否完全接通,将电源柜门关好后,方能打开机床主电源开关。

(2) 在操作面板上按下电源【ON】按钮,接通数控系统电源。

(3) 按下机床【RESET】按键,使机床复位。

4.2.1.2 数控机床复位(RESET 键)

按下【RESET】按键,解除报警,CNC 复位。

4.2.1.3 数控机床回参考点

1. 数控车床回参考点

按下【回参考点】按键,再依次按下【+X】、【+Z】键进行零点回归,到达机床零点时相应的指示灯会变亮,车床一般先回 X 轴零点,再回 Z 轴零点。

2. 数控铣床回参考点

将【方式选择】旋至【参考点】,依次按下【+Z】、【+X】、【+Y】键进行零点回归,到达机床零点时相应的指示灯会变亮。铣床一般先回 Z 轴零点,再回 X 轴和 Y 轴零点。

4.2.1.4 急停

机床无论是在手动或自动运转状态下,遇有不正常情况,需要机床紧急停止时,可通过下述几种操作来实现。

(1) 按下紧急停止键。

按下机床控制面板上的【EMERGENCY STOP】急停按钮,除润滑油泵外,机床的动作及各种功能均被立即停止。同时 CRT 屏幕上出现 CNC 数控未准备好报警信号。

待故障排除后,顺时针旋转按钮,被压下的键跳起,则急停状态解除。但此时要恢复机床的工作,必须先进行返回机床参考点的操作。

(2) 按下复位键【RESET】。

机床在自动运转过程中,按下【RESET】按键则机床全部操作均停止,因此可用此键完成急停操作。

(3) 按下 NC 装置电源断开键。

按下控制面板上电源【OFF】红色按钮,机床停止工作。

4.2.1.5 超程解除

当出现超程时,会显示"出错",【超程解除】指示灯亮,CRT 显示"超程"报警,且刀具减速停止。此时,用手动方式将刀具移向安全的方向,然后按【RESET】解除报警。

4.2.1.6 关闭电源

关闭数控机床电源应按下述步骤进行。
(1) 检查操作面板上表示循环启动的显示灯(LED)是否关闭。
(2) 检查数控机床的移动部件是否都已经停止。
(3) 如果外部的输入/输出设备连接到机床上,应先关掉外部输入/输出设备的电源。
(4) 持续按下电源【OFF】红色按钮约 5 s。
(5) 切断机床的电源。

4.2.2 数控机床手动操作

4.2.2.1 坐标轴移动

1. 手动进给

用按动键的方法使 X、Y、Z 轴按调定速度进给或快速进给,具体操作步骤如下。
(1) 将【方式选择】旋至【手动】(或按【手动】按键)。
(2) 调进给倍率修调开关,选择进给速率。通过旋钮,进给速率在 0%～150%内选定。
(3) 按下进给方向按钮坐标轴开始移动,松开则停止。按下【+X】、【-X】、【+Z】、【-Z】或【+Y】、【-Y】其中任一键,机床将向相应的方向移动。手动方式下只能进行单轴运动。
(4) 需要快速手动进给时,需同时按住【快速】按键。

2. 手摇进给

(1) 将【方式选择】旋至【手摇】(或按【手摇】按键)。
(2) 选择手摇脉冲发生器要移动的轴(X 轴或 Z 轴)。
(3) 选择手轮的倍率:×1、×10 和×100。
(4) 转动手轮上的手柄,顺时针为正向,逆时针为反向。

4.2.2.2 主轴控制

1. 主轴正、反转

在数控车床中,按下控制面板上的【主轴正转】按键,则主轴正转,是顺时针方向旋转还是逆时针方向旋转要看刀架的位置,如果刀架是前置的,则主轴正转就是逆时针方向旋转的,反之就是顺时针方向旋转的。反转同理。

在数控铣床中,按下控制面板上的【主轴正转】按键,则主轴正转,是顺时针方向旋转的。反之就是反转。

2. 主轴停止

在数控机床控制面板上,按下【主轴停止】按键,则主轴停止转动。

3. 主轴速度修调

在自动或手动工作方式下,主轴转速可以在10%～120%之间调整。通过【主轴降速】或【主轴升速】按键来修调主轴转速。

4.2.2.3 机床锁住

按下机床操作面板上的【机床锁住】按键,此时,自动运行加工程序时,机床刀架并不移动,只是在CRT上显示各轴的移动位置。该功能可用于加工程序的检查。

注意:按下此键只锁住机床刀架,并未锁住主轴。

4.2.2.4 其他手动操作

1. 冷却液启动与停止

这个开关的设置方便了操作工在零件加工过程中暂时开停冷却液,进行必要的辅助工作,如在加工初期,需要观察刀具的首刀切削,进刀和切削或走刀路线的动态;在执行程序时配合使用单段开关,可检查刀具的磨损状况,检查工件的加工尺寸,对于可转换刀片的刀具进行刀片的转动或更换等。

2. 工作灯开关

这个开关与常规的开关一样,开启工作灯为了能仔细观察工件的加工情况。

4.2.2.5 手动数据输入(MDI)运行

(1) 将【方式选择】旋至【MDI】(或按【MDI】按键)。

(2) 按下操作面板上的【PROG】按键,使画面的左上角显示 MDI。

(3) 依次输入各程序段,每输入一个程序段后,按下操作面板上的【EOB】按键和【INSERT】按键,直到全部程序段输入完成。

(4) 按下【EOB】按键,再按【INSERT】按键,则程序段结束符号";"被输入。

(5) 按下【循环启动】绿色按钮,开始执行程序。

4.2.3 FANUC 0i 系统数控车床对刀

4.2.3.1 数控车床刀具补偿机能

数控车床刀具的补偿功能由程序中指定的 T 代码来实现。T 代码由字母 T 后面跟的 4 位数码组成,T××××中前两个××为刀具号,后两位××为刀具补偿号。刀具补偿号实际上是刀具补偿存储器的地址号,该寄存器中放有刀具的几何偏置量和磨损偏置量。刀具补偿号可以是00—32中的任一数,刀具补偿号为00时,表示不进行补偿或取消刀具补偿。

系统对刀具的补偿或取消都是通过滑板的移动来实现的,具体包括以下几种形式。

1. 刀具的偏移

刀具的偏移是指车刀刀尖实际位置与编程位置存在的误差。在编程时,一般以其中一把刀具为基准，并以该刀具的刀尖位置为基准来建立工件坐标系。这样当其他刀具转到加工位置时，刀尖的位置就会有偏差，原设定的工件坐标系对这些刀具就不适用，必须进行补偿。

例如，编制工件加工程序时，按刀架中心位置编程，如图 4-6(a)所示。即以刀架中心 A 作为程序的起点，但安装后，刀尖相对于 A 点必有偏移，其偏移值为 X,Z。将此二值输入到相应的存储器中，当程序执行了刀具补偿功能后，原来的 A 点就被实际位置所代替，如图 4-6(b)所示。

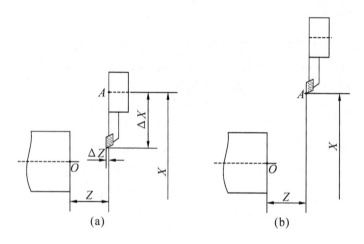

图 4-6 刀具偏移

2. 刀具的几何磨损补偿

每把刀具在加工过程中都有不同程度的磨损。因此应对由此而引起的偏移量 ΔX、ΔZ 进行补偿。这种补偿只要修改每把刀具相应存储器中的数值即可，即使刀尖位置 B 移至位置 A，如图 4-7 所示。

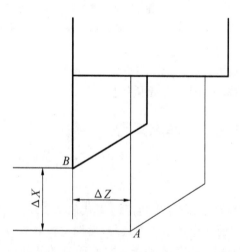

图 4-7 刀具的几何磨损补偿

例如，某工件加工后外圆直径比要求的尺寸相差 0.02 mm，则可以用 $U-0.02$ 或 $U-0.02$ 来修改相应存储器中的数值。

3. 刀具半径补偿

在实际加工中，刀具的磨损或精加工刀具的刃磨会在刀尖形成圆弧，为确保工件轮廓形状，加工时不允许刀具中心轨迹与被加工工件轮廓重合，而应与工件轮廓偏移一个半径值，这种偏移称为刀具半径补偿。

大多数数控装置都有刀具半径补偿功能，使用刀具半径补偿指令，并按刀具中心轨迹运动。执行刀具半径补偿后，刀具自动偏离工件轮廓一个刀具半径值，从而加工出所要求的工件轮廓。

当刀具磨损或刀具重磨后，刀具半径变小，这时只需要通过面板输入改变后的刀具半径，而不需要修改已编号的程序或纸带。在用同一把刀具进行粗、精加工时，设精加工余量为 Δ，则粗加工的补偿量为 $r+\Delta$，而精加工的补偿量改为 r 即可，如图 4-8 所示。

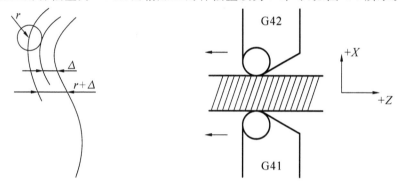

图 4-8 粗、精加工补偿　　　　图 4-9 刀具半径补偿

G41——刀具半径左补偿，即沿刀具运动方向看（假设工件不动），刀具位于工件左侧时的刀具半径补偿，如图 4-9 所示。

G42——刀具半径右补偿，即沿刀具运动方向看（假设工件不动），刀具位于工件右侧时的刀具半径补偿，如图 4-9 所示。

G40——刀具半径补偿取消，即使用该指令后，G41、G42 指令无效。

使用刀具半径补偿需要注意以下几个问题。

1) 刀具半径补偿的加入

刀补程序段内必须有 G00 或 G01 功能才有效，而且偏移量补偿必须在一个程序段的执行过程中完成，并且不能省略。若前面没有 G41、G42 功能，则可以不用 G40，直接写入 G41、G42 即可。

2) 刀具半径补偿的执行

G41、G42 指令不能重复使用，即前面使用了 G41 或 G42 指令，不能再直接使用 G41 或 G42 指令。若想使用，则必须用 G40 指令取消原补偿状态后，再使用 G41 或 G42 指令，否则补偿就不正常了。

3) 刀具半径补偿的取消

在 G41 或 G42 程序后面，加入 G40 程序段即表示刀具半径补偿的取消。在刀具半径补偿取消 G40 程序段执行前，刀尖圆弧中心停留在前一程序终点的垂直位置上，G40 程序段表示刀具由终点退出的动作。

4. 刀具补偿量的设定

对应每个刀具补偿号,都有一组偏置量 X、Z,刀具半径补偿量 R 和刀尖方位号 T。

一般情况下,可以通过面板上的功能键【OFSSET】来分别设定、修改并存入数控系统中,如表 4-2 所示。

表 4-2 刀具补偿量的设定

OFSSET	01			00004	N0030
NO.	X	Z	R		T
01	025,023	002,004	001,002		1
02	021,051	003,300	000,500		3
03	014,730	002,000	003,300		0
04	010,050	006,081	002,000		2
05	006,588	−003,000	000,000		5
06	010,600	000,770	000,500		4
07	009,900	000,300	002,050		0
ACTUAL	POSTION	(RELATIVE)			
	U	22,500	W	−10,000	
W			LSK		

4.2.3.2 数控车床刀具对刀

数控机床刚启动时,需要通过 MDI 方式设置主轴转动。即在【MDI】工作方式下,按下操作面板上的【PROG】按键,再按下【MDI】软键,输入"M03 S500",按下【EOB】按键,接着按下【INSERT】按键,再按下【循环启动】按键,主轴开始转动。

1. 直接用刀具试切对刀

首先将机床回零,然后按切削步骤依次装入刀具:一号刀、二号刀等。将刀位转到一号刀,对一号刀进行对刀,一号刀为基准对刀刀具。对刀具体步骤如下。

(1) 对 Z 轴,用外圆刀先试切外圆端面,然后按 键→按【补正】键→按【形状】按键→输入 Z0→按【测量】按键,即输入到刀具几何形状里。

(2) 对 X 轴,用外圆刀在外圆柱面上切掉一层(如 1 mm),然后测量切掉后的圆柱直径(如98 mm),然后按 键→按【补正】按键→按【形状】按键→输入"X98"→按【测量】按键,即输入到刀具几何形状里。

(3) 刀具回零点。其余的二号刀、三号刀等对刀时,与一号刀对刀方法一样,只是此时刀具不能切削工件,而是轻微触碰端面和外圆面。为保证精确度,用手摇方式(进给量为0.001 mm)接近工件。

注意:规定一号刀具为基准刀具对刀时,一号刀可以切削平面,其余刀具均是触碰工件表面。试切削不可过量,要保证有足够余量完成工件的加工。

2. 用 G50 设置工件零点对刀

（1）用外圆车刀先试车一外圆，把刀沿 Z 轴正方向退刀，测量外圆直径后，将刀具沿 Z 轴移动到工件端面，沿 X 方向切端面到中心（直径/2）。

（2）按【MDI】按键，输入"G50 X0 Z0"，按【循环启动】按键，把当前点设为工件零点。

（3）按【MDI】按键，输入"G00 X150 Z150"，使刀具离开工件进刀加工。

（4）这时程序开头为 G50 X150 Z150（注：用 G50 X150 Z150，是使起点和终点必须一致即 X150 Z150，这样才能保证重复加工不乱刀）。

3. 工件移设置工件零点

在 FANUC 0i 系统的 里，有一个工件移界面，可输入零点偏移值。

（1）用外圆车刀先试切工件端面，这时将 X、Z 坐标的位置，如 X−260 Z−395，直接输入到偏移值里。

（2）选择 回参考点方式，按 X、Z 轴回参考点，这时工件零点坐标即建立起来。

注意：这个零点一直存在，只有重新设置偏移值 Z0，才被清除。

4. 坐标系数据（G54—G59 指令试切对刀）

（1）按【MDI】按键，进入单一动作执行界面。

（2）编辑主轴转速或刀具选择，如"S800 或 T0101"，接着按下【INSERT】按键，将所需执行的命令输入机床内，然后按下【循环启动】按键执行命令。

（3）按【手摇】按键，进入手摇工作状态。

（4）根据需要选择相应的【手摇进给速度】，分别有×1、×10、×100，对刀一般取"×10"的手摇速度。

（5）按操作面板上的【OFS/SET】按键，进入对刀参数输入界面。

（6）按【补正】软键，接着按下【外形】软件键，进入刀具参数补偿界面。

（7）Z 方向对刀，移动 X 轴车削零件端面，然后在相对应的刀具补偿内输入"Z0"，按下【测量】软键输入刀具补偿量。

注意：此时 Z 轴方向的坐标禁止移动。

（8）X 方向对刀，移动 Z 轴车削零件外圆面，然后在相对应的刀具补偿内输入"X＋实际测量直径的数值"，按【测量】软键输入刀具补偿量；

注意：此时 X 轴方向的坐标禁止移动，刀具接近工件时主轴必须转动起来。

4.2.4 FANUC 0i 系统数控铣床对刀

1. 直接试切对刀

假设对刀点在如图 4-10 所示的工件左上角 O 点，且 Z 轴 O 点在工件表面上，其对刀步骤如下。

（1）将工件毛坯准确定位装夹到工作台上。

（2）将所用铣刀装到主轴上，并使主轴转动。

（3）手动移动或手轮摇动铣刀靠近被测面，并使铣刀周刃轻微触到侧面，如图 4-10 所示，铣刀在 A 点（或 B 点）位置。

(4) 按【OFS/SET】按键,接着按【坐标系】软键,按"↓"或"↑"键,将光标移动到G54—G59对应的 X、Y 或 Z 位置,把当前坐标位置作为工件零点,输入 X0(A 点),Y0(B 点),按【测量】软键,此时当前坐标被存入。

(5) Z 轴对刀时,将刀具底端轻微触到工件上表面的任意位置,然后再把当前坐标位置作为工件零件 G54—G59,输入"Z0",按【测量】软键,此时当前坐标被存入。

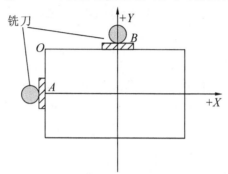

图 4-10 工件对刀

2. 基芯棒(X、Y 轴)、Z 轴零点设置器对刀

先将基芯棒安装在刀架上,然后按直接对刀方法来对刀,在对刀时不需要触碰到工件表面,而是基芯棒边靠近工件边有一定的距离(1 mm 左右)。然后使用塞尺或量块来测量工件与基芯棒之间的位置关系。即当基芯棒边靠近工件边时,用塞尺或量块感觉基芯棒与工件之间的夹紧力,当感觉是紧非紧的时候,这时基芯棒与工件之间的间隙为合适。

对刀方法与直接试切方法一样,X、Y 轴零点设置的方法如下。

(1) 利用基芯棒的直径、塞尺的厚度、工件坐标系零点在工件上的位置及基芯棒在机床坐标系中的坐标值计算出工件坐标系零点在机床坐标系中的坐标值:X_、Y_,点击坐标系后移动光标至G54—G59坐标系内当中一个,输入 X_、Y_,此时即找到工件坐标系的 X、Y 轴的零点位置。

(2) 利用基芯棒的直径、塞尺的厚度、工件坐标系零点在工件上的位置计算出基芯棒中心在要建立的工件坐标系中的坐标值:_(考虑正负方向)。按【OFS/SET】按键,接着按【坐标系】软键,按"↓"或"↑"键,将光标移动到G54—G59对应的 X 或 Y 位置,输入 X_或 Y_,按【测量】软键,此时当前坐标被存入。

设置工件坐标系 Z 轴零点。卸下基芯棒,装上使用的刀具,在工件的上面放置 Z 轴零点设置器。在设定器使用之前,需要用千分尺对 Z 轴零点设置器进行校表。使用时将 Z 轴零点设置器平放在工件上表面,用当前刀具的底面来推动 Z 轴零点设置器上面的探测面,直到表针指到"0"的时候,对刀完毕。根据刀具当前刀位点在机床坐标系中 Z 轴坐标值和 Z 轴零点设置器的高度,计算出工件坐标系 Z 轴零点在机床坐标系中坐标值 Z_,点击坐标系后移动光标至G54—G59坐标系内当中一个,输入 Z_,此时即找到工件坐标系的 Z 轴的零点位置。

或者根据 Z 轴零点设置器的高度及工件坐标系零点在工件上的位置,计算出刀具当前刀位点在所要建立的工件坐标系中的坐标值 Z_,按【OFS/SET】按键,接着按【坐标系】软键,按"↓"或"↑"键,将光标移动到 G54—G59 对应的 X 或 Y 位置,输入 Z_,按【测量】软键,此时当前坐标被存入。

例如,校好后的设置器高度正好是 50 mm,这时刀具底面距工件上表面距离刚好为 50 mm,将工件上表面作为工件零点,输入 Z50,按【测量】键则当前坐标被存入。

此法与试切对刀方法相似,只是对刀时主轴不转动,在刀具和工件之间加入标准芯棒(或塞尺、块规),以塞尺恰好不能自由抽动为准,注意计算坐标时应考虑塞尺的厚度。

因为主轴不需要转动切削,因此这种方法不会在工件表面留下痕迹,且对刀精度比试切法对刀精度高。

3. 寻边器对刀(X、Y 轴)、Z 轴零点设置器对刀

寻边器对刀方法是将寻边器安装于刀架上,然后转动主轴,将寻边器慢慢靠近工件侧边,寻边器刚好跟工件侧边接触。根据寻边器半径、寻边器当前位置坐标及工件坐标系零点在工件上的位置计算出工件坐标系零点在机床坐标系中坐标:X_、Y_,点击坐标系后移动光标至 G54—G59 坐标系内当中一个,输入 X_、Y_,此时即找到工件坐标系的 X、Y 轴的零点位置。

Z 轴采用 Z 轴零点设置器对刀,与前面所述方向相同。

4.2.5 程序编辑及管理

4.2.5.1 新建一个 NC 程序

新建一个 NC 程序的具体步骤如下。

(1) 打开机床电源,开启机床,然后松开【急停】键。

(2) 按下【PROG】按键,再将【方式选择】旋至【编辑】(或按【编辑】按钮)状态下,将【程序保护】锁旋至"O"。

(3) 输入以 O 开头的程序名,如 O1010(O 后面只能跟 4 位数字),然后按下【INSERT】按键,则新程序"O1010"已经建立,在右上角出现程序号,然后依次编写程序内容。

4.2.5.2 检索一个 NC 程序

存储器存入多个程序时,可以检索其中的任一个。

1. 按程序名号检索

按程序名号检索的具体步骤如下。

(1) 将【方式选择】旋至【编辑】或【自动】(或按【编辑】或【自动】按键)。

(2) 按【PROG】键。

(3) 输入地址 O。

(4) 键入要检索的四位数的程序号,如"1011"。

(5) 按【O 检索】软键。

(6) 检索结束时,在 CRT 画面的右上方,会显示已检索出的程序号。

2. 按程序段号检索

按程序段号检索的具体步骤如下。

(1) 将【方式选择】旋至【编辑】或【自动】(或按【编辑】或【自动】按键)。

(2) 按【PROG】按键。

(3) 输入地址 O。

(4) 按【检索↓】软键。在【编辑】方式时,连续按【检索↓】软键,被存储的程序会一个一个地被显示出来。

注意:被存储的程序全部被显示后,返回开头。

4.2.5.3 检索一个指定的代码

如果要检索 N100 这段 NC 代码,检索的具体步骤如下。

(1) 在编辑程序状态下,输入要检索的代码"N100"。

(2) 然后按【检索↓】软键。

(3) 光标会出现在 N100 代码上。

4.2.5.4 编辑一个 NC 程序

1. 删除一个 NC 代码

删除一个 NC 代码的具体步骤如下。

(1) 在编辑程序状态下,将光标放在要删除的 NC 代码上。

(2) 然后按【DELETE】按键。

(3) 此时这个 NC 代码被删除。

2. 删除一段 NC 代码

如果要删除 N100 这段 NC 代码,具体步骤如下。

(1) 在编辑程序状态下,输入"N100"。

(2) 然后按【DELETE】按键。

(3) 此时 N100 这段 NC 代码被删除。

3. 插入一个 NC 代码

插入一个 NC 代码的具体步骤如下。

(1) 在编辑程序状态下,将光标放在要插入 NC 代码的前一个代码上。

(2) 然后输入新的 NC 代码。

(3) 按【INSERT】按键。

(4) 此时新的 NC 代码会插入在光标代码后。

4. 替换一个 NC 代码

替换一个 NC 代码的具体步骤如下。

(1) 在编辑程序状态下,将光标放在要替换的 NC 代码上。

(2) 然后输入一个新的 NC 代码。

(3) 按【ALTER】按键。

(4) 此时光标处的 NC 代码被替换。

5. 光标返回程序的开头

按【RESET】按键,程序返回到程序开头。

4.2.5.5 删除NC程序

1. 删除一个存储器中的程序

(1) 将【方式选择】旋至【编辑】或【自动】(或按【编辑】或【自动】按键)。

(2) 按【PROG】按键。

(3) 输入地址O。

(4) 键入4位数的程序号,如"1011"。

(5) 按【DELETE】按键,该程序被删除。

2. 将存储器中存储的NC程序全部删除

(1) 将【方式选择】旋至【编辑】或【自动】(或按【编辑】或【自动】按键)。

(2) 按【PROG】按键。

(3) 输入地址O。

(4) 输入"-9999"。

(5) 按【DELETE】按键。然后会弹出"此操作将删除所有登记程式,你确定吗?"的疑问。

(6) 按【确定】键,则全部程序被删除。

4.2.6 NC程序运行控制

4.2.6.1 启动、暂停、中止

按【循环启动】绿色按钮,程序开始运行。

按【循环停止】红色按钮,程序暂停运行。

4.2.6.2 空运行

对于一个首次运行的加工程序,在没有把握的情况下,可以试运行,检查程序的正确性。数控机床空运行是指在不装工件的情况下,自动运行加工程序。在机床空运行之前,操作者必须完成下面的准备工作。

(1) 各刀具装夹完毕。

(2) 各刀具的补偿值已经输入到数控系统中。

(3) 将进给速率修调值转到适当的位置,一般为100%。

(4) 按下【机床锁定】按键,锁住进给轴。

(5) 按下【空运行】按键。

(6) 按下【自动】工作方式按键。

(7) 按下【循环启动】按钮,执行程序。

注意:在"机床锁住"有效的情况下,程序运行、调试完成后,机床坐标零点会发生改变,在加工零件时,要注意重新定义机床相对坐标的零点。

4.2.6.3 单段运行

若选择【单段】工作方式,执行一个程序段后,机床停止。其后,每按一次【循环启动】按钮,CNC 就执行一个程序段的程序。

4.2.6.4 自动运行

(1) 将【方式选择】旋至【自动】(或按【自动】按键)。
(2) 选择程序。
(3) 按机床操作面板上的【循环启动】按钮。
(4) 依次执行程序中的每一个程序段,直到程序结束。

4.2.6.5 运行时干预

1. 进给速度修调

用进给速度倍率开关,选择程序指令的进给速度的百分比,以改变进给速度(速率)。

2. 快移速度修调

可以将以下的快速进给速度由倍率开关变为原速度的 100%,50%,25% 或 F 值,该功能用于下列几种情况。

(1) 由 G00 指令的快速进给。
(2) 固定循环中的快速进给。
(3) 指令 G27、G28 时的快速进给。
(4) 手动快速进给。
(5) 手动返回参考点的快速进给。

3. 主轴修调

在自动或手动工作方式下,主轴转速可以在 10%～120% 之间进行修调。按【主轴降速】或【主轴升速】按键进行修调,每按一次【主轴降速】或【主轴升速】,变化 10% 的倍率。

4. 机床锁住

按下【机床锁住】按键,自动运行加工程序时,机床刀架并不移动,只是在显示器上显示各轴的移动位置。该功能可用于加工程序的检查。

4.2.6.6 回程序起点

按【RESET】按键,回到程序起点。

4.2.7 当前位置的显示(功能按键【POS】)

(1) 按【POS】按键。
(2) 连续按【POS】按键,显示以下 3 种画面(可由软键选择各种画面):
第一次按【POS】按键,显示工件【绝对坐标】位置(按软键【绝对】);
第二次按【POS】按键,显示工件【相对坐标】位置(按软键【相对】);
第三次按【POS】按键,显示工件【综合】位置(按软键【综合】)。

【综合】位置显示下列坐标系的当前位置值:相对坐标系的位置(相对坐标)、工件坐标系的绝对位置(绝对坐标)、机床坐标系的位置(机床坐标)。

4.2.8 常用参数设置

4.2.8.1 自动生成程序段号设置

自动生成程序段号设置的具体步骤如下。
(1) 将【选择方式】旋钮旋至【MDI】(或按【MDI】按键)。
(2) 按【OFS/SET】按键。
(3) 按【设定】软键。
(4) 按【向下移动光标】按键,将光标移动到【自动加顺序号】处,输入1,按【ON:1】软键。此时,自动生成程序段号设置完成。

4.2.8.2 镜像功能启动设置

镜像功能启动设置的具体步骤如下。
(1) 将【选择方式】旋钮旋至【MDI】(或按【MDI】按键)。
(2) 按【OFS/SET】按键。
(3) 按【设定】软键。
(4) 按【向下移动光标】按键,将光标移动到【镜像 X=0 [0:OFS 1:ON]】处,输入1,按【ON:1】软键。此时,X=1,X 轴镜像设置完成。
(5) 设置 Y 轴镜像时,将光标移动到【镜像 Y=0 [0:OFS 1:ON]】处,设置方法跟 X 轴一样。
(6) 把 G54 里的 X、Y 轴的正负号改变,要镜向哪根轴就改哪根轴。
(7) 加工完成后需要将 X、Y 轴的正负号改回到原来的状态。

4.3 数控综合实训

实训任务一 FANUC 0i 系统数控车床控制面板基本操作的综合实训

一、实训目的

(1) 了解数控车床加工的安全操作规程及对操作者的有关要求。
(2) 熟悉数控加工的生产环境。
(3) 掌握数控车床的基本操作方法、步骤及加工中的基本操作技能。
(4) 培养良好的职业道德。

二、实训的要求

(1) 每个学生能独立完成数控车床的基本操作。

(2) 按实训的顺序要求,进行每个模块的考核,只有在完成前面模块的基础上才允许进行后面模块的实训。

(3) 在实训过程中,应遵守数控实训车间安全管理规定,遵守数控机床教学安全操作规程,有问题及时询问指导老师。

三、实训条件

实训条件:FANUC 0i 数控系统车床,$\phi 20$ mm×150 mm 的铝棒或尼龙棒。

四、实训的具体步骤与详细内容

1. 数控车床的面板的功能

数控车床的面板的功能要求现场讲解及操作示范,详见 4.1 节和 4.2 节。

2. 数控车床的基本操作

数控车床的基本操作要求现场讲解及操作示范,详见 4.1 节和 4.2 节。

(1) 电源接通前的检查操作:在机床主电源开关接通之前,操作者必须做好有关的检查工作。

(2) 电源接通后的检查操作:机床通电之后,操作者应做好相关的检查工作。

(3) 机床运转后的检查:检查应无异常现象。

(4) 停止机床的检查:停止机床前应做好各项检查。

(5) 手动操作(现场操作):结合操作面板与控制面板进行操作示范,详见 4.1 节和 4.2 节。

① 手动返回机床参考点(回零)。

② 手动连续进给。

③ 手轮进给。

④ 主轴与切削液开关操作。

⑤ 手动换刀。

⑥ 手动尾座的操作(尾座体的移动和尾座套筒的移动)。

⑦ 机床的急停方式。

A. 按下【急停】按钮 。

B. 按下复位键【RESET】按键。

C. 按下 NC 装置电源断开按钮【OFF】。

D. 按下【进给保持】按键。

(6) MDI 运行(现场操作)。MDI 运行用于简单的测试(如检测对刀的正确性、工件坐标的位置)操作、对刀操作、主轴临时启动操作,详见 4.2 节内容。

(7) 程序的编辑和管理(现场操作)。程序的编辑和管理主要包括如何新建程序和编辑程序,详见4.2节。将车床实训实例中的零件加工程序输入到数控车床中。

五、数控车床实训实例

下面是图4-11所示零件的加工工艺(见表4-3和表4-4)和加工程序(见表4-5),参考4.2.5~4.2.8小节程序编辑和管理的操作步骤,将加工程序输入到数控车床中,理解零件的加工工艺和加工程序内容。

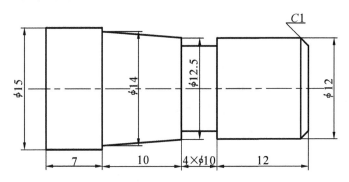

图 4-11 加工零件

表 4-3 刀具卡

序 号	刀 具 号	刀具名称及规格
1	T01	93°外圆正偏刀
2	T02	4 mm 宽切槽刀

表 4-4 数控加工工序卡

材料	铝材	零件图号	×××		系统	FANUC	工序号	×××
操作序号		工步内容	G 功能	T 刀具	切削用量			
					转速 /(r/min)	进给速度 /(mm/min)		切削深度 /mm
主程序 1								
1		夹棒料外圆,伸出长度约 50 mm						
2		粗车外圆各部分,留加工余量单边 0.3 mm		T01	500	0.1		3
3		精车外圆、锥面、倒角、台阶面达到图样要求		T01	800	0.05		
4		退至换刀点换切槽刀,加工退刀槽 4×φ10		T02	300	0.05		
5		割断并保证总长 40.5 mm		T02	300	0.05		
6		调头车左端面,保证总长 40 mm		T02	800	0.05		

表 4-5　程序卡

编程零点	工件右端面与轴线交点			编写日期	
零件名称	轴类零件	零件图号	图×××	材料	铝材
车床型号		夹具名称	三爪卡盘	加工地点	工程实训中心
程序号		O1101		编程系统	FANUC 0i
序号	程序			简要说明	
N010	M03　S500　T0101；			设定工件坐标系,选择1号刀,主轴转速 500 r/min 粗车	
N020	G00　X14.6.　Z2.；				
	G01　Z-26.　F100；				
	X15.6.；				
	Z-33.；				
	G00　X20.；				
	Z2.；				
	X6.；				
N030	M03　S800；			精车外圆、倒角	
	G01 X12. Z-1.；				
	Z-16.；				
	X14. Z-26.；				
	X15.；				
	Z-33.；				
	G00 X20.；				
	Z100.；				
N040	M03 S300 T0202；			换2号到,切 4×φ10 槽	
	G00 X14. Z-16.；				
	G01 X10. F50；				
	X13. F500；				
N050	G00 X 20.；			切断	
	Z-37.；				
	G01 X0. F50；				
	G00 X80.；				
	Z200.；				
	M05；			主轴停	
	M30；			程序结束	

实训任务二　FANUC 0i 系统数控铣床控制面板基本操作的综合实训

一、实训目的

(1) 了解数控铣床加工的安全操作规程及对操作者的有关要求。
(2) 熟悉数控加工的生产环境。
(3) 掌握数控铣床的基本操作方法、步骤及加工中的基本操作技能。
(4) 培养良好的职业道德。

二、实训要求

(1) 每个学生能独立完成数控铣床的基本操作。
(2) 按实训的顺序要求,进行每个模块的考核,只有在完成前面模块的基础上才允许进行后面模块的实训。
(3) 在实训过程中,应遵守数控实训车间安全管理规定,遵守数控机床教学安全操作规程,有问题及时询问指导老师。

三、实训条件

实训条件:FANUC 0i 数控系统铣床,$\phi 8 \sim \phi 12$ 铣刀,100 mm×100 mm×50 mm 的铝材方料。

四、实训的具体步骤与详细内容

数控铣床具体操作步骤如下。

1. 开启空压机、开电源

开启空压机开关,接通数控机床电源,按下控制面板上的电源【ON】按钮,恢复【急停】键。

2. 机床回参考零点

机床回参考零点操作时建立机床坐标系的过程也是开机床电源后首先要做的操作。机床回参考零点操作步骤具体如下:将【方式选择】旋钮旋至【参考点】,Z 轴回零,按下【+Z】按键,等 CRT 上机床坐标 Z 轴坐标值变为 0,则 Z 轴回零完毕。X 轴回零,按下【+X】按键。Y 轴回零,按下【+Y】按键。回零操作完成后,在 CRT 中,【机床坐标】坐标系中的 X、Y、Z 坐标值都为 0。

3. 准备刀具,并安装刀具

准备刀具(铣刀),测量刀具半径及刀具长度,将刀具安装至刀架上。

4. 主轴转动初始化(主轴启动)

FANUC 0i 数控机床开机后,在【手动】或【自动】状态下,按下【主轴正转】或【主轴反转】按键,主轴不会转动,每次开机必须初始化主轴转动。具体操作步骤如下。

(1) 将【方式选择】旋钮旋至【MDI】(或按【MDI】按键)。

(2) 按下【PROG】按键。

(3) 按下【MDI】软键盘。

(4) 输入 M03　S500。

(5) 按【EOB】按键,接着按【INSERT】键。

(6) 按【循环启动】按钮。

此时主轴转动起来,转速为 500 r/min。

(7) 装夹工件、找正。

1) 虎钳找正步骤

(1) 将工作台与虎钳底面擦拭干净。

(2) 将虎钳放到工作台上。

(3) 用百分表测量虎钳固定钳口与机床 Y 轴(或 X 轴)之间的平行度,用木榔头敲击进行调整,平行度误差为 0.01 mm 内即合格。

(4) 拧紧螺栓使虎钳紧固在工作台上。

(5) 再用百分表校验一下平行度是否有变化。

2) 装夹工件步骤

(1) 根据所夹工件尺寸,调整钳口夹紧范围。

(2) 根据工件厚度选择尺寸合适的垫铁,垫在工件下面。工件被加工部分要高出钳口,避免刀具与钳口发生干涉。

(3) 旋紧手柄,用木榔头敲击工件上表面,使之工件底面与垫铁贴合,然后移开垫铁。

(4) 确定工件坐标系零点,建立工件坐标系(G54)。

具体操作步骤详见 4.2.4 节内容。

(5) 输入程序

程序输入的具体步骤如下。

① 按【PROG】按键。

② 将【方式选择】旋钮旋至【编辑】(或按【编辑】按键)。

输入以 O 开头的程序名,程序名只能以 4 位数字来命名,如 O1011。

③ 按【INSERT】按键,程序 O1011 被建立。

④ 在地址栏依次输入程序代码,末段代码输完,按【EOB】按键,再按【INSERT】按键。

(6) 试运行(调试程序)。

试运行操作的具体步骤如下。

① 将进给速率修调值转到适当的位置,一般在100%。
② 按下【机床锁定】按键,锁住进给轴。
③ 按下【空运行】按键。
④ 将【方式选择】旋钮旋至【自动】(或按【自动】按键)。
⑤ 按下【循环启动】按键,执行程序。

注意:在"锁住"有效的情况下,程序运行、调试完成后,机床坐标零点会发生改变,在加工零件时,要注意重新定义机床相对坐标的零点。

5. 自动加工

将【方式选择】旋钮旋至【自动】(或按【自动】按键),按下操作面板上的【循环启动】绿色按钮,进入了自动加工状态。

6. 清扫、整理机床

将加工的切削清扫干净,将加工好的工件取出,将工具整理好。加工完毕以后,关闭机床电源,关闭空压机。

五、数控铣床基本操作实训实例

表4-6是图4-12所示零件的加工程序卡,参考4.2.5~4.2.8小节的程序编辑和管理内容,将加工程序输入到数控铣床中,理解零件的加工程序内容。加工槽深为1 mm。

表4-6 程序卡

编程零点	100 mm×100 mm 方料中心		编写日期	
零件名称	铣床加工零件	零件图号	图×××	材料	铝材
铣床型号		夹具名称	机用虎钳	加工地点	工程实训中心
程序号		O1102		编程系统	FANUC 0i
序号	程序				
N010	M03 S500 T0101;				
N020	G00 X−5. Y25. Z10.;			刀具起始点 X−5 Y25	
N030	G01 Z−1. F100;				
N040	X15.;				
N050	G02 X25. Y15. R10.;				
N060	G01 X35. Y−5.;				
N070	G02 X15. Y−25.;				
N080	G01 X−15.;				
N090	G02 X−15. Y15.;				
N100	G03 X−5. Y25.;				
N110	G01 Z50.;				
N120	M05;			主轴停	
N130	M30;			程序结束	

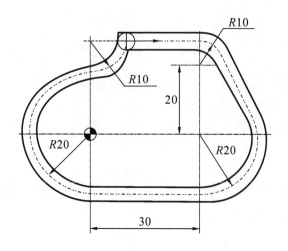

图 4-12 数控铣床加工零件

实训任务三　FANUC 0i 系统数控车床试切对刀基本操作的综合实训

一、实训目的

熟悉工件在数控车床上的装夹、找正、数控车床对刀、参数设定及自动加工的步骤,提高操作数控车床的专业技术能力。

二、实训要求

(1) 每个学生能独立完成数控车床的对刀操作。
(2) 按实训的顺序要求,进行每个模块的考核,只有在完成前面模块的基础上才允许进行后面模块的实训。
(3) 在实训过程中,应遵守数控实训车间安全管理规定,遵守数控机床教学安全操作规程,有问题及时询问指导老师。

三、实训条件

实训条件:FANUC 0i 数控系统车床,φ20 mm×150 mm 的铝棒或尼龙棒。

四、实训的具体步骤与详细内容

1. 工件装夹与找正(现场操作)

根据装加工件的形状、尺寸,选择卡爪、夹紧方向及夹紧力。根据加工工件的形状及精度要求,进行找正。

2. 刀具的选择与安装（现场操作）

3. 数控车床的对刀及参数设定（现场操作）

程序中所用的每把刀都必须进行对刀操作，以保证每把刀具刀尖相互重合。在对刀的同时，将有关参数输入到设定的坐标系中，建立工件坐标系。

FANUC 0i 数控车床试切对刀及刀偏量直接输入的具体步骤如下。

1) T01 外圆刀对刀

（1）开机后，机床各轴先回参考点。

（2）将刀具转换位置 1 转到加工刀位上。

（3）启动主轴，按【主轴正转】或【主轴反转】按键，主轴转动。

在试切对刀的时候，如发现通过机床面板上的【主轴正转】或【主轴反转】按键不能使主轴启动的情况，就必须在 MDI 模式下编程指令启动主轴，操作过程如下：

按控制面板上的【MDI】模式→按【PROG】按键→按【MDI】软键→按【EOB】按键→【INSERT】按键→输入"M03 S500"→按【EOB】按键→【INSERT】按键，程序被输入→按【循环启动】按键，主轴转动。

（4）试切端面，Z 轴对刀。

按【手动模式】按键→按下【+X】或【-Z】按键的同时按下【快速移动】按键，使刀具快速移动到试切端面的初始位置→按下【-X】切削端面，一直切到工件端面中心→Z 轴方向刀具不移动，沿 X 轴方向退刀→按【OFS/SET】按键→进入参数输入界面，如图 4-13 所示。

按【补正】软键→按【形状】软键→输入 Z0→按【测量】软键，刀具 Z 轴对刀完毕。

（5）试切外圆，X 轴对刀。

按【手动模式】按键→按下【+X】或【-Z】按键，同时按下【快速移动】按键使刀具快速移动到试切外圆的初始位置→按【-Z】按键切削外圆 20 mm 左右→X 方向刀具不移动，沿 Z 正方向退刀，将刀具退出离工件 100 mm 左右的距离→按【主轴停】按键→用游标卡尺测量切削后工件的直径（假设为 ϕ33.6 mm）→按【OFS/SET】按键进入参数输入界面→按【补正】软键→按【形状】软键→输入测得的直径 X33.6→按【测量】软键（如图 4-13 所示），刀具 X 方向对刀完毕。

2) T02 切槽刀对刀

（1）按【刀位选择】按键，选择 2 号刀位，按【刀位转换】键，将 2 号刀转到加工刀具位置上。

（2）Z 轴对刀。

按【手轮】按键或【手动】按键，使刀具碰到工件端面→刀具 Z 方向不动，沿 X 方向退刀→按【OFS/SET】进入参数输入界面→按【补正】软键→按【形状】软键→光标移到 2 号刀补→输入 Z0→按【测量】软键→T02 刀 Z 轴对刀完毕。

（3）X 轴对刀。

按【手轮】按键或【手动】按键，移动刀具使刀位点碰到 T01 试切后的工件外圆表面→X 方向刀具不动，沿 Z 正方向退刀 100 mm 左右→按【OFS/SET】软键进入参数输入界面，按【补正】软键→按【形状】软键→光标移动到 2 号刀补，输入 X33.6→按【测量】软键→T02 刀 X 方向对刀完毕。

T03 以后刀具对刀方式跟 T02 一样。

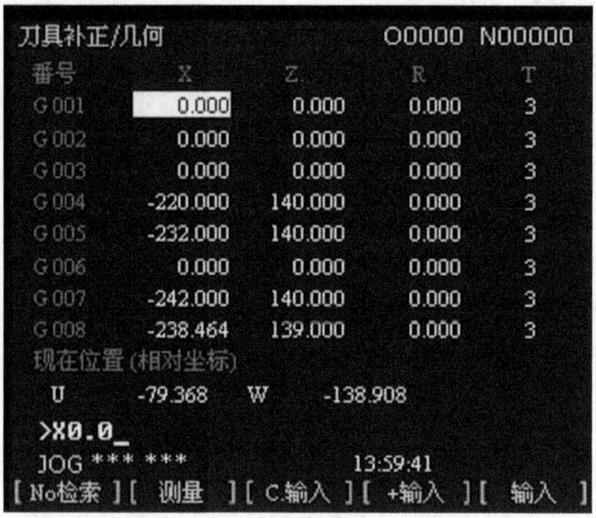

图 4-13 对刀参数形状补正画面

注意：如何进行刀偏量的修改，不论采用哪种对刀法，都存在一定的对刀误差。当试切后，发现工件尺寸不符合要求时，可根据工件的实测尺寸进行刀偏量的修改。如测得工件外圆尺寸偏大 0.4 mm，可在刀具补正画面的形状补正中，将对应刀具号的 X 方向刀偏量改小 0.2 mm。利用【输入】软键重新输入数据，或者利用【＋输入】软键修改原参数。

4. 数控车床的自动加工（现场操作）

常见的自动加工方式有全自动循环、机床锁住循环、倍率开关控制循环、机床空运转循环、单段执行循环等。对于初学者，应多使用单段执行循环，并将倍率开关打到最低处，便于边加工边分析，以避免某些错误。

加工前必须完成机床回零、程序输入、工件装夹、对刀的操作及进行图形模拟加工和程序试运行。

5. 图形模拟加工

图形模拟加工前，必须设定图形坐标，设定值和坐标的对应关系如图 4-14 所示。

(1) 按【CSTM/GR】功能键，显示绘图参数画面，如图 4-14 所示（如果不显示该画面，按【参数】软键）。

(2) 将光标移动到所需设定的参数处。

(3) 输入数据，然后按【INPUT】按键。

(4) 重复上述两步，直到设定完所有需要的参数。

(5) 将【方式选择】旋至【自动循环】。

(6) 按下【图形】软键，再按【EXEC】软键，此时机床开始图形模拟加工，并且在显示屏上绘出刀具的运动轨迹。图形可整体放大和局部放大。

(7) 为使原来图形消失，可按【ERASE】按键。

6. 自动加工

1) 选择存储器中程序自动运行操作方式

(1) 将【方式选择】旋至【自动】（或按【自动】按键）。

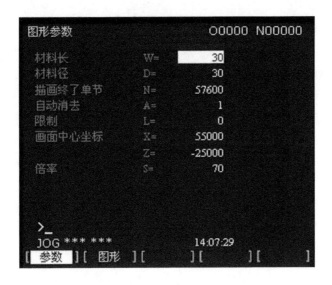

图 4-14 图形坐标系的设定

(2) 从存储的程序中选择一个程序,可按下面步骤进行选择:

① 按【PROG】按键;

② 输入 O;

③ 用数字键输入程序号,如 1101;

④ 按【O 检索】软键。

(3) 按机床操作面板上【循环启动】绿色按钮,自动运行启动,而且循环启动灯(LED)会点亮。当自动运行结束时,循环启动灯灭。

2) 机床锁住循环

机床锁住循环时,数控系统工作时,显示屏动态显示机床的运行情况,但不执行主轴进给、换刀、冷却液开关等动作。此功能可用于全自动循环加工前的程序调试。

3) 机床空运转循环

自动加工前,不要将工件或刀具装上机床,先进行机床空运转,以检查程序的正确性。空运转时的进给速度与程序无关,为系统设定值。

空运转操作步骤如下。

(1) 将【方式选择】旋至【自动】(或按【自动】按键)。

(2) 按机床控制面板上的【空运行】按键,机床快速移动,速度大小可用快速移动开关来改变。

4) 单段执行循环

在试切时,出于安全考虑,可选择单段方式执行加工程序。

单段运行程序步骤如下。

(1) 将【方式选择】旋至【单段运行】(或按【单段】按键),当前程序段被执行之后机床会停止移动。

(2) 按【循环启动】绿色按钮,执行下一个程序段,程序段执行完后机床停止移动。

(3) 直至加工程序结束或取消单程序段运行方式。

五、数控车床试切对刀加工实例

数控车床试切对刀加工实例如图 4-11 所示零件。

1. 数控机床的开机

机床在开机前,应先进行机床开机的检查。确认刀架、刀具、导轨、卡爪等没有问题后,先打开机床总电源,然后打开控制系统(NC)电源,此时显示屏上应出现机床的初始位置坐标。

2. 数控机床的回零操作

将【方式选择】旋至【参考点】(或按【会参考点】按键)。按【+X】按键,刀架沿 X 轴回到机床的机械零点;接着按【+Z】按键,刀架沿 Z 轴回到机床的机械零点。显示屏上的机械零点会出现零点标志,参考零点指示灯亮,表示机床已回到机床零点位置。

3. 安装刀具

根据加工程序需要,选定各有关刀具的刀具号,并将刀具装入刀架相应的刀槽内。1 号刀位为外圆刀,2 号刀位为切槽刀。

4. 装夹工件

用三爪卡盘夹紧工件,检查工件是否被夹紧,旋转时有无跳动。如没有夹紧或有跳动应重新装夹,直到符合要求为止。

5. 加工程序的输入与编辑

将【方式选择】旋至【编辑】(或按【编辑】按键)。按操作面板上【PROG】按键,将加工程序输入机床数控系统内,同时对程序进行编辑和修改。

6. 对刀及工件坐标系的建立

按操作面板上【OFS/SET】按键,进入参数设置状态。利用试切对刀法,将两把刀具的刀偏量 X、Z 依据工件坐标系的有关尺寸,输入到对应刀具号的【形状】补正画面中。

7. 图形模拟加工

(1) 按操作面板上【CRST/GR】按键,进入图形模拟加工状态。

(2) 在参数设置里,输入零件的有关参数,调整好图形的显示范围、倍率大小。

(3) 按【图形】软键,再按【EXEC】按键进行模拟加工。

如果加工路线有错,则回到加工程序编辑状态进行修改。修改后,再进行模拟加工,直到完全正确为止。

8. 自动加工

(1) 选择要执行的零件程序并指向程序头(光标在程序第一条语句)。

(2) 将【方式选择】旋至【自动】(或按【自动】按键),按下【循环启动】绿色按钮,使其自动运行。

(3) 在自动加工中,如遇突发事件,应立即按下【EMERGERY STOP】急停按钮。

9. 工件加工完毕

工件加工完毕后,程序结束,主轴停止转动。取下工件并擦洗干净,然后对工件进行全面检验,看是否符合图样要求;否则应修改程序及有关参数。

实训任务四　FANUC 0i 系统数控铣床试切对刀基本操作的综合实训

一、实训目的

熟悉工件在数控铣床上的装夹、找正、数控铣床对刀、参数设定及自动加工的步骤，提高操作数控铣床的专业技术能力。

二、实训要求

(1) 每个学生能独立完成数控铣床的对刀操作。
(2) 按实训的顺序要求，进行每个模块的考核，只有在完成前面模块的基础上才允许进行后面模块的实训。
(3) 在实训过程中，应遵守数控实训车间安全管理规定，遵守数控机床教学安全操作规程，有问题及时问指导老师。

三、实训条件

实训条件：FANUC 0i 数控系统铣床，$\phi 8 \sim \phi 12$ 铣刀，100 mm×100 mm×50 mm 的铝材方料。

四、实训的具体步骤与详细内容

对如图 4-12 所示零件进行对刀，对刀点为 100 mm×100 mm 方料中心点，零件上表面为 Z0 点。具体对刀步骤如下。
(1) 开机后，机床各轴先回零。
(2) 安装刀具、工件，启动主轴(若是刚开启机床，需要通过 MDI 方式。具体方法见"FANUC 0i 系统数控铣床控制面板基本操作的综合实训"实训的具体步骤与详细内容的第 4 步。若主轴初始化过，只需要按【主轴正转】或者【主轴反转】即可)。
(3) 将【方式选择】旋钮旋至【手轮】，在进行手轮操作时，必须同时按住手轮控制器左侧边的红色键，这样手轮手柄转动才有效。
(4) 利用手轮进行试切对刀，详见 4.2.4。

【思考题】

4-1　机床的开启、运行、停止有哪些注意事项？
4-2　急停机床主要有哪些方法？
4-3　机床回零的主要作用是什么？
4-4　MDI 运行的作用主要有哪些？怎样进行操作？
4-5　简述数控车、铣加工的步骤。

第 5 章 数控车床手工编程综合实训

5.1 华中数控 HNC-21T 系统编程指令代码及编程格式

5.1.1 G 代码功能及编程格式

HNC-21T 系统 G 代码功能及编程格式见表 5-1。

表 5-1 HNC-21T 系统 G 代码功能及编程格式

G 代码	组	功 能	格 式
G00	01	快速定位	G00 X(U)_ Z(W)_ X,Z:绝对编程时,快速定位终点在工件坐标系中的坐标 U,W:增量编程时,快速定位终点相对于起点的位移量
G01	01	直线插补	G01 X(U)_Z(W)_F_ X,Z:绝对编程时,终点在工件坐标系中的坐标 U,W:增量编程时,终点相对于起点的位移量 F:合成进给速度
G01	01	倒角加工	G01 X(U)_Z(W)_C_ G01 X(U)_Z(W)_R_ X,Z:绝对编程时,为未倒角前两相邻程序段轨迹的交点 G 的坐标值 U,W:增量编程时,为 G 点相对于起始直线轨迹的始点 A 点的移动距离 C:倒角终点 C,相对于相邻两直线的交点 G 的距离 R:倒角圆弧的半径值

续表

G代码	组	功 能	格 式
G02	01	顺圆插补	G02 X(U)_Z(W)_ $\begin{Bmatrix} I\_K\_ \\ R\_ \end{Bmatrix}$ F_ X,Z：绝对编程时，圆弧终点在工件坐标系中的坐标 U,W：增量编程时，圆弧终点相对于圆弧起点的位移量 I,K：圆心相对于圆弧起点的增加量，在绝对、增量编程时都 　　以增量方式指定；在直径、半径编程时，I 都是半径值 R：圆弧半径 F：被编程的两个轴的合成进给速度
G03	01	逆圆插补	同上
G02/G03	01	倒角加工	G02(G03)X(U)_Z(W)_R_RL=_ G02(G03)X(U)_Z(W)_R_RC=_ X,Z：绝对编程时，为未倒角前圆弧终点 G 的坐标值 U,W：增量编程时，为 G 点相对于圆弧始点 A 点的移动距 　　离 R：圆弧半径值 RL=：倒角终点 C，相对于未倒角前圆弧终点 G 的距离 RC=：倒角圆弧的半径值
G04	00	暂停	G04P_ P：暂停时间，单位为 s
G20 G21	08	英寸输入 毫米输入	G20X_Z_ 同上
G28 G29	00	返回参考点 由参考点返回	G28 X_Z_ G29 X_Z_
G32	01	螺纹切削	G32 X(U)_Z(W)_R_E_P_F_ X,Z：绝对编程时，有效螺纹终点在工件坐标系中的坐标 U,W：增将编程时，有效螺纹终点相对于螺纹切削起点的位 　　移量 F：螺纹导程，即主轴每转一圈，刀具相对于工件的进给量 R,E：螺纹切削的退尾量，R 表示 Z 向退尾量；E 表示 X 向 　　退尾量 P：主轴基准脉冲楚距离螺纹切削起点的主轴转角
G36 G37	17	直径编程 半径编程	

续表

G代码	组	功能	格式
G40 G41 G42	09	刀尖半径 补偿取消 左刀补 右刀补	G40 G00(G01)X_Z_ G41 G00(G01)X_Z_ G42 G00(G01)X_Z_ X,Z为建立刀补或取消刀补的终点,G41/G42的参数由T代码指定
G54 G55 G56 G57 G58 G59	11	坐标系选择	
G71	06	内（外）径粗车复合循环（无凹槽加工时） 内（外）径粗车复合循环（有凹槽加工时）	G71U(Δd)R(r)P(ns)Q(nf)X(Δx)Z(Δz)F(f)S(s)T(t) G71U(Δd)R(r)P(ns)Q(nf)E(e)F(f)S(s)T(t) Δd:切削深度（每次切削量），指定时不加符号。 r:每次退刀量 ns:精加工路径第一程序段的顺序号 nf:精加工路径最后程序段的顺序号 Δx:X方向精加工余量 Δz:Z方向精加工余量 f,s,t:粗加工时 G71 中编程的 F,S,T 有效,而精加工时处于 ns 到 nf 程序段之间的 F,S,T 有效 e:精加工余量,其为 X 方向的等高距离;外径切削时为正,内径切削时为负
G72	06	端面粗车 复合循环	G72W(Δd)R(r)P(ns)Q(nf)X(Δx)Z(Δz)F(f)S(s)T(t) 参数含义同上
G73	06	闭环车削 复合循环	G73U(ΔI)W(ΔK)R(r)P(ns)Q(nf)X(Δx)Z(Δz)F(f)S(s)T(t) ΔI:X方向的粗加工总余量 ΔK:Z方向的粗加工总余量 r:粗切削次数 ns:精加工路径第一程序段的顺序号 nf:精加工路径最后程序段的顺序号 Δx:X方向精加工余量 Δz:Z方向精加工余量 f,s,t:粗加工时 G71 种编程的 F,S,T 有效,而精加工时处于 ns 到 nf 程序段之间的 F,S,T 有效

续表

G 代码	组	功 能	格 式
G76	06	螺纹切削 复合循环	G76 C(c) R(r) E(e) A(a) X(x) Z(z) I(i) K(k) U(d) V(Δdmin) Q(Δd) P(p) F(L) c：精整次数(1～99)为模态值 r：螺纹 Z 方向退尾长度(00～99)为模态值 e：螺纹 X 方向退尾长度(00～99)为模态值 a：刀尖角度(两位数字)为模态值；在 80,60,55,30,29,0 六个角度中选一个 x,z：绝对编程时为有效螺纹终点的坐标 　　　增量编程时为有效螺纹终点相对于循环起点的有向距离 i：螺纹两端的半径差 k：螺纹高度 Δdmin：最小切削深度 d：精加工余量(半径值) Δd：第一次切削深度(半径值) P：主轴基准脉冲处距离切削起始点的主轴转角 L：螺纹导程
G80	06	圆柱面内(外) 径切削循环 圆锥面内(外) 径切削循环	G80 X_Z_F_ G80 X_Z_I_F_ I：切削起点 B 与切削终点 C 的半径差
G81	06	端面车削循环 锥面车削循环	G81 X(U)_Z(W)_F_ G81 X(U)_Z(W)_R_F_ K：切削起点 B 与切削终点 C 的 Z 向有向距离
G82	06	直螺纹切削循环 锥螺纹切削循环	G82 X_Z_R_E_C_P_F_ G82 X_Z_I_R_E_C_P_F_ R,E：螺纹切削的退尾量，R,E 均为向量，R 为 Z 方向回退量，E 为 X 方向回退量，R,E 可以省略，表示不用回退功能 C：螺纹头数，为 0 或 1 时切削单头螺纹 P：单头螺纹切削时，为主轴基准脉冲处距离切削起始点的主轴转角(缺省值为 0)；多头螺纹切削时，为相邻螺纹头的切削起始点之间对应的主轴转角 F：螺纹导程 I：螺纹起点 B 与螺纹终点 C 的半径差

续表

G 代码	组	功　能	格　式
G94 G95	14	每分钟进给速率 每转进给	G94 F_ G95 F_ F:进给速度
G96 G97	16	恒线速度切削有效 恒线速度切削取消	G96 S_ G97 S_ S:G96 后面的 S 值为切削的恒定线速度,单位为 m/min； G97 后面的 S 值取消恒线速度后,指定的主轴转速,单位 为 r/min;如缺省,则为执行 G97 指令前的主轴转速度

5.1.2 M 代码功能及编程格式

HNC-21T 系统 M 代码功能及编程格式见表 5-2。

表 5-2　HNC-21T 系统 M 代码功能及编程格式

代　码	意　义	格　式
M00	程序停止	
M02	程序结束	
M03	主轴正转启动	
M04	主轴反转启动	
M05	主轴停止转动	
M08	切削液开启(车)	
M09	切削液关闭	
M30	结束程序运行且返回程序开头	
M98	子程序调用	M98 PnnnnL×× 调用程序号为 Onnnn 的程序××次
M99	子程序结束	子程序格式： Onnnn … … … … M99

5.2 FANUC 0i-T 系统编程指令代码及编程格式

5.2.1 G 代码功能及编程格式

FANUC 0i-T 系统 G 代码功能及编程格式见表 5-3。

表 5-3　FANUC 0i-T 系统 G 代码功能及编程格式

G 代码	组	功　能	格　式
G00	01	快速定位	G00 X(U)_ Z(W)_ X,Z:绝对编程时,快速定位终点在工件坐标系中的坐标 U,W:增量编程时,快速定位终点相对于起点的位移量
G01	01	直线插补	G01 X(U)_Z(W)_F_ X,Z:绝对编程时,终点在工件坐标系中的坐标 U,W:增量编程时,终点相对于起点的位移量 F:合成进给速度
G02	01	顺圆插补	G02 X(U)_Z(W)_$\left\{\begin{array}{l}I\_K\_\\ R\_\end{array}\right\}$F_ X,Z:圆弧终点在工件坐标系中的坐标 U,W:圆弧终点相对于圆弧起点的位移量 I,K:圆心相对于圆弧起点的增加量,在绝对、增量编程时都以增量方式指定;在直径、半径编程时 I 都是半径值 R:圆弧半径 F:被编程的两个轴的合成进给速度
G03	01	逆圆插补	同上
G04	00	暂停	G04 P_ G04 X_ P:暂停时间,单位为 ms X:暂停时间,单位为 s
G20 G21	06	英寸输入 毫米输入	G20 X_Z_ G21 X_Z_
G28 G29	00	返回参考点 由参考点返回	G28 X_Z_ G29 X_Z_

续表

G代码	组	功能	格式
G32	01	螺纹切削	G32 X(U)_ Z(W)_ F_ Q_ X,Z:有效螺纹终点在工件坐标系中的坐标 U,W:有效螺纹终点相对于螺纹切削起点的位移量 F:螺纹导程,即主轴每转一圈,刀具相对于工件的进给量 Q:螺纹起始角,该值为不带小数点的非模态值,单位为 0.001°
G36 G37	17	直径编程 半径编程	
G40 G41 G42	07	刀尖半径 补偿取消 左刀补 右刀补	G40 G00(G01)X_Z_ G41 G00(G01)X_Z_ G42 G00(G01)X_Z_ X,Z 为建立刀补或取消刀补的终点,G41/G42 的参数由 T 代码指定
G54 G55 G56 G57 G58 G59	14	坐标系选择	
G70	00	精车固定循环	G70 P(ns)Q(nf) ns:精加工路径第一程序段的顺序号 nf:精加工路径最后程序段的顺序号
G71	00	内(外)径粗车 复合循环	G71 U(Δd)R(e) G71 P(ns)Q(nf)U(Δu)Z(Δw)F(f)S(s)T(t) Δd:切削深度(每次切削量),指定时不加符号。 e:每次退刀量 ns:精加工路径第一程序段的顺序号 nf:精加工路径最后程序段的顺序号 Δu:X 方向精加工余量 Δw:Z 方向精加工余量 f,s,t:粗加工时 G71 中编程的 F,S,T 有效,而精加工时处于 ns 到 nf 程序段之间的 F,S,T 有效
G72	00	端面粗车 复合循环	G72 W(Δd)R(e) G72 P(ns)Q(nf)X(Δx)Z(Δz)F(f)S(s)T(t) 参数含义同上

续表

G代码	组	功 能	格 式
G73	00	闭环车削 复合循环	G73 U(ΔI) W(ΔK) R(d) G73 P(ns) Q(nf) U(Δu) W(Δw) F(f) S(s) T(t) ΔI：X方向的粗加工总余量 ΔK：Z方向的粗加工总余量 d：粗切削次数 ns：精加工路径第一程序段的顺序号 nf：精加工路径最后程序段的顺序号 Δu：X方向精加工余量 Δw：Z方向精加工余量 f,s,t：粗加工时G71种编程的F,S,T有效,而精加工时处于ns到nf程序段之间的F,S,T有效
G76	00	螺纹切削 复合循环	G76 P(m)(r)(α) Q(Δd_{min}) R(d) G76 X(U) Z(W) R(i) P(k) Q(Δd) F(f) m：精加工重复次数(1～99) r：倒角值(0.01F～9.9F,系数应为0.1的整数倍,用00～99间的两位整数表示,F为导程) α：刀尖角度,可选择80°,60°,55°,30°,29°,0°,用2位数指定 a：刀尖角度(两位数字)为模态值；在80,60,55,30,29,0六个角度中选一个 Δd_{min}：最小切削深度 d：精加工余量 X(U),Z(W)：终点坐标 i：螺纹部分的半径差 k：螺牙高度 Δd：第一次切削深度(半径值) f：螺纹导程
G90	01	圆柱面内(外) 径切削循环 圆锥面内(外) 径切削循环	G90 X(U)_Z(W)_ F_ G90 X(U)_Z(W)_R_F_ R：切削起点B与切削终点C的半径差
G92	01	直螺纹切削循环 锥螺纹切削循环	G92 X(U)_Z(W)_ F_ G92 X(U)_Z(W)_R_F_ X,Z：有效螺纹终点在工件坐标系中的坐标 U,W：有效螺纹终点相对于螺纹切削起点的位移量 F：螺纹导程,即主轴每转一圈,刀具相对于工件的进给量 R：圆锥螺纹切削起点与切削终点的半径差

续表

G 代码	组	功　能	格　式
G94	01	端面车削循环 锥面车削循环	G94 X(U)_Z(W)_F_ G94 X(U)_Z(W)_R_F_ R：切削起点 B 与切削终点 C 的 Z 向有向距离
G96 G97	05	恒线速度切削有效 恒线速度切削取消	G96 S_ G97 S_ S：G96 后面的 S 值为切削的恒定线速度，单位为 m/min； G97 后面的 S 值取消恒线速度后，指定的主轴转速，单位为 r/min；如缺省，则为执行 G97 指令前的主轴转速度
G98 G99	02	每分钟进给速率 每转进给	G98 F_ G99 F_ F：进给速度

5.2.2　M 代码功能及编程格式

FANUC 0i-T 系统 M 代码功能及编程格式见表 5-4。

表 5-4　FANUC 0i-T 系统 M 代码功能及编程格式

代　码	意　义	格　式
M00	程序停止	
M02	程序结束	
M03	主轴正转启动	
M04	主轴反转启动	
M05	主轴停止转动	
M08	切削液开启（车）	
M09	切削液关闭	
M30	结束程序运行且返回程序开头	
M98	子程序调用	M98 PnnnnL×× 调用程序号为 Onnnn 的程序×× 次
M99	子程序结束	子程序格式： Onnnn … … … … M99

5.3 数控综合实训

实训任务一 G00、G01等简单指令数控编程的综合实训

【例 5-1】 如图 5-1 所示,用 G00、G01 指令,分粗、精加工简单圆柱零件,按照数控工艺要求,分析加工工艺及编写加工程序。

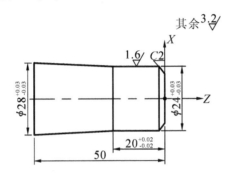

图 5-1 G00、G01 等简单指令数控编程实训

一、实训目的

(1) 培养学生根据轴类零件图进行轴类零件数控加工编程的能力。
(2) 了解轴类零件数控加工的基本工艺过程。
(3) 掌握 G00、G01 指令的编程方法。
(4) 熟悉游标卡尺的使用。

二、实训要求

(1) 选用合理的刀具和切削用量,加工方案及加工路线正确,工序安排合理,程序科学正确。
(2) 正确操作机床,加工的零件尺寸符合图纸要求。
(3) 遵守安全操作规程。

三、实训条件

实训条件:数控车床、装拆工件专用扳手、装拆刀具专用扳手、垫片若干、铜皮若干、90°硬质合金外圆车刀、4 mm 宽切断刀、游标卡尺、Q235 的 $\phi35$ mm 的圆钢。

四、实训的具体步骤与详细内容

1. 工艺分析

（1）刀具的选择。选用90°硬质合金外圆车刀车外形，用4 mm宽切断刀切断。

（2）零件装夹方案的确定。零件的外形较为简单，可采用三爪自定心卡盘装夹。

（3）加工工序安排。该零件由外圆柱面组成，其几何形状为圆柱形的轴类零件，零件径向尺寸与轴向尺寸都有精度要求，表面粗糙度Ra为3.2 μm，需要采用粗加工和精加工。工件坐标系原点选择在工件右端面中心，坐标系如图5-1所示。根据零件图拟定加工工序，具体如下。

① 选用90°硬质合金外圆车刀平端面。

② 选用90°硬质合金外圆车刀粗车外圆柱面，留0.5 mm的加工余量。

③ 选用90°硬质合金外圆车刀精车外圆柱面。

④ 选用4 mm宽切断刀切断。

2. 数控加工工序卡片

数控加工工序卡片见表5-5。

表5-5 数控加工工序卡片1

工厂名称	数控加工工序卡片	产品及型号	零件名称	零件图号	材料名称	材料牌号	第　页	共　页
					钢	Q235		
工序号	工序名称	程序编号	夹具名称	夹具编号	设备名称	设备型号	设备规格	加工车间
			三爪自定心卡盘		数控车床			实训中心
工步号	工步内容	刀具名称	刀具号	主轴转速/(r/min)	进给量/(mm/min)	背吃刀量/mm	备注	
1	平端面	90°硬质合金外圆车刀	01	1000	100	1	手动	
2	外圆柱面粗车	90°硬质合金外圆车刀	01	1000	100	2	留0.5 mm余量	
3	外圆柱面精车	90°硬质合金外圆车刀	01	1000	80	0.5		
4	切断	4 mm宽切断刀	02	400	40			
编制		抄写		校对		审核		批准

3. 加工程序

1) 华中数控系统 HNC-21T

%5001

N1   T0101(设立坐标系,选一号刀)

N2   M03 S1000 M08(主轴正转,转速 1000 r/min,冷却液开)

N3   G00 X100 Z100(定义起点的位置)

N4   X31 Z3(移到靠近工件位置)

N5   G01 Z−50 F100(以 100 mm/min 的速度加工 ϕ31 mm 外圆)

N6   G00 X36(离开工件)

N7   Z3

N8   X28

N9   G01 Z−50 F100(以 100 mm/min 的速度加工 ϕ28 mm 外圆)

N10   G00 X36(离开工件)

N11   Z3

N12   X25

N13   G01 Z−20 F100(以 100 mm/min 的速度加工 ϕ25 mm 外圆)

N14   G00 X36(离开工件)

N15   Z3

N16   X20

N17   G01 Z0 F80

N18   X24 Z−2(精加工倒 45°角)

N19   Z−20(精加工 ϕ24 mm 外圆)

N20   X28 Z−50(精加工锥面)

N21   G00 X36(离开工件)

N22   X100 Z100(回对刀点)

N23   T0202(设立坐标系,选二号刀)

N24   M03 S400(主轴正转,转速 400 r/min)

N25   G00 X100 Z100(定义起点的位置)

N26   X38 Z−50(移到切断位置)

N27   G01 X−1 F40(切断)

N28   G00 X36(离开工件)

N29   X100 Z100(回对刀点)

N30   M09 M05(冷却液关,主轴停)

N31   M30(主程序结束并复位)

2) FANUC 0i-T 数控系统

将 HNC 程序略作修改即可,修改如下。

(1) 改程序头,将地址符"％"改为"O"。

(2) 坐标值中整数值后需要加点号,小数值不需要,如 G00 X−10. Y2.5。

(3) 每行程序结束时后面加上分号,如 G00 X100 Z100;。

(4) 进给速度 F 指令的数值单位应换算成 mm/r。

实训任务二　G02、G03 等简单指令数控编程的综合实训

【例 5-2】 如图 5-2 所示,用圆弧插补指令 G02、G03 分粗、精加工简单圆柱零件,按照数控工艺要求,分析加工工艺及编写加工程序。

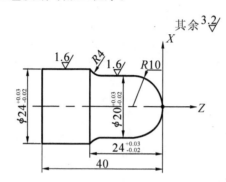

图 5-2　G02、G03 等简单指令数控编程实训

一、实训目的

(1) 培养学生根据轴类零件图进行轴类零件数控加工编程的能力。
(2) 了解轴类零件数控加工的基本工艺过程。
(3) 掌握 G02、G03 指令的编程方法。
(4) 熟悉游标卡尺的使用。

二、实训要求

(1) 选用合理的刀具和切削用量,加工方案及加工路线正确,工序安排合理,程序科学正确。
(2) 正确操作机床,加工的零件尺寸符合图纸要求。
(3) 遵守安全操作规程。

三、实训条件

实训条件:数控车床、装拆工件专用扳手、装拆刀具专用扳手、垫片若干、铜皮若干、90°硬质合金外圆车刀、4 mm 宽切断刀、游标卡尺、Q235 的 ϕ35 mm 的圆钢。

四、实训的具体步骤与详细内容

1. 工艺分析

(1) 刀具的选择。选用 90°硬质合金外圆车刀车外形,用 4 mm 宽切断刀切断。

(2) 零件装夹方案的确定。零件的外形较为简单,可采用三爪自定心卡盘装夹。

(3) 加工工序安排。该零件由外圆柱面组成,其几何形状为圆柱形的轴类零件,零件径向尺寸与轴向尺寸都有精度要求,表面粗糙度 Ra 为 3.2 μm,需要采用粗加工和精加工。工件坐标系原点选择在工件右端面中心,坐标系如图 6-2 所示。根据零件图拟定加工工序,具体如下。

① 选用 90°硬质合金外圆车刀平端面。
② 选用 90°硬质合金外圆车刀粗车外圆柱面,留 0.5 mm 余量。
③ 选用 90°硬质合金外圆车刀精车外圆柱面。
④ 选用 4 mm 宽切断刀切断。

2. 数控加工工序卡片

数控加工工序卡片见表 5-6。

表 5-6 数控加工工序卡片 2

工厂名称	数控加工工序卡片	产品及型号	零件名称	零件图号	材料名称	材料牌号	第 页	共 页
					钢	Q235		
工序号	工序名称	程序编号	夹具名称	夹具编号	设备名称	设备型号	设备规格	加工车间
			三爪自定心卡盘		数控车床			实训中心
工步号	工步内容	刀具名称	刀具号	主轴转速/(r/min)	进给量/(mm/min)	背吃刀量/mm	备注	
1	平端面	90°硬质合金外圆车刀	01	1000	100	1	手动	
2	外圆柱面粗车	90°硬质合金外圆车刀	01	1000	100	2	留 0.5 mm 余量	
3	外圆柱面精车	90°硬质合金外圆车刀	01	1000	80	0.5		
4	切断	4 mm 宽切断刀	02	400	40			
编制		抄写		校对		审核		批准

3. 加工程序

1) 华中数控系统 HNC-21T

%5002

N1　T0101(设立坐标系,选一号刀)

N2　M03 S1000 M08(主轴正转,转速 1000 r/min,冷却液开)

N3　G00 X100 Z100(定义起点的位置)

N4　X0 Z3(移到靠近工件位置)

N5　G01 X0 Z0 F100(移到工件原点位置)

N6　G03 X31 Z−15.5 R15.5(加工 R15.5 圆弧)

N7　G01 Z−33(加工 ϕ31 mm 外圆)

N8 G00 X36(离开工件)
N9 Z3
N10 X0
N11 G01 Z0 F80(移到工件原点位置)
N12 G03 X30 Z－15 R15(精加工 R15 圆弧)
N13 G01 Z－33(精加工 φ30 mm 外圆)
N14 G02 X34 Z－35 R2(精加工倒 R2 角)
N15 G01 Z－50(精加工 φ34 mm 外圆)
N16 G00 X36(离开工件)
N17 X100 Z100(回对刀点)
N18 T0202(设立坐标系,选二号刀)
N19 M03 S400(主轴正转)
N20 G00 X100 Z100(定义起点的位置)
N21 X38 Z－50(移到切断位置)
N22 G01 X－1 F40(切断)
N23 G00 X36(离开工件)
N24 X100 Z100(回对刀点)
N35 M09 M05(冷却液关,主轴停)
N36 M30(主程序结束并复位)

2) FANUC 0i-T 数控系统

将 HNC 程序略作修改即可,修改如下。

(1) 改程序头,将地址符"％"改为"O"。

(2) 坐标值中整数值后需要加点号,小数值不需要,如 G00 X－10.Y2.5。

(3) 每行程序结束时后面加上分号,如 G00 X100 Z100;。

(4) 进给速度 F 指令的数值单位应换算成 mm/r。

实训任务三 圆柱面车削单一循环指令数控编程的综合实训

【例 5-3】 如图 5-3 所示,用 G80 指令分粗、精加工简单圆柱零件,按照数控工艺要求,分析加工工艺及编写加工程序。

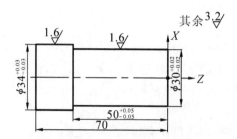

图 5-3 圆柱面车削单一循环指令数控编程实训

第5章 数控车床手工编程综合实训

一、实训目的

(1) 培养学生根据轴类零件图进行轴类零件数控加工编程的能力。

(2) 了解轴类零件数控加工的基本工艺过程。

(3) 掌握 G80 指令的编程方法。

(4) 熟悉游标卡尺的使用。

二、实训要求

(1) 选用合理的刀具和切削用量,加工方案及加工路线正确,工序安排合理,程序科学正确。

(2) 正确操作机床,加工的零件尺寸符合图纸要求。

(3) 遵守安全操作规程。

三、实训条件

实训条件:数控车床、装拆工件专用扳手、装拆刀具专用扳手、垫片若干、铜皮若干、90°硬质合金外圆车刀、4 mm 宽切断刀、游标卡尺、材质为 Q235 的 $\phi40$ mm 的圆钢。

四、实训的具体步骤与详细内容

1. 工艺分析

(1) 刀具的选择。选用 90°硬质合金外圆车刀车外形,用 4 mm 宽切断刀切断。

(2) 零件装夹方案的确定。零件的外形较为简单,可采用三爪自定心卡盘装夹。

(3) 加工工序安排。该零件由外圆柱面组成,其几何形状为圆柱形的轴类零件,零件径向尺寸与轴向尺寸都有精度要求,表面粗糙度 Ra 为 3.2 μm,需要采用粗加工和精加工。工件坐标系原点选择在工件右端面中心,坐标系如图 5-3 所示。根据零件图拟定加工工序,具体如下。

① 选用 90°硬质合金外圆车刀平端面。

② 选用 90°硬质合金外圆车刀粗车外圆柱面,留 0.5 mm 余量。

③ 选用 90°硬质合金外圆车刀精车外圆柱面。

④ 选用 4 mm 宽切断刀切断。

2. 数控加工工序卡片

数控加工工序卡片见表 5-7。

表 5-7 数控加工工序卡片 3

工厂名称	数控加工工序卡片	产品及型号	零件名称	零件图号	材料名称	材料牌号	第 页	共 页
					钢	Q235		
工序号	工序名称	程序编号	夹具名称	夹具编号	设备名称	设备型号	设备规格	加工车间
			三爪自定心卡盘		数控车床			实训中心
工步号	工步内容	刀具名称	刀具号	主轴转速/(r/min)	进给量/(mm/min)	背吃刀量/mm	备注	
1	平端面	90°硬质合金外圆车刀	01	1000	100	1	手动	
2	外圆柱面粗车	90°硬质合金外圆车刀	01	1000	100	2.5	留 0.5 mm 余量	
3	外圆柱面精车	90°硬质合金外圆车刀	01	1000	80	0.5		
4	切断	4 mm 宽切断刀	02	400	40			
编制	抄写		校对		审核		批准	

3. 加工程序

1) 华中数控系统 HNC-21T

%5003

N1   T0101（设立坐标系，选一号刀）

N2   M03 S1000 M08（主轴正转，转速 1000 r/min，冷却液开）

N3   G00 X100 Z100（定义起点的位置）

N4   X42 Z3（定义循环起点）

N5   G80 X35 Z−70 F100（加工第一次循环，进给速度 100 mm/min，吃刀深 2.5 mm）

N6   G80 X31 Z−50（加工第二次循环，吃刀深 2 mm）

N7   G00 X36（离开工件）

N8   Z3

N9   X30

N10 G01 Z−50 F80（以 80 mm/min 的速度精加工 ϕ30 mm 外圆）

N11 X34

N12 Z−70（精加工 ϕ34 mm 外圆）

N13 G00 X36（离开工件）

N14 X100 Z100（回对刀点）

N15 T0202（设立坐标系，选二号刀）

N16 M03 S400（主轴正转，转速 400 r/min）

N17 G00 X100 Z100（定义起点的位置）

N18   X42 Z-70(移到切断位置)
N19   G01 X-1 F40(切断)
N20   G00 X36(离开工件)
N21   X100 Z100(回对刀点)
N22   M09 M05(冷却液关,主轴停)
N23   M30(主程序结束并复位)

2) FANUC 0i-T 数控系统

将 HNC 程序略作修改即可,修改如下。

(1) 改程序头,将地址符"％"改为"O"。
(2) 坐标值中整数值后需要加点号,小数值不需要,如 G00 X-10. Y2.5。
(3) 每行程序结束时后面加上分号,如 G00 X100 Z100;。
(4) 进给速度 F 指令的数值单位应换算成 mm/r。
(5) 程序中的"G80"指令应改为"G90"。

实训任务四　圆锥面车削单一循环指令数控编程的综合实训

【例 5-4】　如图 5-4 所示,用 G80 指令分粗、精加工圆柱零件,按照数控工艺要求,分析加工工艺及编写加工程序。

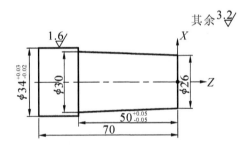

图 5-4　圆锥面车削单一循环指令数控编程实训

一、实训目的

(1) 培养学生根据轴类零件图进行轴类零件数控加工编程的能力。
(2) 了解轴类零件数控加工的基本工艺过程。
(3) 掌握 G80 指令的编程方法。
(4) 熟悉游标卡尺的使用。

二、实训要求

(1) 选用合理的刀具和切削用量,加工方案及加工路线正确,工序安排合理,程序科学正确。
(2) 正确操作机床,加工的零件尺寸符合图纸要求。

(3) 遵守安全操作规程。

三、实训条件

实训条件:数控车床、装拆工件专用扳手、装拆刀具专用扳手、垫片若干、铜皮若干、90°硬质合金外圆车刀、4 mm 宽切断刀、游标卡尺、材质为 Q235 的 $\phi 35$ mm 的圆钢。

四、实训的具体步骤与详细内容

1. 工艺分析

(1) 刀具的选择。选用 90°硬质合金外圆车刀车外形,用 4 mm 宽切断刀切断。
(2) 零件装夹方案的确定。零件的外形较为简单,可采用三爪自定心卡盘装夹。
(3) 加工工序安排。该零件由外圆柱面组成,其几何形状为圆柱形的轴类零件,零件径向尺寸与轴向尺寸都有精度要求,表面粗糙度 Ra 为 3.2 μm,需要采用粗加工和精加工。工件坐标系原点选择在工件右端面中心,坐标系如图 5-4 所示。根据零件图拟定加工工序,具体如下。

① 选用 90°硬质合金外圆车刀平端面。
② 选用 90°硬质合金外圆车刀粗车外圆柱面,留 0.5 mm 余量。
③ 选用 90°硬质合金外圆车刀精车外圆柱面。
④ 选用 4 mm 宽切断刀切断。

2. 数控加工工序卡片

数控加工工序卡片见表 5-8。

表 5-8 数控加工工序卡片 4

工厂名称	数控加工工序卡片	产品及型号	零件名称	零件图号	材料名称	材料牌号	第 页	共 页
					钢	Q235		
工序号	工序名称	程序编号	夹具名称	夹具编号	设备名称	设备型号	设备规格	加工车间
			三爪自定心卡盘		数控车床			实训中心
工步号	工步内容	刀具名称	刀具号	主轴转速/(r/min)	进给量/(mm/min)	背吃刀量/mm	备注	
1	平端面	90°硬质合金外圆车刀	01	1000	100	1	手动	
2	外圆柱面粗车	90°硬质合金外圆车刀	01	1000	100	2	留 0.5 mm 余量	
3	外圆柱面精车	90°硬质合金外圆车刀	01	1000	80	0.5		
4	切断	4 mm 宽切断刀	02	400	40			
编制		抄写		校对		审核		批准

3. 加工程序

1) 华中数控系统 HNC-21T

%5004

N1　T0101(设立坐标系,选一号刀)

N2　M03 S1000 M08(主轴正转,转速 1000 r/min,冷却液开)

N3　G00 X100 Z100(定义起点的位置)

N4　X42 Z5(定义循环起点)

N5　G80 X33 Z−50 I−2.2 F100(加工第一次循环,吃刀深 2 mm)

N6　G80 X31 Z−50 I−2.2(加工第二次循环,吃刀深 2 mm)

N7　G00 X36(离开工件)

N8　Z3

N9　G01 X26 Z0 F80

N10　X30 Z−50(精加工锥面)

N11　X34

N12　Z−70(精加工 ϕ34 mm 外圆)

N13　G00 X36(离开工件)

N14　X100 Z100(回对刀点)

N15　T0202(设立坐标系,选二号刀)

N16　M03 S400(主轴正转,转速 400 r/min)

N17　G00 X100 Z100(定义起点的位置)

N18　X38 Z−70(移到切断位置)

N19　G01 X−1 F40(切断)

N20　G00 X36(离开工件)

N21　X100 Z100(回对刀点)

N22　M09 M05(冷却液关,主轴停)

N23　M30(主程序结束并复位)

2) FANUC 0i-T 数控系统

将 HNC 程序略作修改即可,修改如下。

(1) 改程序头,将地址符"%"改为"O"。

(2) 坐标值中整数值后需要加点号,小数值不需要,如 G00 X−10.Y2.5。

(3) 每行程序结束时后面加上分号,如 G00 X100 Z100;。

(4) 进给速度 F 指令的数值单位应换算成 mm/r。

(5) 程序中的"G80 X_ Z_ I_"应改为"G80 X_ Z_ R_"。

实训任务五　平面端面车削单一循环指令数控编程的综合实训

【例 5-5】　如图 5-5 所示,用 G81 指令分粗、精加工简单圆柱零件,按照数控工艺要求,

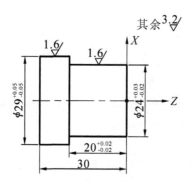

图 5-5　平面端面车削单一循环指令数控编程实训

分析加工工艺及编写加工程序。

一、实训目的

(1) 培养学生根据轴类零件图进行轴类零件数控加工编程的能力。
(2) 了解轴类零件数控加工的基本工艺过程。
(3) 掌握 G81 指令的编程方法。
(4) 熟悉游标卡尺的使用。

二、实训要求

(1) 选用合理的刀具和切削用量,加工方案及加工路线正确,工序安排合理,程序科学正确。
(2) 正确操作机床,加工的零件尺寸符合图纸要求。
(3) 遵守安全操作规程。

三、实训条件

实训条件:数控车床、装拆工件专用扳手、装拆刀具专用扳手、垫片若干、铜皮若干、90°硬质合金外圆车刀、4 mm 宽切断刀、游标卡尺、Q235 的 $\phi30$ mm 的圆钢。

四、实训的具体步骤与详细内容

1. 工艺分析

(1) 刀具的选择。选用 90°硬质合金外圆车刀车外形,用 4 mm 宽切断刀切断。
(2) 零件装夹方案的确定。零件的外形较为简单,可采用三爪自定心卡盘装夹。
(3) 加工工序安排。该零件由外圆柱面组成,其几何形状为圆柱形的轴类零件,零件径向尺寸与轴向尺寸都有精度要求,表面粗糙度 Ra 为 3.2 μm,需要采用粗加工和精加工。工件坐标系原点选择在工件右端面中心,坐标系如图 5-5 所示。根据零件图拟定加工工序,具体如下。

① 选用90°硬质合金外圆车刀平端面。
② 选用90°硬质合金外圆车刀粗车外圆柱面，留 0.5 mm 余量。
③ 选用90°硬质合金外圆车刀精车外圆柱面。
④ 选用 4 mm 宽切断刀切断。

2. 数控加工工序卡片

数控加工工序卡片见表5-9。

表 5-9 数控加工工序卡片 5

工厂名称	数控加工工序卡片	产品及型号	零件名称	零件图号	材料名称	材料牌号	第 页	共 页
					钢	Q235		
工序号	工序名称	程序编号	夹具名称	夹具编号	设备名称	设备型号	设备规格	加工车间
			三爪自定心卡盘		数控车床			实训中心
工步号	工步内容	刀具名称	刀具号	主轴转速/(r/min)	进给量/(mm/min)	背吃刀量/mm	备注	
1	平端面	90°硬质合金外圆车刀	01	1000	100	1	手动	
2	外圆柱面粗车	90°硬质合金外圆车刀	01	1000	100	3	留 0.5 mm 余量	
3	外圆柱面精车	90°硬质合金外圆车刀	01	1000	80	0.5		
4	切断	4 mm 宽切断刀	02	400	40			
编制		抄写		校对		审核		批准

3. 加工程序

1) 华中数控系统 HNC-21T

%5005

N1   T0101（设立坐标系,选一号刀）

N2   M03 S1000 M08（主轴正转,转速 1000 r/min,冷却液开）

N3   G00 X100 Z100（定义起点的位置）

N4   X32 Z2（定义循环起点）

N5   G81 X25 Z−3 F100（加工第一次循环,吃刀深 3 mm）

N6   G81 X25 Z−6（每次吃刀深度均为 3 mm）

N7   G81 X25 Z−9

N8   G81 X25 Z−12

N9   G81 X25 Z−15

N10 G81 X25 Z−18

N11 G81 X25 Z−20

N12 G01 X24 Z3 F80
N13 Z-20(精加工 φ24 mm 外圆)
N14 X29
N15 Z-30(精加工 φ29 mm 外圆)
N16 G00 X36(离开工件)
N17 X100 Z100(回对刀点)
N18 T0202(设立坐标系,选二号刀)
N19 M03 S400(主轴正转,转速 400 r/min)
N20 G00 X100 Z100(定义起点的位置)
N21 X32 Z-30(移到切断位置)
N22 G01 X-1 F40(切断)
N23 G00 X36(离开工件)
N24 X100 Z100(回对刀点)
N25 M09 M05(冷却液关,主轴停)
N26 M30(主程序结束并复位)

2) FANUC 0i-T 数控系统

将 HNC 程序略作修改即可,修改如下。

(1) 改程序头,将地址符"%"改为"O"。

(2) 坐标值中整数值后需要加点号,小数值不需要,如 G00 X-10. Y2.5。

(3) 每行程序结束时后面加上分号,如 G00 X100 Z100;。

(4) 进给速度 F 指令的数值单位应换算成 mm/r。

(5) 程序中的"G81"指令应改为"G94"。

实训任务六 锥面端面车削单一循环指令数控编程的综合实训

【例 5-6】 如图 5-6 所示,用 G81 指令分粗、精加工简单圆柱零件,按照数控工艺要求,分析加工工艺及编写加工程序。

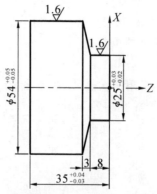

图 5-6 锥面端面车削单一循环指令数控编程实训

一、实训目的

(1) 培养学生根据轴类零件图进行轴类零件数控加工编程的能力。
(2) 了解轴类零件数控加工的基本工艺过程。
(3) 掌握 G81 指令的编程方法。
(4) 熟悉游标卡尺的使用。

二、实训要求

(1) 选用合理的刀具和切削用量,加工方案及加工路线正确,工序安排合理,程序科学正确。
(2) 正确操作机床,加工的零件尺寸符合图纸要求。
(3) 遵守安全操作规程。

三、实训条件

实训条件:数控车床、装拆工件专用扳手、装拆刀具专用扳手、垫片若干、铜皮若干、90°硬质合金外圆车刀、4 mm 宽切断刀、游标卡尺、材质 Q235 的 $\phi55$ mm 的圆钢。

四、实训的具体步骤与详细内容

1. 工艺分析

(1) 刀具的选择。选用 90°硬质合金外圆车刀车外形,用 4 mm 宽切断刀切断。
(2) 零件装夹方案的确定。零件的外形较为简单,可采用三爪自定心卡盘装夹。
(3) 加工工序安排。该零件由外圆柱面组成,其几何形状为圆柱形的轴类零件,零件径向尺寸与轴向尺寸都有精度要求,表面粗糙度 Ra 为 3.2 μm,需要采用粗加工和精加工。工件坐标系原点选择在工件右端面中心,坐标系如图 5-6 所示。根据零件图拟定加工工序,具体如下。

① 选用 90°硬质合金外圆车刀平端面。
② 选用 90°硬质合金外圆车刀粗车外圆柱面,留 0.5 mm 余量。
③ 选用 90°硬质合金外圆车刀精车外圆柱面。
④ 选用 4 mm 宽切断刀切断。

2. 数控加工工序卡片

数控加工工序卡片见表 5-10。

表 5-10 数控加工工序卡片 6

工厂名称	数控加工工序卡片	产品及型号	零件名称	零件图号	材料名称	材料牌号	第 页	共 页
					钢	Q235		
工序号	工序名称	程序编号	夹具名称	夹具编号	设备名称	设备型号	设备规格	加工车间
			三爪自定心卡盘		数控车床			实训中心
工步号	工步内容	刀具名称	刀具号	主轴转速/(r/min)	进给量/(mm/min)	背吃刀量/mm	备注	
1	平端面	90°硬质合金外圆车刀	01	1000	100	1	手动	
2	外圆柱面粗车	90°硬质合金外圆车刀	01	1000	100	2	留 0.5 mm 余量	
3	外圆柱面精车	90°硬质合金外圆车刀	01	1000	80	0.5		
4	切断	4 mm 宽切断刀	02	400	40			
编制	抄写		校对		审核		批准	

3. 加工程序

1) 华中数控系统 HNC-21T

%5006

N1　T0101(设立坐标系,选一号刀)

N2　M03 S1000 M08(主轴正转,转速 1000 r/min,冷却液开)

N3　G00 X100 Z100(定义起点的位置)

N4　X60 Z5(定义循环起点)

N5　G81 X26 Z−2 K−3.5 F100(加工第一次循环,吃刀深 2 mm)

N6　G81 X26 Z−4 K−3.5(每次吃刀均为 2 mm)

N7　G81 X26 Z−6 K−3.5

N8　G81 X26 Z−8 K−3.5

N9　G00 X60

N10　Z3

N11　G01 X25 Z0 F80

N12　Z−8(精加工 ϕ25 mm 外圆)

N13　X54 Z−11(精加工锥面)

N14　Z−35(精加工 ϕ54 mm 外圆)

N15　G00 X60

N16　X100 Z100(回对刀点)

N17　T0202(设立坐标系,选二号刀)

N18　M03 S400(主轴正转,转速 400 r/min)
N19　G00 X100 Z100(定义起点的位置)
N20　X38 Z−35(移到切断位置)
N21　G01 X−1 F40(切断)
N22　G00 X36(离开工件)
N23　X100 Z100(回对刀点)
N24　M09 M05(冷却液关,主轴停)
N25　M30(主程序结束并复位)

2) FANUC 0i-T 数控系统

将 HNC 程序略作修改即可,修改如下。

(1) 改程序头,将地址符"％"改为"O"。
(2) 坐标值中整数值后需要加点号,小数值不需要,如 G00 X−10. Y2.5。
(3) 每行程序结束时后面加上分号,如 G00 X100 Z100;。
(4) 进给速度 F 指令的数值单位应换算成 mm/r。
(5) 程序中的"G81 X_ Z_ K_"指令应改为"G94 X_ Z_ R_"。

实训任务七　外圆粗车、精车指令数控编程的综合实训

【例 5-7】　如图 5-7 所示,用 G71 指令分粗、精加工简单圆柱零件,按照数控工艺要求,分析加工工艺及编写加工程序。

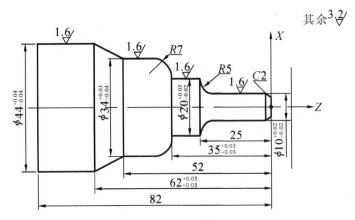

图 5-7　外圆粗车、精车指令数控编程实训

一、实训目的

(1) 培养学生根据轴类零件图进行轴类零件数控加工编程的能力。
(2) 了解轴类零件数控加工的基本工艺过程。
(3) 掌握 G71 指令的编程方法。
(4) 熟悉游标卡尺的使用。

二、实训要求

(1) 选用合理的刀具和切削用量,加工方案及加工路线正确,工序安排合理,程序科学正确。

(2) 正确操作机床,加工的零件尺寸符合图纸要求。

(3) 遵守安全操作规程。

三、实训条件

实训条件:数控车床、装拆工件专用扳手、装拆刀具专用扳手、垫片若干、铜皮若干、90°硬质合金外圆车刀、4 mm 宽切断刀、游标卡尺、材质 Q235 的 $\phi 45$ mm 的圆钢。

四、实训的具体步骤与详细内容

1. 工艺分析

(1) 刀具的选择。选用 90°硬质合金外圆车刀车外形,用 4 mm 宽切断刀切断。

(2) 零件装夹方案的确定。零件的外形较为简单,可采用三爪自定心卡盘装夹。

(3) 加工工序安排。该零件由外圆柱面组成,其几何形状为圆柱形的轴类零件,零件径向尺寸与轴向尺寸都有精度要求,表面粗糙度 Ra 为 3.2 μm,需要采用粗加工和精加工。工件坐标系原点选择在工件右端面中心,坐标系如图 5-7 所示。根据零件图拟定加工工序,具体如下。

① 选用 90°硬质合金外圆车刀平端面。

② 选用 90°硬质合金外圆车刀粗车外圆柱面,留 0.6 mm 余量。

③ 选用 90°硬质合金外圆车刀精车外圆柱面。

④ 选用 4 mm 宽切断刀切断。

2. 数控加工工序卡片

数控加工工序卡片见表 5-11。

表 5-11 数控加工工序卡片 7

工厂名称	数控加工工序卡片	产品及型号	零件名称	零件图号	材料名称	材料牌号	第 页	共 页
					钢	Q235		
工序号	工序名称	程序编号	夹具名称	夹具编号	设备名称	设备型号	设备规格	加工车间
			三爪自定心卡盘		数控车床			实训中心

续表

工厂名称	数控加工工序卡片	产品及型号	零件名称	零件图号	材料名称	材料牌号	第 页	共 页
					钢	Q235		
工步号	工步内容	刀具名称	刀具号	主轴转速/(r/min)	进给量/(mm/min)	背吃刀量/mm	备注	
1	平端面	90°硬质合金外圆车刀	01	1000	100	1	手动	
2	外圆柱面粗车	90°硬质合金外圆车刀	01	1000	100	1.5	留0.6 mm余量	
3	外圆柱面精车	90°硬质合金外圆车刀	01	1000	80	0.6		
4	切断	4 mm宽切断刀	02	400	40			
编制		抄写		校对		审核		批准

3. 加工程序

1)华中数控系统 HNC-21T

%5007

N1　T0101(设立坐标系,选一号刀)

N2　M03 S1000 M08(主轴正转,转速1000 r/min,冷却液开)

N3　G00 X100 Z100(定义起点的位置)

N4　X46 Z3(定义循环起点)

N5　G71 U1.5 R1 P6 Q14 X0.6 Z0.1 F100(粗切量:1.5 mm,精切量:X0.6 mm,Z0.1 mm)

N6　G01 X6 Z0 F80(精加工轮廓起始行,到倒角开始点)

N7　X10 Z−2(精加工 2×45°倒角)

N8　Z−20(精加工 ϕ10 mm 外圆)

N9　G02 X20 Z−25 R5(精加工 R5 圆弧)

N10　G01 Z−35(精加工 ϕ20 mm 外圆)

N11　G03 X34 Z−42 R7(精加工 R7 圆弧)

N12　G01 Z−52(精加工 ϕ34 mm 外圆)

N13　X44 Z−62(精加工外圆锥)

N14　Z−82(精加工 ϕ44 mm 外圆)

N15　G00 X50

N16　G00 X100 Z100(回对刀点)

N17　T0202(设立坐标系,选二号刀)

N18　M03 S400(主轴正转,转速400 r/min)

N19　G00 X100 Z100(定义起点的位置)

N20　X46 Z−82(移到切断位置)

N21　G01 X-1 F40(切断)

N22　G00 X46(离开工件)

N23　X100 Z100(回对刀点)

N24　M09 M05(冷却液关,主轴停)

N25　M30(主程序结束并复位)

2) FANUC 0i-T 数控系统

将 HNC 程序略作修改即可,修改如下。

(1) 改程序头,将地址符"%"改为"O"。

(2) 坐标值中整数值后需要加点号,小数值不需要,如 G00 X-10. Y2.5。

(3) 每行程序结束时后面加上分号,如 G00 X100 Z100;。

(4) 进给速度 F 指令的数值单位应换算成 mm/r。

(5) 程序中"G71 U1.5 R1 P6 Q14 X0.6 Z0.1"应改为

"G71 U1.5 R1;

G71 P6 Q15 U0.6 W0.1;"。

(6) N15 程序段后应加入精车循环指令"G70 P6 Q15;"。

实训任务八　端面粗车、精车指令数控编程的综合实训

【例 5-8】　如图 5-8 所示,用 G72 指令分粗、精加工简单圆柱零件,按照数控工艺要求,分析加工工艺及编写加工程序。

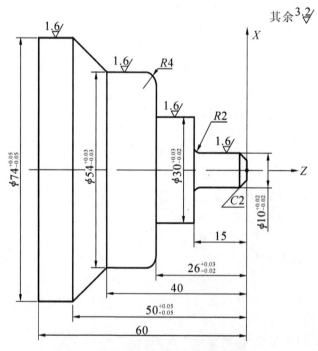

图 5-8　端面粗车、精车指令数控编程实训

一、实训目的

(1) 培养学生根据轴类零件图进行轴类零件数控加工编程的能力。

(2) 了解轴类零件数控加工的基本工艺过程。

(3) 掌握 G72 指令的编程方法。

(4) 熟悉游标卡尺的使用。

二、实训要求

(1) 选用合理的刀具和切削用量,加工方案及加工路线正确,工序安排合理,程序科学正确。

(2) 正确操作机床,加工的零件尺寸符合图纸要求。

(3) 遵守安全操作规程。

三、实训条件

实训条件:数控车床、装拆工件专用扳手、装拆刀具专用扳手、垫片若干、铜皮若干、90°硬质合金外圆车刀、4 mm 宽切断刀、游标卡尺、Q235 的 $\phi75$ mm 的圆钢。

四、实训的具体步骤与详细内容

1. 工艺分析

(1) 刀具的选择。选用 90°硬质合金外圆车刀车外形,用 4 mm 宽切断刀切断。

(2) 零件装夹方案的确定。零件的外形较为简单,可采用三爪自定心卡盘装夹。

(3) 加工工序安排。该零件由外圆柱面组成,其几何形状为圆柱形的轴类零件,零件径向尺寸与轴向尺寸都有精度要求,表面粗糙度 Ra 为 3.2 μm,需要采用粗加工和精加工。工件坐标系原点选择在工件右端面中心,坐标系如图 5-8 所示。根据零件图拟定加工工序,具体如下。

① 选用 90°硬质合金外圆车刀平端面。

② 选用 90°硬质合金外圆车刀粗车外圆柱面,留 0.2 mm 余量。

③ 选用 90°硬质合金外圆车刀精车外圆柱面。

④ 选用 4 mm 宽切断刀切断。

2. 数控加工工序卡片

数控加工工序卡片见表 5-12。

表 5-12　数控加工工序卡片 8

工厂名称	数控加工工序卡片	产品及型号	零件名称	零件图号	材料名称	材料牌号	第　页	共　页
					钢	Q235		
工序号	工序名称	程序编号	夹具名称	夹具编号	设备名称	设备型号	设备规格	加工车间
			三爪自定心卡盘		数控车床			实训中心
工步号	工步内容	刀具名称	刀具号	主轴转速/(r/min)	进给量/(mm/min)	背吃刀量/mm	备注	
1	平端面	90°硬质合金外圆车刀	01	1000	100	1	手动	
2	外圆柱面粗车	90°硬质合金外圆车刀	01	1000	100	2	留 0.2 mm 余量	
3	外圆柱面精车	90°硬质合金外圆车刀	01	1000	80	0.2		
4	切断	4 mm 宽切断刀	02	400	40			
编制		抄写		校对		审核		批准

3. 加工程序

1) 华中数控系统 HNC-21T

%5008

N1　T0101(设立坐标系,选一号刀)

N2　M03 S1000 M08(主轴正转,转速 1000 r/min,冷却液开)

N3　G00 X100 Z100(定义起点的位置)

N4　X77 Z3(定义循环起点)

N5　G72 W2 R1 P6 Q16 X0.2 Z0.5 F100(粗切量:2 mm;精切量:X0.2 mm,Z0.5 mm)

N6　G01 X74 Z−60 F80(精加工轮廓起始行,到开始点)

N7　Z−50(精加工 $\phi 74$ mm 外圆)

N8　X54 Z−40(精加工外圆锥)

N9　Z−30(精加工 $\phi 54$ mm 外圆)

N10　G02 X46 Z−26 R4(精加工 R4 圆弧)

N11　G01 X30(精加工 $\phi 54$ mm 外圆端面)

N12　Z−15(精加工 $\phi 30$ mm 外圆)

N13　X14(精加工 $\phi 30$ mm 外圆端面)

N14　G03 X10 Z−13 R2(精加工 R2 圆弧)

N15　G01 Z−2(精加工 $\phi 10$ mm 外圆)

N16　X6 Z0(精加工 2×45°倒角)

N17　G00 X77

N18　X100 Z100(回对刀点)

N19　T0202(设立坐标系,选二号刀)

N20　M03 S400(主轴正转,转速 400 r/min)

N21　G00 X100 Z100(定义起点的位置)

N22　X77 Z－60(移到切断位置)

N23　G01 X－1 F40(切断)

N24　G00 X77(离开工件)

N25　X100 Z100(回对刀点)

N26　M09 M05(冷却液关,主轴停)

N27　M30(主程序结束并复位)

2) FANUC 0i-T 数控系统

将 HNC 程序略作修改即可,修改如下。

(1) 改程序头,将地址符"%"改为"O"。

(2) 坐标值中整数值后需要加点号,小数值不需要,如 G00 X－10. Y2.5。

(3) 每行程序结束时后面加上分号,如 G00 X100 Z100;。

(4) 进给速度 F 指令的数值单位应换算成 mm/r。

(5) 程序中"G72 W2 R1 P6 Q16 X0.2 Z0.5"应改为

"G72 W2 R1;

G72 P6 Q17 U0.2 W0.5;"。

(6) N17 程序段后应加入精车循环指令"G70 P6 Q17;"。

实训任务九　轮廓粗车、精车指令数控编程的综合实训

【例 5-9】　如图 5-9 所示,用 G73 指令分粗、精加工简单圆柱零件,按照数控工艺要求,分析加工工艺及编写加工程序。

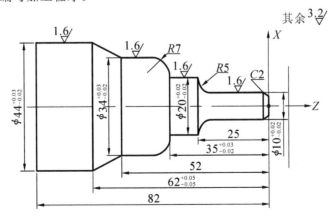

图 5-9　轮廓粗车、精车指令数控编程实训

一、实训目的

（1）培养学生根据轴类零件图进行轴类零件数控加工编程的能力。

（2）了解轴类零件数控加工的基本工艺过程。

（3）掌握 G73 指令的编程方法。

（4）熟悉游标卡尺的使用。

二、实训要求

（1）选用合理的刀具和切削用量，加工方案及加工路线正确，工序安排合理，程序科学正确。

（2）正确操作机床，加工的零件尺寸符合图纸要求。

（3）遵守安全操作规程。

三、实训条件

实训条件：数控车床、装拆工件专用扳手、装拆刀具专用扳手、垫片若干、铜皮若干、90°硬质合金外圆车刀、4 mm 宽切断刀、游标卡尺、Q235 已初步成形的工件。

四、实训的具体步骤与详细内容

1. 工艺分析

（1）刀具的选择。选用 90°硬质合金外圆车刀车外形，用 4 mm 宽切断刀切断。

（2）零件装夹方案的确定。零件的外形较为简单，可采用三爪自定心卡盘装夹。

（3）加工工序安排。该零件由外圆柱面组成，其几何形状为圆柱形的轴类零件，零件径向尺寸与轴向尺寸都有精度要求，表面粗糙度 Ra 为 3.2 μm，需要采用粗加工和精加工。工件坐标系原点选择在工件右端面中心，坐标系如图 5-9 所示。根据零件图拟定加工工序，具体如下。

① 选用 90°硬质合金外圆车刀平端面。

② 选用 90°硬质合金外圆车刀粗车外圆柱面，留 0.5 mm 余量。

③ 选用 90°硬质合金外圆车刀精车外圆柱面。

④ 选用 4 mm 宽切断刀切断。

2. 数控加工工序卡片

数控加工工序卡片见表 5-13。

表 5-13　数控加工工序卡片 9

工厂名称	数控加工工序卡片	产品及型号	零件名称	零件图号	材料名称	材料牌号	第 页	共 页
					钢	Q235		
工序号	工序名称	程序编号	夹具名称	夹具编号	设备名称	设备型号	设备规格	加工车间
			三爪自定心卡盘		数控车床			实训中心
工步号	工步内容	刀具名称	刀具号	主轴转速/(r/min)	进给量/(mm/min)	背吃刀量/mm	备注	
1	平端面	90°硬质合金外圆车刀	01	1000	100	1	手动	
2	外圆柱面粗车	90°硬质合金外圆车刀	01	1000	100	3	留 0.5 mm 余量	
3	外圆柱面精车	90°硬质合金外圆车刀	01	1000	80	0.5		
4	切断	4 mm 宽切断刀	02	400	40			
编制		抄写		校对		审核		批准

3. 加工程序

1) 华中数控系统 HNC-21T

%5009

N1　T0101(设立坐标系,选一号刀)

N2　M03 S1000 M08(主轴正转,转速 1000 r/min,冷却液开)

N3　G00 X100 Z100(定义起点的位置)

N4　X46 Z3(定义循环起点)

N5　G73 U9.5 W8 R3 P6 Q14 X0.5 Z0.1 F100(粗加工总余量:X9.5 mm,Z8 mm;粗切循环 3 次;精切量:X0.5 mm,Z0.1 mm)

N6　G01 X6 Z0 F80(精加工轮廓起始行,到倒角开始点)

N7　X10 Z−2(精加工 2×45°倒角)

N8　Z−20(精加工 ϕ10 mm 外圆)

N9　G02 X20 Z−25 R5(精加工 R5 圆弧)

N10　G01 Z−35(精加工 ϕ20 mm 外圆)

N11　G03 X34 Z−42 R7(精加工 R7 圆弧)

N12　G01 Z−52(精加工 ϕ34 mm 外圆)

N13　X44 Z−62(精加工外圆锥)

N14　Z−82(精加工 ϕ44 mm 外圆)

N15　G00 X50

N16　X100 Z100(回对刀点)

N17　T0202(设立坐标系,选二号刀)
N18　M03 S400(主轴正转,转速 400 r/min)
N19　G00 X100 Z100(定义起点的位置)
N20　X46 Z−82(移到切断位置)
N21　G01 X−1 F40(切断)
N22　G00 X46(离开工件)
N23　X100 Z100(回对刀点)
N24　M09 M05(冷却液关,主轴停)
N25　M30(主程序结束并复位)

2) FANUC 0i-T 数控系统

将 HNC 程序略作修改即可,修改如下。

(1) 改程序头,将地址符"%"改为"O"。

(2) 坐标值中整数值后需要加点号,小数值不需要,如 G00 X−10. Y2.5。

(3) 每行程序结束时后面加上分号,如 G00 X100 Z100;。

(4) 进给速度 F 指令的数值单位应换算成 mm/r。

(5) 程序中"G73 U9.5 W8 R3 P6 Q14 X0.5 Z0.1"应改为

"G73 U9.5 W8 R3;

G73 P6 Q15 U0.5 W0.1;"。

(6) N15 程序段后应加入精车循环指令"G70 P6 Q15;"。

实训任务十　子程序指令数控编程的综合实训

【例 5-10】 如图 5-10 所示,按照数控工艺要求,分析加工工艺及编写加工程序。

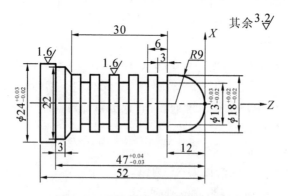

图 5-10　子程序指令数控编程实训

一、实训目的

(1) 培养学生根据轴类零件图进行轴类零件数控加工编程的能力。

(2) 了解轴类零件数控加工的基本工艺过程。

(3) 掌握 M98、M99 指令的编程方法。
(4) 熟悉游标卡尺的使用。

二、实训要求

(1) 选用合理的刀具和切削用量,加工方案及加工路线正确,工序安排合理,程序科学正确。
(2) 正确操作机床,加工的零件尺寸符合图纸要求。
(3) 遵守安全操作规程。

三、实训条件

实训条件:数控车床、装拆工件专用扳手、装拆刀具专用扳手、垫片若干、铜皮若干、90°硬质合金外圆车刀、3 mm 宽切断刀、游标卡尺、Q235 的 ϕ25 mm 的圆钢。

四、实训的具体步骤与详细内容

1. 工艺分析

(1) 刀具的选择。选用 90°硬质合金外圆车刀车外形,用 3 mm 宽切断刀切槽和切断。
(2) 零件装夹方案的确定。零件的外形较为简单,可采用三爪自定心卡盘装夹。
(3) 加工工序安排。该零件由外圆柱面组成,其几何形状为圆柱形的轴类零件,零件径向尺寸与轴向尺寸都有精度要求,表面粗糙度 Ra 为 3.2 μm,需要采用粗加工和精加工。工件坐标系原点选择在工件右端面中心,坐标系如图 5-10 所示。根据零件图拟定加工工序,具体如下。

① 选用 90°硬质合金外圆车刀平端面。
② 选用 90°硬质合金外圆车刀粗车外圆柱面,留 0.5 mm 余量。
③ 选用 90°硬质合金外圆车刀精车外圆柱面。
④ 选用 3 mm 宽切断刀切槽。
⑤ 选用 3 mm 宽切断刀切断。

2. 数控加工工序卡片

数控加工工序卡片见表 5-14。

表 5-14 数控加工工序卡片 10

工厂名称	数控加工工序卡片	产品及型号	零件名称	零件图号	材料名称	材料牌号	第 页	共 页
					钢	Q235		
工序号	工序名称	程序编号	夹具名称	夹具编号	设备名称	设备型号	设备规格	加工车间
			三爪自定心卡盘		数控车床			实训中心

续表

工厂名称	数控加工工序卡片	产品及型号	零件名称	零件图号	材料名称	材料牌号	第 页	共 页
					钢	Q235		
工步号	工步内容	刀具名称	刀具号	主轴转速/(r/min)	进给量/(mm/min)	背吃刀量/mm	备注	
1	平端面	90°硬质合金外圆车刀	01	1000	100	1	手动	
2	外圆柱面粗车	90°硬质合金外圆车刀	01	1000	100	2	留0.5 mm余量	
3	外圆柱面精车	90°硬质合金外圆车刀	01	1000	80	0.5		
4	切槽	3 mm宽切断刀	02	400	40			
5	切断	3 mm宽切断刀	02	400	40			
编制		抄写		校对		审核		批准

3. 加工程序

1) 华中数控系统 HNC-21T

主程序

%5010

N1　T0101(设立坐标系,选一号刀)

N2　M03 S1000 M08(主轴正转,转速1000 r/min,冷却液开)

N3　G00 X100 Z100(定义起点的位置)

N4　X26 Z3(定义循环起点)

N5　G71 U2 R1 P6 Q12 X0.5 Z0.1 F100(粗切量:2 mm;精切量:X0.5 mm,Z0.1 mm)

N6　G01 X0 Z0 F80(精加工轮廓起始行,到圆弧开始点)

N7　G03 X18 Z−9 R9(精加工 R9 圆弧)

N8　G01 Z−42(精加工 ϕ18 mm 外圆)

N9　X22 Z−44(精加工圆锥)

N10　Z−47(精加工 ϕ22 mm 外圆)

N11　X24(精加工 ϕ24 mm 外圆端面)

N12　Z−52(精加工 ϕ24 mm 外圆)

N13　G00 X26

N14　X100 Z100(回对刀点)

N15　T0202(设立坐标系,选二号刀)

N16　M03 S400(主轴正转,转速 400 r/min)

N17　G00 X100 Z100(定义起点的位置)

N18　X26 Z−12(移到第一个切槽位置)

N19　M98 P123 L5(调用子程序123,循环5次)

N20　G00 X30(离开工件)
N21　Z－52(移到切断位置)
N22　G01 X－1 F40(切断)
N23　G00 X30(离开工件)
N24　X100 Z100(回对刀点)
N25　M09 M05(冷却液关,主轴停)
N26　M30(主程序结束并复位)

子程序
%123
N27　G01 W－6 F100(Z轴负向移动 6 mm)
N28　X13 F40(切槽切到 13 mm)
N29　G04 P4(暂停 4 s)
N30　G00 X26(离开工件)
N31　M99(子程序结束返回主程序)

2) FANUC 0i-T 数控系统
将 HNC 程序略作修改即可,修改如下。
(1) 改程序头,将地址符"%"改为"O"。
(2) 坐标值中整数值后需要加点号,小数值不需要,如 G00 X－10. Y2.5。
(3) 每行程序结束时后面加上分号,如 G00 X100 Z100;。
(4) 进给速度 F 指令的数值单位应换算成 mm/r。
(5) 程序中"G71 U2 R1 P6 Q12 X0.5 Z0.1"应改为
"G71 U2 R1;
G71 P6 Q12 U0.5 W0.1;"。
(6) N13 程序段后应加入精车循环指令"G70 P6 Q12;"。
(7) 子程序不能编入主程序后面,需要另起程序。

实训任务十一　阶梯轴编程综合训练(一)

【例 5-11】　如图 5-11 所示,按照数控工艺要求,分析加工工艺及编写加工程序。

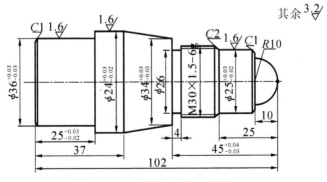

图 5-11　阶梯轴编程综合训练(一)

一、实训目的

(1) 培养学生根据轴类零件图进行轴类零件数控加工编程的能力。
(2) 了解轴类零件数控加工的基本工艺过程。
(3) 综合运用各种指令的编程方法。
(4) 熟悉游标卡尺的使用。

二、实训要求

(1) 选用合理的刀具和切削用量,加工方案及加工路线正确,工序安排合理,程序科学正确。
(2) 正确操作机床,加工的零件尺寸符合图纸要求。
(3) 遵守安全操作规程。

三、实训条件

实训条件:数控车床、装拆工件专用扳手、装拆刀具专用扳手、垫片若干、铜皮若干、90°硬质合金外圆车刀、4 mm 宽切断刀、60°外圆螺纹刀、游标卡尺、材质 Q235 的 $\phi 45$ mm 的圆钢。

四、实训的具体步骤与详细内容

1. 工艺分析

(1) 刀具的选择。选用 90°硬质合金外圆车刀车外形,用 4 mm 宽切断刀切槽和切断,用 60°外圆螺纹刀车螺纹。

(2) 零件装夹方案的确定。零件的外形较为简单,可采用三爪自定心卡盘装夹。

(3) 加工工序安排。该零件由外圆柱面组成,其几何形状为圆柱形的轴类零件,零件径向尺寸与轴向尺寸都有精度要求,表面粗糙度 Ra 为 3.2 μm,需要采用粗加工和精加工。工件坐标系原点选择在工件右端面中心,坐标系如图 5-11 所示。根据零件图拟定加工工序,具体如下。

① 选用 90°硬质合金外圆车刀平端面。
② 选用 90°硬质合金外圆车刀粗车 $\phi 36$ mm 和 $\phi 42$ mm 外圆柱面,留 0.5 mm 余量。
③ 选用 90°硬质合金外圆车刀精车 $\phi 36$ mm 和 $\phi 42$ mm 外圆柱面。
④ 调头加工,平端面,保证工件长度要求。
⑤ 选用 90°硬质合金外圆车刀粗车 $\phi 25$ mm 和 $\phi 30$ mm 外圆柱面及锥面,留 0.5 mm 余量。
⑥ 选用 90°硬质合金外圆车刀精车 $\phi 25$ mm 和 $\phi 30$ mm 外圆柱面及锥面。
⑦ 选用 4 mm 宽切断刀切槽。
⑧ 选用 60°外圆螺纹车刀车螺纹。

2. 数控加工工序卡片

数控加工工序卡片见表 5-15。

表 5-15 数控加工工序卡片 11

工厂名称	数控加工工序卡片	产品及型号	零件名称	零件图号	材料名称	材料牌号	第 页	共 页
					钢	Q235		
工序号	工序名称	程序编号	夹具名称	夹具编号	设备名称	设备型号	设备规格	加工车间
			三爪自定心卡盘		数控车床			实训中心
工步号	工步内容	刀具名称	刀具号	主轴转速/(r/min)	进给量/(mm/min)	背吃刀量/mm	备注	
1	平端面	90°硬质合金外圆车刀	01	1000	100	1	手动	
2	φ36 和 φ42 外圆柱面粗车	90°硬质合金外圆车刀	01	1000	100	2	留 0.5 mm 余量	
3	φ36 和 φ42 外圆柱面精车	90°硬质合金外圆车刀	01	1000	80	0.5		
4	平端面	90°硬质合金外圆车刀	01	1000	100		手动	
5	φ25 和 φ30 外圆柱面及锥面粗车	90°硬质合金外圆车刀	01	1000	100	2	留 0.5 mm 余量	
6	φ25 和 φ30 外圆柱面及锥面精车	90°硬质合金外圆车刀	01	1000	80	0.5		
7	切槽	4 mm 宽切断刀	02	400	40			
8	螺纹	60°硬质合金外圆螺纹车刀	03	750	系统给定			
编制	抄写		校对		审核		批准	

3. 加工程序

1) 华中数控系统 HNC-21T

%5011

N1　T0101(设立坐标系,选一号刀)

N2　M03 S1000 M08(主轴正转,转速 1000 r/min,冷却液开)

N3　G00 X100 Z100(定义起点的位置)

N4　X48 Z3(定义循环起点)

N5　G71 U2 R1 P6 Q10 X0.5 Z0.1 F100(粗切量:2 mm;精切量:X0.5 mm,Z0.1 mm)

N6　G01 X34 Z0 F80(精加工轮廓起始行,到倒角开始点)

N7　X36 Z－1(精加工 C1 倒角)

N8　Z－25(精加工 ϕ36 mm 外圆)

N9　X42(精加工 ϕ42 mm 外圆端面)

N10　Z－37(精加工 ϕ42 mm 外圆)

N11　G00 X46(离开工件)

N12　X100 Z100(回对刀点)

N13　M09 M05(冷却液关,主轴停)

N14　M30(主程序结束并复位)

调头加工

%5111

N1　T0101(设立坐标系,选一号刀)

N2　M03 S1000 M08(主轴正转,转速 1000 r/min,冷却液开)

N3　G00 X100 Z100(定义起点的位置)

N4　X48 Z3(定义循环起点)

N5　G71 U2 R1 P6 Q15 X0.5 Z0.1 F100(粗切量:2 mm;精切量:X0.5 mm,Z0.1 mm)

N6　G01 X0 Z0 F80(精加工轮廓起始行,到圆弧开始点)

N7　G03 X20 Z－10 R10(精加工 R10 圆弧)

N8　G01 X23(精加工端面)

N9　X25 W－1(精加工 C1 倒角)

N10　Z－25(精加工 ϕ25 mm 外圆)

N11　X26(精加工端面)

N12　X30 W－2(精加工 C2 倒角)

N13　Z－45(精加工 ϕ30 mm 外圆)

N14　X34(精加工 ϕ34 mm 外圆端面)

N15　X42 Z－65(精加工锥面)

N16　G00 X46

N17　X100 Z100(回对刀点)

N18　T0202(设立坐标系,选二号刀)

N19　M03 S400(主轴正转,转速 400 r/min)

N20 G00 X100 Z100(定义起点的位置)
N21 Z-41(移到切槽位置)
N22 G01 X26 F40(切槽)
N23 G00 X40(离开工件)
N24 X100 Z100(回对刀点)
N25 T0303(设立坐标系,选三号刀)
N26 M03 S800(主轴正转)
N27 G00 X100 Z100(定义起点的位置)
N28 X31 Z-24(定义循环起点)
N29 G82 X30 Z-42 F1.5(车削螺纹)
N30 G82 X29.2 Z-42(吃刀量 0.8 mm)
N31 G82 X28.6 Z-42(吃刀量 0.6 mm)
N32 G82 X28.2 Z-42(吃刀量 0.4 mm)
N33 G82 X28.04 Z-42(吃刀量 0.16 mm)
N34 G00 X45(离开工件)
N35 X100 Z100(回对刀点)
N36 M09 M05(冷却液关,主轴停)
N37 M30(主程序结束并复位)

2) FANUC 0i-T 数控系统

将 HNC 程序略作修改即可,修改如下。

(1) 改程序头,将地址符"%"改为"O"。

(2) 坐标值中整数值后需要加点号,小数值不需要,如 G00 X-10. Y2.5。

(3) 每行程序结束时后面加上分号,如 G00 X100 Z100;。

(4) 进给速度 F 指令的数值单位应换算成 mm/r。

(5) "%5011"程序中,"G71 U2 R1 P6 Q10 X0.5 Z0.1"应改为
"G71 U2 R1;
G71 P6 Q11 U0.5 W0.1;"。

(6) "%5111"程序中,"G71 U2 R1 P6 Q15 X0.5 Z0.1"应改为
"G71 U2 R1;
G71 P6 Q16 U0.5 W0.1;"。

(7) "%5011"程序中,N11 程序段后应加入精车循环指令"G70 P6 Q11;";"%5111"程序中,N16 程序段后应加入精车循环指令"G70 P6 Q16;"。

(8) 程序中螺纹车削循环指令"G82"应改为"G92"。

实训任务十二 阶梯轴编程综合训练(二)

【例 5-12】 如图 5-12 所示,按照数控工艺要求,分析加工工艺及编写加工程序。

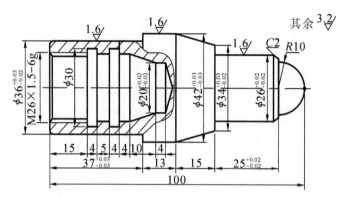

图 5-12　阶梯轴编程综合训练(二)

一、实训目的

(1) 培养学生根据轴类零件图进行轴类零件数控加工编程的能力。
(2) 了解轴类零件数控加工的基本工艺过程。
(3) 综合运用各种指令的编程方法。
(4) 熟悉游标卡尺的使用。

二、实训要求

(1) 选用合理的刀具和切削用量,加工方案及加工路线正确,工序安排合理,程序科学正确。
(2) 正确操作机床,加工的零件尺寸符合图纸要求。
(3) 遵守安全操作规程。

三、实训条件

实训条件:数控车床、装拆工件专用扳手、装拆刀具专用扳手、垫片若干、铜皮若干、90°硬质合金外圆车刀、4 mm 宽内孔切刀(最小内孔直径 20 mm)、60°内孔螺纹刀(最小内孔直径 20 mm)、90°硬质合金内孔车刀(最小内孔直径 16 mm)、ϕ18 mm 麻花钻、游标卡尺、材质 Q235 的 ϕ45 mm 的圆钢。

四、实训的具体步骤与详细内容

1. 工艺分析

(1) 刀具的选择。选用 90°硬质合金外圆车刀车外形,用 ϕ18 mm 麻花钻钻孔,用 90°硬质合金内孔车刀车内孔,用 4 mm 宽内孔切刀切内槽,用 60°内孔螺纹车刀车内螺纹。
(2) 零件装夹方案的确定。零件的外形较为简单,可采用三爪自定心卡盘装夹。

(3) 加工工序安排。该零件由外圆柱面组成,其几何形状为圆柱形的轴类零件,零件径向尺寸与轴向尺寸都有精度要求,表面粗糙度 Ra 为 3.2 μm,需要采用粗加工和精加工。工件坐标系原点选择在工件右端面中心,坐标系如图 5-12 所示。根据零件图拟定加工工序,具体如下。

① 选用 90°硬质合金外圆车刀平端面。
② 选用 90°硬质合金外圆车刀粗车 φ36 mm 和 φ42 mm 外圆柱面,留 0.5 mm 余量。
③ 选用 90°硬质合金外圆车刀精车 φ36 mm 和 φ42 mm 外圆柱面。
④ 选用 φ18 mm 麻花钻钻孔。
⑤ 选用 90°硬质合金内孔车刀粗车内孔,留 0.5 mm 余量。
⑥ 选用 90°硬质合金内孔车刀精车内孔。
⑦ 选用 4 mm 宽内孔切刀加工内槽。
⑧ 选用 60°内孔螺纹车刀车削内螺纹。
⑨ 调头加工,平端面,保证工件长度要求。
⑩ 选用 90°硬质合金外圆车刀粗车 φ26 mm 外圆柱面及锥面,留 0.5 mm 余量。
⑪ 选用 90°硬质合金外圆车刀精车 φ26 mm 外圆柱面及锥面。

2. 数控加工工序卡片

数控加工工序卡片见表 5-16。

表 5-16 数控加工工序卡片 12

工厂名称	数控加工工序卡片	产品及型号	零件名称	零件图号	材料名称	材料牌号	第 页	共 页
					钢	Q235		
工序号	工序名称	程序编号	夹具名称	夹具编号	设备名称	设备型号	设备规格	加工车间
			三爪自定心卡盘		数控车床			实训中心
工步号	工步内容	刀具名称	刀具号	主轴转速/(r/min)	进给量/(mm/min)	背吃刀量/mm	备注	
1	平端面	90°硬质合金外圆车刀	01	1000	100	1	手动	
2	φ36 和 φ42 外圆柱面粗车	90°硬质合金外圆车刀	01	1000	100	2	留 0.5 mm 余量	
3	φ36 和 φ42 外圆柱面精车	90°硬质合金外圆车刀	01	1000	80	0.5		
4	钻孔	φ18 麻花钻		600			手动	
5	内孔粗车	90°硬质合金内孔车刀	02	1000	100	2	留 0.5 mm 余量	

续表

工厂名称	数控加工工序卡片	产品及型号	零件名称	零件图号	材料名称	材料牌号	第 页	共 页
					钢	Q235		
6	内孔精车	90°硬质合金内孔车刀	02	1000	80	0.5		
7	内孔切槽	4 mm宽内孔切刀	03	400	40			
8	车削内孔螺纹	60°内孔螺纹车刀	04	750	系统给定			
9	平端面	90°硬质合金外圆车刀	01	1000	100		手动	
10	φ26外圆柱面及锥面粗车	90°硬质合金外圆车刀	01	1000	100	2	留0.5 mm余量	
11	φ26外圆柱面及锥面精车	90°硬质合金外圆车刀	01	1000	80	0.5		
编制		抄写		校对		审核		批准

3. 加工程序

1) 华中数控系统 HNC-21T

％5012

N1　T0101(设立坐标系,选一号刀)

N2　M03 S1000 M08(主轴正转,转速1000 r/min,冷却液开)

N3　G00 X100 Z100(定义起点的位置)

N4　X48 Z3(定义循环起点)

N5　G71 U2 R1 P6 Q10 X0.5 Z0.1 F100(粗切量:2 mm;精切量:X0.5 mm,Z0.1 mm)

N6　G01 X34 Z0(精加工轮廓起始行,到倒角开始点)

N7　X36 Z−1(精加工C1倒角)

N8　Z−37(精加工φ36 mm外圆)

N9　X42(精加工φ42 mm外圆端面)

N10　Z−50(精加工φ42 mm外圆)

N11　G00 X46(离开工件)

N12　X100 Z100(回对刀点)

N13　M05(主轴停)

N14　M30(主程序结束并复位)

加工内轮廓

％5112

N1　T0202(设立坐标系,选二号刀)

N2   M03 S1000(主轴正转,转速 1000 r/min)
N3   G00 X100 Z100(定义起点的位置)
N4   X20 Z3(定义循环起点)
N5   G71 U2 R1 P6 Q9 X－0.5 Z0.1 F100(粗切量:2 mm;精切量:X0.5 mm,Z0.1 mm)
N6   G01 X26 Z0 F80(精加工轮廓起始行)
N7   Z－32(精加工 $\phi 26$ mm 内孔)
N8   X20 Z－42(精加工锥面)
N9   Z－46(精加工 $\phi 20$ mm 内孔)
N10   G00 Z100(离开工件)
N11   X100(回对刀点)
N12   T0303(设立坐标系,选三号刀)
N13   M03 S400(主轴正转,转速 400 r/min)
N14   G00 X100 Z100(定义起点的位置)
N15   X24 Z3(靠近工件)
N16   Z－15(移到切槽位置)
N17   G01 X30 F40(切槽)
N18   G00 X24(离开工件)
N19   Z－24(移到切槽位置)
N20   G01 X30 F40(切槽)
N21   G00 X24(离开工件)
N22   Z100(回对刀点)
N23   X100
N24   T0404(设立坐标系,选四号刀)
N25   M03 S750(主轴正转,转速 750 r/min)
N26   G00 X100 Z100(定义起点的位置)
N27   X24 Z3(定义循环起点)
N28   G82 X26 Z－15 F1.5(车削螺纹)
N29   G82 X25.2 Z－15(吃刀量 0.8 mm)
N30   G82 X24.6 Z－15(吃刀量 0.6 mm)
N31   G82 X24.2 Z－15(吃刀量 0.4 mm)
N32   G82 X24.04 Z－15(吃刀量 0.16 mm)
N33   G00 Z100(离开工件)
N34   X100(回对刀点)
N35   M09 M05(冷却液关,主轴停)
N36   M30(主程序结束并复位)

调头加工
%5212
N1   T0101(设立坐标系,选一号刀)

N2　M03 S1000 M08（主轴正转，转速 1000 r/min，冷却液开）
N3　G00 X100 Z100（定义起点的位置）
N4　X48 Z3（定义循环起点）
N5　G71 U2 R1 P6 Q13 X0.5 Z0.1 F100（粗切量：2 mm；精切量：X0.5 mm，Z0.1 mm）
N6　G01 X0 Z0 F80（精加工轮廓起始行，到圆弧开始点）
N7　G03 X20 Z－10 R10（精加工 R10 圆弧）
N8　G01 X22（精加工端面）
N9　X26 W－2（精加工 C2 倒角）
N10　Z－35（精加工 ϕ26 mm 外圆）
N11　X30 C2（精加工 C2 倒角）
N12　X34（精加工 ϕ34 mm 外圆端面）
N13　X42 Z－50（精加工锥面）
N14　G00 X45（离开工件）
N15　X100 Z100（回对刀点）
N16　M09 M05（冷却液关，主轴停）
N17　M30（主程序结束并复位）

2）FANUC 0i-T 数控系统

将 HNC 程序略作修改即可，修改如下。

（1）改程序头，将地址符"％"改为"O"。

（2）坐标值中整数值后需要加点号，小数值不需要，如 G00 X－10. Y2.5。

（3）每行程序结束时后面加上分号，如 G00 X100 Z100；。

（4）进给速度 F 指令的数值单位应换算成 mm/r。

（5）"％5012"程序中，"G71 U2 R1 P6 Q10 X0.5 Z0.1"应改为

"G71 U2 R1；

G71 P6 Q11 U0.5 W0.1；"。

（6）"％5112"程序中，"G71 U2 R1 P6 Q9 X－0.5 Z0.1"应改为

"G71 U2 R1；

G71 P6 Q9 U-0.5 W0.1；"。

（7）"％5212"程序中，"G71 U2 R1 P6 Q13 X0.5 Z0.1"应改为

"G71 U2 R1；

G71 P6 Q14 U0.5 W0.1；"。

（8）"％5012"程序中，N11 程序段后应加入精车循环指令"G70 P6 Q11；"；"％5112"程序中，N9 程序段后应加入精车循环指令"G70 P6 Q9；"；"％5212"程序中，N14 程序段后应加入精车循环指令"G70 P6 Q14；"。

（9）程序中螺纹车削循环指令"G82"应改为"G92"。

【思考题】

按照数控加工工艺要求，编写图 5-13～图 5-15 所示零件程序，并完成加工。

5-1

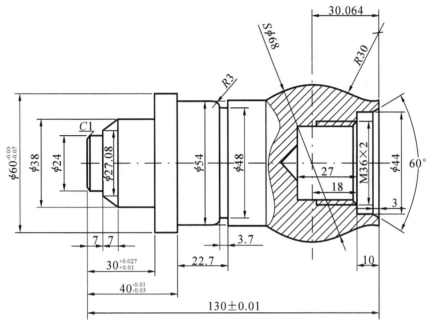

要求：
1. 未注公差的尺寸，允许误差±0.05；
2. 未注倒角C2。

图 5-13　零件 1

5-2

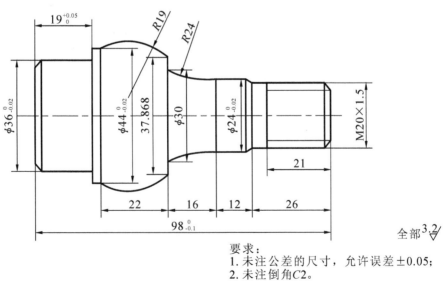

要求：
1. 未注公差的尺寸，允许误差±0.05；
2. 未注倒角C2。

图 5-14　零件 2

5-3

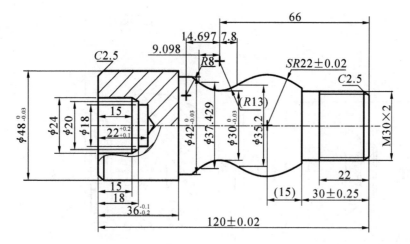

要求：未注公差的尺寸，允许误差±0.07。

图 5-15 零件 3

第6章 数控铣床手工编程综合实训

6.1 华中数控 HNC-21M 及加工中心编程指令代码及编程格式

6.1.1 G 代码功能及编程格式

HNC-21M 及加工中心 G 代码功能及编程格式见表 6-1。

表 6-1 HNC-21M 及加工中心 G 代码功能及编程格式

代码	分组	意义	格式
G00	01	快速定位	G00 X_Y_Z_A_ X,Y,Z,A:在 G90 时为终点在工件坐标系中的坐标;在 G91 时为终点相对于起点的位移量
G01	01	直线插补	G01 X_Y_Z_A_F_ X,Y,Z,A:终点坐标 F:合成进给速度
G02	01	顺圆插补	XY 平面内的圆弧: $G17 \begin{Bmatrix} G02 \\ G03 \end{Bmatrix} X\_Y\_ \begin{Bmatrix} R\_ \\ I\_J\_ \end{Bmatrix}$ ZX 平面的圆弧: $G18 \begin{Bmatrix} G02 \\ G03 \end{Bmatrix} X\_Z\_ \begin{Bmatrix} R\_ \\ I\_K\_ \end{Bmatrix}$ YZ 平面的圆弧: $G19 \begin{Bmatrix} G02 \\ G03 \end{Bmatrix} Y\_Z\_ \begin{Bmatrix} R\_ \\ J\_K\_ \end{Bmatrix}$ X,Y,Z:圆弧终点 I,J,K:圆心相对于圆弧起点的偏移量 R:圆弧半径,当圆弧圆心角小于 180°时 R 为正值,否则 R 为负值 F:被编程的两个轴的合成进给速度

续表

代码	分组	意义	格式
G03	01	逆圆插补	同上
G02/G03	01	螺旋线进给	G17 G02(G03)X_Y_R(I_J_)_Z_F_ G18 G02(G03)X_Z_R(I_K_)_Y_F_ G19 G02(G03)Y_Z_R(J_K_)_X_F_ X,Y,Z:由 G17/G18/G19 平面选定的两个坐标为螺旋线投影圆弧的终点,第三个坐标是与选定平面相垂直的轴终点 其余参数的意义同圆弧进给
G04	00	暂停	G04 [P|X]单位 s,增量状态单位 ms
G17 G18 G19	02	XY 平面 ZX 平面 YZ 平面	
G20 G21	06	英寸输入 毫米输入	
G24 G25	03	镜像开 镜像关	G24 X_Y_Z_A_ G25 X_Y_Z_A_ X,Y,Z,A:镜像位置
G28 G29	00	回参考点 由参考点返回	G28 X_Y_Z_A_ X,Y,Z,A:回参考点时经过的中间点 G29 X_Y_Z_A_ X,Y,Z,A:返回的定位终点
G40 G41 G42	09	刀具半径补偿取消 左半径补偿 右半径补偿	G17(G18/G19)G40(G41/G42)G00(G01)X_Y_Z_D_ X,Y,Z:G01/G02 的参数,即刀补建立或取消的终点 D:G41/G42 的参数,即刀补号码(D00~D99)代表刀补表中对应的半径补偿值
G43 G44 G49	10	刀具长度正向补偿 刀具长度负向补偿 刀具长度补偿取消	G17(G18/G19)G43(G44/G49)G00(G01)X_Y_Z_H_ X,Y,Z:G01/G02 的参数,即刀补建立或取消的终点 H:G43/G44 的参数,即刀补号码(H00~H99)代表刀补表中对应的长度补偿值
G50 G51	04	缩放关 缩放开	G51 X_Y_Z_P_ G50 X,Y,Z:缩放中心的坐标值 P:缩放倍数

续表

代码	分组	意 义	格 式
G52 G53	00	局部坐标系设定 直接坐标系编程	G52 X_Y_Z_A_ X,Y,Z,A:局部坐标系原点在当前工件坐标系中的坐标值 机床坐标系编程
G54 G55 G56 G57 G58 G59	12	选择工作坐标系1 选择工作坐标系2 选择工作坐标系3 选择工作坐标系4 选择工作坐标系5 选择工作坐标系6	GXX
G68 G69	05	旋转变换 旋转取消	G17 G68 X_Y_P_ G18 G68 X_Z_P_ G19 G68 Y_Z_P_ G69 X,Y,Z:旋转中心的坐标值 P:旋转角度
G73 G74 G76 G80 G81 G82 G83 G84 G85 G86 G87 G88 G89	06	高速深孔加工循环 反攻丝循环 精镗循环 固定循环取消 钻孔循环 带停顿的单孔循环 深孔加工循环 攻丝循环 镗孔循环 镗孔循环 反镗循环 镗孔循环 镗孔循环	G98(G99)G73X_Y_Z_R_Q_P_K_F_L_ G98(G99)G74 X_Y_Z_R_P_F_L_ G98(G99)G76X_Y_Z_R_P_I_J_F_L_ G80 G98(G99)G81X_Y_Z_R_F_L_ G98(G99)G82X_Y_Z_R_P_F_L_ G98(G99)G83X_Y_Z_R_Q_P_K_F_L_ G98(G99)G84X_Y_Z_R_P_F_L_ G85指令同上,但在孔底时主轴不反转 G86指令同G81,但在孔底时主轴停止,然后快速退回 G98(G99)G87_X_Y_Z_R_P_I_J_F_L_ G98(G99)G88X_Y_Z_R_P_F_L_ G89指令与G86相同,但在孔底有暂停 X,Y:加工起点到孔位的距离 R:增量方式是初始点到R点的距离;绝对值方式是R点的Z坐标值 Z:孔底坐标值。增量方式是R点到孔底的距离;绝对值方式是孔底的Z坐标值 Q:每次进给深度(G73/G83) I,J:刀具在轴反向位移增量(G76/G87) P:刀具在孔底的暂停时间 K:退刀距离 F:切削进给速度 L:固定循环次数

续表

代码	分组	意 义	格 式
G90 G91	13	绝对值编程 增量值编程	GXX
G92	00	工作坐标系设定	G92 X_Y_Z_A_ X,Y,Z,A:设定的工件坐标系原点到刀具起点的有向距离
G94 G95	14	每分钟进给 每转进给	G94 F_ G95 F_ F:进给速度
G98 G99	15	固定循环返回起始点 固定循环返回到 R 点	G98:返回初始平面 G99:返回 R 点平面

6.1.2 M 代码功能及编程格式

HNC-21M 及加工中心 M 代码功能及编程格式见表 6-2。

表 6-2　HNC-21M 及加工中心 M 代码功能及编程格式

代 码	意 义	格 式
M00	程序停止	
M02	程序结束	
M03	主轴正转启动	
M04	主轴反转启动	
M05	主轴停止转动	
M06	换刀指令(铣)	M06 T_
M07	切削液开启(铣)	
M09	切削液关闭	
M30	结束程序运行且返回程序开头	
M98	子程序调用	M98 PnnnnL×× 调用程序号为 Onnnn 的程序××次。
M99	子程序结束	子程序格式： Onnnn … … … … M99

6.2 FANUC 0i-M 及加工中心编程指令代码及编程格式

6.2.1 G 代码功能及编程格式

FANUC 0i-M 及加工中心 G 代码功能及编程格式见表 6-3。

表 6-3 FANUC 0i-M 及加工中心 G 代码功能及编程格式

代码	分组	意 义	格 式
G00	01	快速定位	G00 X_Y_Z_A_ X,Y,Z,A:在 G90 时为终点在工件坐标系中的坐标;在 G91 时为终点相对于起点的位移量
G01	01	直线插补	G01 X_Y_Z_A_F_ X,Y,Z,A:终点坐标 F:合成进给速度
G02	01	顺圆插补	XY 平面内的圆弧: G17 $\begin{Bmatrix} G02 \\ G03 \end{Bmatrix}$ X_Y_ $\begin{Bmatrix} R\_ \\ I\_J\_ \end{Bmatrix}$ ZX 平面的圆弧: G18 $\begin{Bmatrix} G02 \\ G03 \end{Bmatrix}$ X_Z_ $\begin{Bmatrix} R\_ \\ I\_K\_ \end{Bmatrix}$ YZ 平面的圆弧: G19 $\begin{Bmatrix} G02 \\ G03 \end{Bmatrix}$ Y_Z_ $\begin{Bmatrix} R\_ \\ J\_K\_ \end{Bmatrix}$ X,Y,Z:圆弧终点 I,J,K:圆心相对于圆弧起点的偏移量 R:圆弧半径,当圆弧圆心角小于 180°时 R 为正值,否则 R 为负值 F:被编程的两个轴的合成进给速度
G03	01	逆圆插补	
G02/G03	01	螺旋线进给	G17 G02(G03)X_Y_R(I_J_)_Z_F_ G18 G02(G03)X_Z_R(I_K_)_Y_F_ G19 G02(G03)Y_Z_R(J_K_)_X_F_ X,Y,Z:由 G17/G18/G19 平面选定的两个坐标为螺旋线投影圆弧的终点,第三个坐标是与选定平面相垂直的轴终点 其余参数的意义同圆弧进给

续表

代码	分组	意 义	格 式
G04	00	暂停	G04 P_ G04 X_ P:暂停时间,单位为 ms X:暂停时间,单位为 s
G17 G18 G19	02	XY 平面 ZX 平面 YZ 平面	
G20 G21	06	英寸输入 毫米输入	
G28 G29	00	回参考点 由参考点返回	G28 X_Y_Z_A_ X,Y,Z,A:回参考点时经过的中间点 G29 X_Y_Z_A_ X,Y,Z,A:返回的定位终点
G40 G41 G42	07	刀具半径补偿取消 左半径补偿 右半径补偿	G17(G18/G19)G40(G41/G42)G00(G01)X_Y_Z_D_ X,Y,Z:G01/G02 的参数,即刀补建立或取消的终点 D:G41/G42 的参数,即刀补号码(D00～D99)代表刀补表中对应的半径补偿值
G43 G44 G49	08	刀具长度正向补偿 刀具长度负向补偿 刀具长度补偿取消	G17(G18/G19)G43(G44/G49)G00(G01)X_Y_Z_H_ X,Y,Z:G01/G02 的参数,即刀补建立或取消的终点 H:G43/G44 的参数,即刀补号码(H00～H99)代表刀补表中对应的长度补偿值
G50 G51	11	缩放关 缩放开	G51 X_Y_Z_P_ G50 X,Y,Z:缩放中心的坐标值 P:缩放倍数,不能用小数指定,P2000 表示缩放比例为 2 倍。
G50.1 G51.1	03	镜像关 镜像开	G50.1 X_Y_Z_A_ G51.1 X_Y_Z_A_ X,Y,Z,A:镜像位置

续表

代码	分组	意义	格式
G54 G55 G56 G57 G58 G59	14	选择工作坐标系 1 选择工作坐标系 2 选择工作坐标系 3 选择工作坐标系 4 选择工作坐标系 5 选择工作坐标系 6	GXX
G68 G69	05	旋转变换 旋转取消	G17 G68 X_Y_R_ G18 G68 X_Z_R_ G19 G68 Y_Z_R_ G69 X,Y,Z:旋转中心的坐标值 R:旋转角度
G73 G74 G76 G80 G81 G82 G83 G84 G85 G86 G87 G88 G89	09	高速深孔加工循环 反攻丝循环 精镗循环 固定循环取消 钻孔循环 带停顿的单孔循环 深孔加工循环 攻丝循环 镗孔循环 镗孔循环 反镗循环 镗孔循环 镗孔循环	G98(G99)G73X_Y_Z_R_Q_F_K_ G98(G99)G74 X_Y_Z_R_P_F_K_ G98(G99)G76X_Y_Z_R_Q_P_F_K_ G80 G98(G99)G81X_Y_Z_R_F_K_ G98(G99)G82X_Y_Z_R_P_F_K_ G98(G99)G83X_Y_Z_Q_R_F_K_ G98(G99)G84X_Y_Z_R_P_F_K_ G98(G99)G85X_Y_Z_R_F_K_ G98(G99)G86X_Y_Z_R_F_K_ G98(G99)G87X_Y_Z_R_Q_F_K_ G98(G99)G88X_Y_Z_R_P_F_K_ G98(G99)G88X_Y_Z_R_P_F_K_ X,Y:加工起点到孔位的距离 R:增量方式是初始点到 R 点的距离;绝对值方式是 R 点的 Z 坐标值 Z:孔底坐标值。增量方式是 R 点到孔底的距离;绝对值方式是孔底的 Z 坐标值 Q:G73/G83 中用来指定每次进给深度;G76/G87 中用来指定刀具的让刀量 P:刀具在孔底的暂停时间 F:切削进给速度 K:固定循环次数
G90 G91	03	绝对值编程 增量值编程	GXX
G92	00	工作坐标系设定	G92 X_Y_Z_A_ X,Y,Z,A:设定的工件坐标系原点到刀具起点的有向距离
G94 G95	05	每分钟进给 每转进给	G94 F_ G95 F_ F:进给速度
G98 G99	10	固定循环返回起始点 固定循环返回到 R 点	G98:返回初始平面 G99:返回 R 点平面

6.2.2　M代码功能及编程格式

FANUC 0i-M及加工中心M代码功能及编程格式见表6-4。

表6-4　FANUC 0i-M及加工中心M代码功能及编程格式

代码	意义	格式
M00	程序停止	
M02	程序结束	
M03	主轴正转启动	
M04	主轴反转启动	
M05	主轴停止转动	
M06	换刀指令（铣）	M06 T_
M07	切削液开启（铣）	
M09	切削液关闭	
M30	结束程序运行且返回程序开头	
M98	子程序调用	M98 PnnnnL×× 调用程序号为Onnnn的程序××次。
M99	子程序结束	子程序格式： Onnnn … … … … M99

6.3　数控综合实训

实训任务一　简单编程指令与刀具半径补偿指令数控编程的综合实训

【例6-1】　零件如图6-1所示，毛坯尺寸为125 mm×100 mm×16 mm，材料为Q235。按照数控工艺要求，分析加工工艺及编写加工程序。

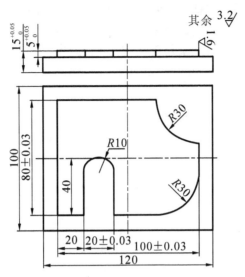

图 6-1 简单编程指令与刀具半径补偿指令数控编程实训

一、实训目的

(1) 培养学生根据简单平面轮廓类零件进行刀半径补偿手工编程加工的能力。
(2) 了解平面轮廓零件数控加工的基本工艺过程。
(3) 掌握 G01、G02/G03、G41/G42、G40 指令的编程方法。
(4) 熟悉平口钳、游标卡尺、深度尺及刀具装卸的使用方法。

二、实训要求

(1) 选用合理的刀具和切削用量,加工方案及加工路线正确,工序安排合理,程序科学正确。
(2) 正确操作机床和工量具,加工的零件尺寸符合图纸要求。
(3) 遵守安全操作规程。

三、实训条件

实训条件:数控机床、面铣刀、立铣刀、游标卡尺、深度尺、平口钳。

四、实训的具体步骤与详细内容

1. 工艺分析

(1) 刀具的选择。选用 $\phi18$ mm 的立铣刀和 $\phi80$ mm 的面铣刀。
(2) 零件装夹方案的确定。需要加工的零件比较规则,采用平口钳夹持。
(3) 加工工序安排。零件图主要包括平面和外轮廓的加工,以工件顶面中心为工件原点,根据零件图拟定加工工序,具体如下。

① 选用 φ80 mm 的面铣刀铣削平面,保证厚度的尺寸精度。
② 选用 φ18 mm 的立铣刀粗铣外轮廓,留 0.5 mm 的精加工余量。
③ 选用 φ18 mm 的立铣刀精铣外轮廓,设置刀具半径补偿,去除余量至尺寸要求。

2. 数控加工工序卡片

数控加工工序卡片见表 6-5。

表 6-5 数控加工工序卡片 13

工厂名称	数控加工工序卡片	产品及型号	零件名称	零件图号	材料名称	材料牌号	第　页	共　页
					钢	Q235		
工序号	工序名称	程序编号	夹具名称	夹具编号	设备名称	设备型号	设备规格	加工车间
			平口钳	01	数控铣床			实训中心
工步号	工步内容	刀具名称	刀具号	主轴转速/(r/min)	进给量/(mm/min)	背吃刀量/mm	备注	
1	铣削表面	φ80	01	800	500	1		
2	粗铣轮廓	φ18	02	600	150	5	留 0.5 mm 余量	
3	精铣轮廓	φ18	02	700	120	5		
编制		抄写		校对		审核		批准

3. 加工程序

1) 华中数控系统 HNC-21M

(1) 用 φ80 mm 的面铣刀铣削平面。

%6001

N10　G54 G17 G90 G00 X0 Y0 Z100(设置坐标系,加工平面为 XY 平面,绝对坐标编程,快速定位在工件原点上,距工件表面 100 mm 处)

N20　M03 S800(主轴正传,转速 800 r/min)

N30　X110 Y25(快速定位刀下刀点)

N40　Z5(快速定位到工件上方 5 mm 处)

N50　G01 Z-1 F50(以 50 mm/min 的速度切入工件 1 mm)

N60　X-110 F500(以 500 mm/min 的速度向 X 负方向走 110 mm)

N70　Y-25(向 Y 负方向走 25 mm)

N80　X110(再向 X 正向走 110 mm)

N90　G00 Z100(快速提刀离工件 100 mm)

N100　M05(主轴停止转动)

N110　M30(程序停止,并返回程序头)

(2) 用 φ18 mm 的立铣刀粗精加工轮廓。

%6101

N120　G54 G17 G90(设置坐标系及加工平面,绝对编程)

N130　M03 S600(主轴正转,转速 600 r/min,精加工时转速为 700 r/min)

N140　G00 Z100(快速定位到离工件 100 mm 处)
N150　X-68 Y56(快速定位到下刀位置)
N160　Z5(刀具下刀离工件 5 mm 处)
N170　G01 Z0 F200(以 200 mm/min 的速度移到零件表面)
N180　Z-5 F30(以 30 mm/min 的速度切削入零件 5 mm 深)
N190　G41 G01 Y40 F150 D01(D02F120)(建立刀补,粗精加工用同一个程序。粗加工时 D01 为 9.5 mm,精加工刀补 D02 为 9 mm,F120)
N200　X20(向 X 方向移动至 X20 mm 处)
N210　G03 X50 Y10 R30(铣削 R 30 的圆弧)
N220　G01 Y-10(切削至 Y-10 mm 处)
N230　G02 X20 Y-30 R30(铣削 R 30 的圆弧)
N240　G01 X-10(切削至 X-10 mm 处)
N250　G03 X-30 Y-10 R10(铣削 R 10 的圆弧)
N260　G01 Y-40(直线切削至 Y-40 mm 处)
N270　X-50(直线切削至 Y-50 mm 处)
N280　Y50(直线切削至 Y50 mm 处)
N290　G40 X-68 Y65(取消刀补,回至下刀点)
N300　G00 Z100(快速抬刀至 100 mm 处)
N310　M05(主轴停止)
N320　M30(程序结束并返回程序头)

2) FANUC 0i-M 数控系统

将 HNC 程序略作修改即可,修改如下。

(1) 改程序头,将地址符"％"改为"O"。

(2) 地址符中整数值后需要加点号,小数值不需要,如 X-20. Y0.5 R3。

(3) 每行程序结束时后面加上分号,如 G00 X-20. Y0.5;。

实训任务二　刀具长度补偿指令数控编程的综合实训

【例 6-2】 零件如图 6-2 所示,要求只加工孔,材料为 Q235。按照数控工艺要求,分析加工工艺及编写加工程序。

一、实训目的

(1) 培养学生根据简单类零件图进行多把刀具综合加工编程的能力。
(2) 了解孔类零件数控加工的基本工艺过程。
(3) 掌握 G02/G03、G81、G83、G80、G43/G44、G49 指令的编程方法。
(4) 熟悉平口钳、游标卡尺、深度尺及刀具装卸的使用方法。

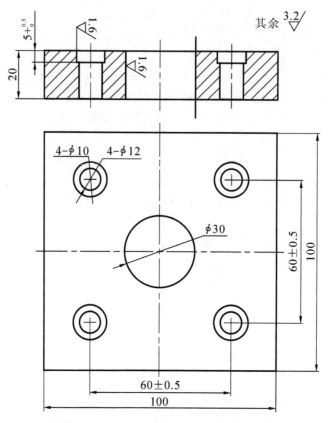

图 6-2 刀具长度补偿指令数控编程实训

二、实训要求

(1) 选用合理的刀具和切削用量,加工方案及加工路线正确,工序安排合理,程序科学正确。

(2) 正确操作机床和使用工量具,加工的零件尺寸符合图纸要求。

(3) 遵守安全操作规程。

三、实训条件

实训条件:数控机床、键槽铣刀、麻花钻、游标卡尺、深度尺、平口钳。

四、实训的具体步骤与详细内容

1. 工艺分析

(1) 刀具的选择。选用中心钻,ϕ10 mm 的麻花钻,ϕ12 mm 和 ϕ18 mm 的键槽铣刀。

(2) 零件装夹方案的确定。需要加工的零件比较规则,采用平口钳夹持。

(3) 加工工序安排。零件图主要包括孔类的加工,采取多把刀具应用长度补偿加工零件,以工件顶面中心为工件原点,根据零件图拟定加工工序,具体如下。

① 选用中心钻对 5 个孔进行点孔。
② 选用 φ10 mm 的麻花钻钻削 4 个孔及中间的预孔。
③ 选用 φ12 mm 的键槽铣刀铣削 4 个深 5 mm 的孔。
④ 选用 φ18 mm 的键槽铣刀粗精铣削中间 φ30 mm 的孔。

2. 数控加工工序卡片

数控加工工序卡片见表 6-6。

表 6-6 数控加工工序卡片 14

工厂名称	数控加工工序卡片	产品及型号	零件名称	零件图号	材料名称	材料牌号	第 页	共 页
					钢	Q235		
工序号	工序名称	程序编号	夹具名称	夹具编号	设备名称	设备型号	设备规格	加工车间
			平口钳	01	数控铣床			实训中心
工步号	工步内容	刀具名称	刀具号	主轴转速/(r/min)	进给量/(mm/min)	背吃刀量/mm	备注	
1	点孔	中心钻	01	1100	120	0.3		
2	钻孔	φ10 钻头	02	800	100	21		
3	扩孔	φ12 键槽	03	800	120	5		
4	中间孔	φ18 键槽	04	700	200	2		
编制		抄写		校对		审核	批准	

3. 加工程序

1）华中数控系统 HNC-21M

%6002

N10 G54 G17 G90（建立工件坐标系）

N20 M03 S1100（主轴正转，转速 1100 r/min）

N30 G00 Z50（快速移至工件上方 50 mm 处）

N40 G99 G81 X30 Y30 Z−0.5 R4 F120（点孔，深度 0.5 mm，进给速度 120 mm/min）

N50 X−30（孔位置）

N60 Y−30（孔位置）

N70 X30（孔位置）

N80 X0 Y0（孔位置）

N90 G80（取消钻孔循环）

N100 G00 Z150（快速将刀具移至 150 mm 处）

N110 M05（主轴停止）

N120 M00（程序暂停，手动将第 2 把刀换上主轴）

N130 G00 G43 Z100 H02（建立长度补偿，刀补号为 H02，φ10 mm 的麻花钻钻孔）

N140 M03 S800（主轴正转，转速 800 r/min）

N150 Z50（快速移动到零件表面上方 50 mm 处）

N160 G99 G83 X30 Y30 Z−21.5 Q−3 K1 R4 F100（深孔钻循环，钻孔深度 21.5

mm,进给速度 100 mm/min)

  N170 X-30(孔位置)

  N180 Y-30(孔位置)

  N190 X30(孔位置)

  N200 X0 Y0(孔位置)

  N210 G80(取消钻孔循环)

  N220 G00 Z150(快速抬刀至 150 mm 处)

  N230 M05(主轴停止)

  N240 M00(程序暂停,手动换第 3 把刀具)

  N250 G00 G43 Z100 H03(建立刀补,刀补号为 H03,φ12 mm 的键槽刀扩孔)

  N260 M03 S800(主轴正转,转速 800 r/min)

  N270 G00 Z50(快速定位至工件上方 50 mm 处)

  N280 G99 G81 X30 Y30 Z-5 R4 F120(灵活采取点孔 G81 来进行扩孔)

  N290 X-30(孔位置)

  N300 Y-30(孔位置)

  N310 X30(孔位置)

  N320 X0Y0(孔位置)

  N330 G80(取消钻孔循环)

  N340 G00 Z150(快速抬刀至 150 mm 处)

  N350 M05(主轴停止)

  N360 M00(程序暂停,手动将第 4 把刀具换上)

  N370 G00 G43 Z100 H04(建立刀补,刀补号为 H04,φ20 mm 的键槽刀扩中间孔)

  N380 M03 S700(主轴正转,转速 700 r/min)

  N390 G00 X6 Y0(快速定位到 X6 Y0 处)

  N400 Z5(快速定位至零件上方 5 mm 处)

  N410 G01 Z1 F200(以 200 mm/min 的速度下降至 Z1 mm 处)

  N420 G91 G03 I-6 J0 Z-2 F200 L11(采取螺旋下刀,螺旋半径为 6 mm,速度 200 mm/min)

  N430 G02 I-6 J0 F120(反向走圆,速度 120 mm/min)

  N440 G90 G00 Z150(在绝对编程方式下,快移刀具至 Z150 mm)

  N450 M05(主轴停止)

  N460 M30(程序停止并返回程序头)

  2) FANUC 0i-M 数控系统

  将 HNC 程序略作修改即可,修改如下。

  (1) 改程序头,将地址符"%"改为"O"。

  (2) 地址符中整数值后需要加点号,小数值不需要,如 X-20. Y0.5 R3。

  (3) 每行程序结束时后面加上分号,如 G00 X-20. Y0.5;。

  (4) G83 钻孔循环需要修改,G99/G98 G83 X Y Z R Q F,Q 为正负均可,默认为负。

实训任务三　缩放指令与子程序指令数控编程的综合实训

【例 6-3】 零件如图 6-3 所示,要求加工上表面两个凸台,上面凸台是下面凸台尺寸的 0.8 倍,材料为 Q235。按照数控工艺要求,分析加工工艺及编写加工程序。

一、实训目的

(1) 培养学生根据简单类零件图进行缩放加工编程的能力。

(2) 了解外形相似类零件数控加工的基本工艺过程。

(3) 掌握 G01、G41/G42、G40 指令的编程方法。

(4) 掌握子程序的应用。

(5) 熟悉平口钳、游标卡尺、深度尺及刀具装卸的使用方法。

二、实训要求

(1) 选用合理的刀具和切削用量,加工方案及加工路线正确,工序安排合理,程序科学正确。

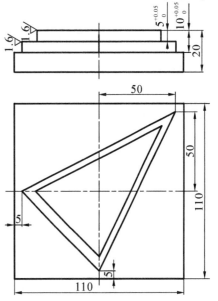

图 6-3　缩放指令与子程序指令数控编程实训

(2) 正确操作机床和使用工量具,加工的零件尺寸符合图纸要求。

(3) 遵守安全操作规程。

三、实训条件

实训条件:数控机床、立铣刀、游标卡尺、深度尺、平口钳。

四、实训的具体步骤与详细内容

1. 工艺分析

(1) 刀具的选择。选用 $\phi 20$ mm 的立铣刀。

(2) 零件装夹方案的确定。需要加工的零件比较规则,采用平口钳夹持。

(3) 加工工序安排。零件图主要就是两个轮廓加工且形状相识,采用缩放指令编程加工,以工件顶面中心为工件原点,根据零件图拟定加工工序,具体如下:

① 选用 $\phi 20$ mm 的立铣刀对上下轮廓进行粗加工,余量 0.5 mm。

② 选用 $\phi 20$ mm 的立铣刀对上下轮廓进行精加工。

2. 数控加工工序卡片

数控加工工序卡片见表 6-7。

表 6-7 数控加工工序卡片 15

工厂名称	数控加工工序卡片	产品及型号	零件名称	零件图号	材料名称	材料牌号	第 页	共 页
					钢	Q235		
工序号	工序名称	程序编号	夹具名称	夹具编号	设备名称	设备型号	设备规格	加工车间
			平口钳	01	数控机床			实训中心
工步号	工步内容	刀具名称	刀具号	主轴转速/(r/min)	进给量/(mm/min)	背吃刀量/mm	备注	
1	粗铣轮廓	φ20	01	600	120	2.5		
2	精铣轮廓	φ20	01	800	100	5		
编制		抄写		校对		审核		批准

3. 加工程序

1) 华中数控系统 HNC-21M

用 φ20 mm 的立铣刀粗精加工轮廓程序

%6003

N10   G54 G17 G90(坐标系的选择)

N20   M03 S700(主轴正转,转速 700 r/min,精加工时转速 800 r/min)

N30   Z100(刀具移动至 Z100 mm 处)

N40   M98 P1(调用 1 号子程序)

N50   G51 X0 Y0 P0.8(缩放中心为 0,缩放倍数 0.8)

N60   M98 P11(调用 11 号子程序)

N70   G00 Z100(快速抬刀)

N80   G50(取消缩放)

N90   M05(主轴停止)

N100   M30(程序结束并返回程序头)

%1(1 号子程序)

N110   G00 X-75 Y0(定位到下刀点)

N120   Z5(Z 快速下降至 5 mm 处)

N130   G01 Z0 F200(以 200 mm/min 的速度下降至工件表面,精加工时改为 G01 Z5 F200)

N140   M98 P2 L4(调用 2 号子程序 4 次,精加工时调用子程序 1 次)

N140   G00 Z50(快速抬刀至 Z50 mm 处)

N150   M99(子程序返回)

%11(11 号子程序)

N160   G00 X-75 Y0(定位到下刀点)

N170   Z5(Z 快速下降至 5 mm 处)

N180   G01 Z0 F200(以 200 mm/min 的速度下降至工件表面)

N190   M98 P1 L2(调用 2 号子程序 2 次,精加工时调用子程序 1 次)

N200   G00 Z50(快速抬刀至 50 mm 处)

N210   M99(子程序返回)

%2(2号子程序)
N220   G91 G01 Z—2.5 F120(以进给速度为 120 mm/min 向 Z 增量下刀 2.5 mm,精加工时 Z 改为 Z—10)
N230   G90 G41 G01 X—50 Y0 D01(D02 F100)(建立刀具半径补偿,粗加工 D01=10.5,精加工 D02=10,F100)
N140   X50 Y50(直线进给到 X50 Y50 的角点)
N150   X0 Y50(再切削至 X0 Y50 的角点)
N160   X—50 Y0(再切削至 X—50 Y0 的角点)
N170   G40 X—75(取消刀具半径补偿)
N180   Y0(回至下刀点)
N190   M99(子程序返回)

2) FANUC 0i-M 数控系统
将 HNC 程序略作修改即可,修改如下。
(1) 改程序头,将地址符"%"改为"O"。
(2) 地址符中整数值后需要加点号,小数值不需要,如 X—20. Y0.5 R3。
(3) 每行程序结束时后面加上分号,如 G00 X—20. Y0.5;。
(4) 所有子程序名要以字母"O"开头,且所有子程序不能编入主程序后面,需要另起程序,例:原先"%1"改为"O1"。

实训任务四 旋转指令与子程序指令数控编程的综合实训

【例 6-4】 零件如图 6-4 所示,要求只加工孔及周边均布的槽,材料为 Q235。按照数控工艺要求,分析加工工艺及编写加工程序。

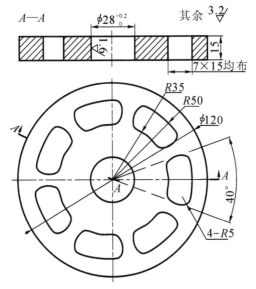

图 6-4 旋转指令与子程序指令数控编程实训

一、实训目的

(1) 培养学生根据盘类零件图进行旋转编程综合加工的能力。
(2) 了解盘类零件数控加工的基本工艺过程。
(3) 掌握 G02/G03、G41/G42、G40、G68/G69 指令的编程方法。
(4) 掌握子程序的应用。
(5) 熟悉平口钳、游标卡尺、深度尺及刀具装卸的使用方法。

二、实训要求

(1) 选用合理的刀具和切削用量,加工方案及加工路线正确,工序安排合理,程序科学正确。
(2) 正确操作机床和使用工量具,加工的零件尺寸符合图纸要求。
(3) 遵守安全操作规程。

三、实训条件

实训条件:数控机床、键槽铣刀、游标卡尺、深度尺、平口钳及 V 形块。

四、实训的具体步骤与详细内容

1. 工艺分析

(1) 刀具的选择。选用 ϕ10 mm、ϕ12 mm 和 ϕ18 mm 的键槽铣刀。
(2) 零件装夹方案的确定。需要加工的零件为圆盘类零件,采用平口钳夹及 V 形块装夹。
(3) 加工工序安排。零件图主要是针对均布槽类的加工,以工件顶面中心为工件原点,根据零件图拟定加工工序,具体如下。
① 选用 ϕ18 mm 的键槽铣刀粗精铣削中间孔。
② 选用 ϕ12 mm 的键槽铣刀粗铣削均布的槽。
③ 选用 ϕ10 mm 的键槽铣刀精铣削均布的槽。

2. 数控加工工序卡片

数控加工工序卡片见表 6-8。

表 6-8 数控加工工序卡片 16

工厂名称	数控加工工序卡片	产品及型号	零件名称	零件图号	材料名称	材料牌号	第 页	共 页
					钢	Q235		
工序号	工序名称	程序编号	夹具名称	夹具编号	设备名称	设备型号	设备规格	加工车间
			平口钳	002	数控铣床			实训中心
工步号	工步内容	刀具名称	刀具号	主轴转速/(r/min)	进给量/(mm/min)	背吃刀量/mm	备注	
1	中间孔粗精	ϕ18	01	700	150	2		
2	粗铣槽	ϕ10	02	800	150	5		
3	精铣槽	ϕ10	02	1000	100	20		
编制		抄写		校对		审核	批准	

3. 加工程序

1) 华中数控系统 HNC-21M

用 φ18 mm 的键槽铣刀加工中间孔

%6004

N10　　G54 G17 G90 G54(坐标系,XY 加工平面,绝对编程)

N20　　M03 S700(主轴正转,转速 700 r/min)

N30　　G00 Z100(刀具快移至 Z100 mm 处)

N40　　X5 Y0(定位到下刀点)

N50　　Z5(定位到零件表面 Z5 mm 处)

N60　　G01 Z0.5 F200(以 200 mm/min 的速度进给到零件上方 0.5 mm)

N70　　G91 G03 I-5 J0 Z-2 L8 F150(以 150 mm/min 的速度螺旋进给,每圈进-2 mm)

N80　　G02 I-5 J0 F120(在底部反转一圈)

N90　　G90 G00 Z150(快速抬刀至 Z150 mm 处)

N100　　M05(主轴停止)

N110　　M00(程序暂停,换第二把刀,φ12 mm 的键槽铣刀,加工均布槽)

N120　　M03 S8000(主轴正转,转速 800 r/min,精加工时转速为 1000 r/min)

N130　　G00 G43 H02 Z100(建立刀具长度补偿)

N140　　Z50(快速将刀具移至 Z50 mm 处)

N150　　M98 P1(调用一号子程序)

N160　　G68 X0 Y0 P[360/7](以 X0Y0 为中心旋转[360/7])

N170　　M98 P1(调用一号子程序)

N180　　G68 X0 Y0 P[2×360/7](以 X0Y0 为中心旋转[2×360/7])

N190　　M98 P1(调用一号子程序)

N200　　G68 X0 Y0 P[3×360/7](以 X0Y0 为中心旋转[3×360/7])

N210　　M98 P1(调用一号子程序)

N220　　G68 X0 Y0 P[4×360/7](以 X0Y0 为中心旋转[4×360/7])

N230　　M98 P1(调用一号子程序)

N240　　G68 X0 Y0 P[5×360/7](以 X0Y0 为中心旋转[5×360/7])

N250　　M98 P1(调用一号子程序)

N260　　G68 X0 Y0 P[6×360/7](以 X0Y0 为中心旋转[6×360/7])

N270　　M98 P1(调用一号子程序)

N280　　G00 Z100(快速抬刀至 Z100 mm 处)

N290　　G49(取消刀具长度补偿)

N300　　M05(主轴停止)

N310　　M30(程序结束并返回程序头)

%1(1 号子程序)

N320　　G00 X40 Y0(定位到下刀点)

N320　　Z5(快速下降至零件表面 5 mm 处)

N330　G01 Z0 F200(以 200 mm/min 的速度下降至零件表面)

N340　M98 P2 L3(调用 2 号子程序号子程序 3 次,精加工时改为 M98 P2)

N350　G00 Z50(快速抬刀至 50 mm 处)

N360　M99(子程序返回)

％2(2 号子程序)

N370　G91 G01 Z－5 F20(以 20 mm/min 的速度增量下刀,每次下刀 5 mm,精加工时
　　　　改为 G91 G01 Z－15 F200)

N380　G90 G41 G01 X45 Y－6 D01 F150 D01(D02 F100)(建立刀补,粗加工刀补用
　　　　　　　　　　　　　　　　　　　D01＝5.2,精加工刀补为 D02＝5,
　　　　　　　　　　　　　　　　　　　F100)

N390　G03 X50 Y0 R5(以 R5 的圆弧切入轮廓)

N400　X48.594 Y11.775 R50(加工腰圆槽)

N410　X42.024 Y15.296 R5

N420　G01 X37.293 Y13.574

N430　G03 X34.128 Y7.766 R5

N440　G02 X34.128 Y－7.766 R35

N450　G03 X37.293 Y－13.574 R5

N460　G01 X42.024 Y－15.296

N470　G03 X48.594 Y－11.775 R5

N480　X50 Y0 R50

N490　X45 Y6 R5(以 R5 的圆弧切入轮廓)

N500　G40 G01 X40 Y0(直线取消刀补,回至下刀点)

N510　M99(子程序返回)

2) FANUC 0i-M 数控系统

将 HNC 程序略作修改即可,修改如下。

(1) 改程序头,将地址符"％"改为"O"。

(2) 地址符中整数值后需要加点号,小数值不需要,如 X－20. Y0.5 R3。

(3) 每行程序结束时后面加上分号,如 G00 X－20. Y0.5;。

(4) 所有子程序名要以字母"O"开头,且所有子程序不能编入主程序后面,需要另起程序,例:原先"％1"改为"O1"。

(5) 旋转指令 G68 X Y R,R 为旋转角度。

实训任务五　镜像指令与子程序指令数控编程的综合实训

【例 6-5】　零件如图 6-5 所示,要求只加工凸台,材料为 Q235。按照数控工艺要求,分析加工工艺及编写加工程序。

一、实训目的

(1) 培养学生根据对称类零件图进行镜像编程综合加工的能力。
(2) 了解对称类零件数控加工的基本工艺过程。
(3) 掌握 G02/G03、G41/G42、G40、G24/G25 指令的编程方法。
(4) 掌握子程序的应用。
(5) 熟悉平口钳、游标卡尺、深度尺及刀具装卸的使用方法。

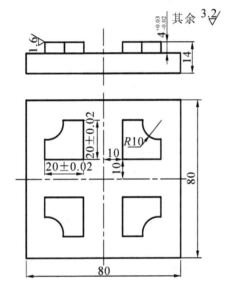

图 6-5 镜像指令与子程序指令数控编程实训

二、实训要求

(1) 选用合理的刀具和切削用量,加工方案及加工路线正确,工序安排合理,程序科学正确。
(2) 正确操作机床和使用工量具,加工的零件尺寸符合图纸要求。
(3) 遵守安全操作规程。

三、实训条件

实训条件:数控机床、立铣刀、游标卡尺、深度尺、平口钳。

四、实训的具体步骤与详细内容

1. 工艺分析

(1) 刀具的选择。$\phi 18$ mm 的立铣刀。
(2) 零件装夹方案的确定。需要加工的零件比较规则,采用平口钳夹持。
(3) 加工工序安排。零件图主要包括对称形状的加工,以工件顶面中心为工件原点,根据零件图拟定加工工序,具体如下:

① 选用 φ18 mm 的键槽铣刀粗铣削零件轮廓,余量 0.5 mm。
② 选用 φ18 mm 的键槽铣刀精铣削零件轮廓。

2. 数控加工工序卡片

数控加工工序卡片见表 6-9。

表 6-9 数控加工工序卡片 17

工厂名称	数控加工工序卡片	产品及型号	零件名称	零件图号	材料名称	材料牌号	第 页	共 页
					钢	Q235		
工序号	工序名称	程序编号	夹具名称	夹具编号	设备名称	设备型号	设备规格	加工车间
			平口钳					实训中心
工步号	工步内容	刀具名称	刀具号	主轴转速/(r/min)	进给量/(mm/min)	背吃刀量/mm	备注	
1	粗加工轮廓	φ18	01	700	120	2		
2	精加工轮廓	φ18	02	800	100	4		
编制		抄写		校对		审核		批准

3. 加工程序

1) 华中数控系统 HNC-21M

φ18 mm 的立铣刀加工轮廓

%6005

N10 G54 G17 G90(建立坐标系,加工平面 XY,绝对编程)
N20 M03 S700(主轴正转,转速 700 r/min)
N30 G00 Z100(Z 轴快速定位到 100 mm)
N40 M98 P1(调用 1 号子程序)
N50 G24 X0(以 Y 轴镜像)
N60 M98 P1(调用 1 号子程序)
N70 G24 Y0(以原点镜像)
N80 M98 P1(调用 1 号子程序)
N90 G25 X0(以 X 轴镜像)
N100 M98 P1(调用 1 号子程序)
N110 G00 Z100(快速抬刀至 Z100 mm 处)
N120 M05(主轴停止)
N130 M30(程序结束并返回程序头)

%1(1 号子程序)

N140 G00 X0 Y0(快速定位到下刀点)
N150 Z5(Z 快速下降至零件表面 5 mm 处)
N160 G01 Z0 F200(以 200 mm/min 的速度 Z 轴下降至零件表面)
N170 M98 P2 L2(调用 2 号子程序 2 次,精加工时改为 M98 P2)
N180 G00 Z5(快速抬刀至表面 5 mm 处)
N190 M99(子程序返回)

%2(2 号子程序)
N200　G91 G01 Z-2 F30(以 30 mm/min 的速度每次 2 mm 增量下刀,精加工时改为
　　　　　　　　G91 G01 Z-4 F30)
N210　G90 G41 G01 X0 Y0 D01 F120(D02F100)(建立刀补,粗加工 D01=9.2,精加
　　　　　　　　工 D01=9,F100)
N220　Y30(直线进给至 Y30 mm 处)
N230　X20(直线进给至 X20 mm 处)
N240　G03 X30 Y20 R10(圆弧进给)
N250　G01 Y10(直线进给到 Y10 mm 处)
N260　X0(再进给至 X0 处)
N270　G40 X0 Y0(取消刀补,回至下刀点)
N280　M99(子程序返回)
2) FANUC 0i-M 数控系统
将 HNC 程序略作修改即可,修改如下。
(1) 改程序头,将地址符"%"改为"O"。
(2) 地址符中整数值后需要加点号,小数值不需要,如 X-20. Y0.5 R3。
(3) 每行程序结束时后面加上分号,如 G00 X-20. Y0.5;。
(4) 所有子程序名要以字母"O"开头,且所有子程序不能编入主程序后面,需要另起程序,例:原先"%1"改为"O1"。
(5) 程序中"G24"指令改为"G51.1";"G25"指令改为"G50.1"。

实训任务六　直角坐标与极坐标指令数控编程的综合实训(一)

【例 6-6】　零件如图 6-6 所示,要求加工上表面圆凸台,材料为 Q235。按照数控工艺要求,分析加工工艺及编写加工程序。

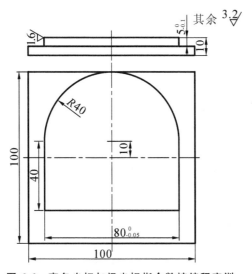

图 6-6　直角坐标与极坐标指令数控编程实训一

一、实训目的

(1) 培养学生根据简单类零件图进行极坐标编程加工的能力。
(2) 了解极坐标类零件数控加工的基本工艺过程。
(3) 掌握 G38 指令(华中)或 G16/G15 指令(FANUC)的编程方法。
(4) 掌握子程序的应用。
(5) 熟悉平口钳、游标卡尺、深度尺及刀具装卸的使用方法。

二、实训要求

(1) 选用合理的刀具和切削用量,加工方案及加工路线正确,工序安排合理,程序科学正确。
(2) 正确操作机床和使用工量具,加工的零件尺寸符合图纸要求。
(3) 遵守安全操作规程。

三、实训条件

实训条件:数控机床、立铣刀、游标卡尺、深度尺、平口钳。

四、实训的具体步骤与详细内容

1. 工艺分析

(1) 刀具的选择。选用 φ20 mm 的立铣刀。
(2) 零件装夹方案的确定。需要加工的零件比较规则,采用平口钳夹持。
(3) 加工工序安排。零件图主要就是轮廓加工,以工件顶面中心为工件原点,根据零件图拟定加工工序,具体如下。
① 选用 φ20 mm 的立铣刀对上下轮廓进行粗加工,余量 0.5 mm。
② 选用 φ20 mm 的立铣刀对上下轮廓进行精加工。

2. 数控加工工序卡片

数控加工工序卡片见表 6-10。

表 6-10 数控加工工序卡片 18

工厂名称	数控加工工序卡片	产品及型号	零件名称	零件图号	材料名称	材料牌号	第 页	共 页
					钢	Q235		
工序号	工序名称	程序编号	夹具名称	夹具编号	设备名称	设备型号	设备规格	加工车间
			平口钳	001	数控铣床			实训中心
工步号	工步内容	刀具名称	刀具号	主轴转速/(r/min)	进给量/(mm/min)	背吃刀量/mm	备注	
1	粗铣轮廓	φ20	01	600	120	2.5		
2	精铣轮廓	φ20	01	800	100	5		
编制	抄写		校对		审核		批准	

3. 加工程序

1) 华中数控系统 HNC-21M

φ20 mm 的立铣刀对轮廓进行加工

%6006

N10　　G54 G17 G90（建立坐标系，加工平面 XY，绝对编程）

N20　　M03 S600（主轴正转，转速 600 r/min，精加工转速 800 r/min）

N30　　G00 Z100 X－50 Y－50（快速定位至 X－50 Y－50 Z100 位置）

N40　　Z5（快速下降至 Z 5 mm 处）

N50　　G01 Z0 F200（以 200 mm/min 的速度下降至零件表面）

N60　　M98 P1 L2（调用 1 号子程序 2 次，精加工时改为 M98 P1）

N70　　G00 Z100（快速抬刀至 Z 100 mm 处）

N80　　M05（主轴停止）

N90　　M30（程序结束并返回程序头）

%1（1 号子程序）

N100　　G91 G01 Z－2.5 F30（以 30 mm/min 的速度每次增量下刀 2.5 mm）

N110　　G90 G41 G01 X－40 D01 F120（D02 F100）（建立刀补，粗加工 D01＝10.2，精加
　　　　　　　　　　　　　　　　　　　　　　　　工 D02＝10，F100）

N120　　G38 X0 Y10（极坐标有效）

N130　　G02 AP＝0 RP＝40 R42（加工圆弧）

N140　　G01 Y－30（直线进给至 Y－30 处）

N150　　X－50（直线进给至 X－50 处）

N160　　G40 X－50 Y－50（取消刀补，回至下刀点）

N170　　M99（子程序返回）

2) FANUC 0i-M 数控系统

φ20 mm 的立铣刀对轮廓进行加工

O6006；（文件名）

N10　　G54 G17 G90；（建立坐标系，加工平面 XY，绝对编程）

N20　　M03 S600；（主轴正转，转速 600 r/min，精加工转速 800 r/min）

N30　　G00 Z100. X－50. Y－50.；（快速定位至 X－50 Y－50 Z100 位置）

N40　　Z5.；（快速下降至 Z 5 mm 处）

N50　　G01 Z0 F200；（以 200 mm/min 的速度下降至零件表面）

N60　　M98 P1 L2；（调用 1 号子程序 2 次，精加工时改为 M98 P1）

N70　　G00 Z100.；（快速抬刀至 Z 100 mm 处）

N80　　M05；（主轴停止）

N90　　M30；（程序结束并返回程序头）

%

O1；（1 号子程序）

```
N100    G91 G01 Z－2.5 F30;(以 30 mm/min 的速度每次增量下刀 2.5 mm)
N110    G90 G41 G01 X－40. D01 F120(D02 F100);(建立刀补,粗加工 D01＝10.2,精
                                              加工 D02＝10,F100)
N120    G52 X0 Y10.;(建立局部坐标系)
N130    G16;(极坐标有效)
N140    #100＝40.;(定义#1 为 40)
N150    #102＝0.;(定义#2 为 0)
N160    WHILE[#102]LE[180.] DO 1;(循环语句,#2 与 180 循环比较)
N170    G01 Y[#102] X[#100];(切削圆弧)
N180    #102＝#102＋2;(每次递增 2 度)
N190    END 1;(循环返回到 1)
N200    G15;(取消极坐标)
N210    G54;(激活 G54 坐标系)
N220    G01Y－30.;(直线切削只 Y－30 处)
N230    X－50.;(直线切削至 X－50 处)
N240    G40X－50.Y－50.;(取消刀补,回下刀点)
N250    M99;(子程序返回)
%;
```

实训任务七　直角坐标与极坐标指令数控编程的综合实训(二)

【例 6-7】　零件如图 6-7 所示,要求加工上表面圆凸台,材料为 Q235。按照数控工艺要求,分析加工工艺及编写加工程序。

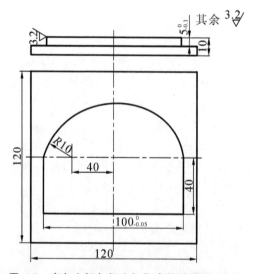

图 6-7　直角坐标与极坐标指令数控编程实训二

一、实训目的

(1) 培养学生根据渐变曲线类零件图进行极坐标编程加工的能力。
(2) 了解渐变曲线类零件数控加工的基本工艺过程。
(3) 掌握 G38 指令(华中)或 G16/G15 指令(FANUC)的编程方法及基本宏指令的编程方法。
(4) 掌握子程序的应用。
(5) 熟悉平口钳、游标卡尺、深度尺及刀具装卸的使用方法。

二、实训要求

(1) 选用合理的刀具和切削用量,加工方案及加工路线正确,工序安排合理,程序科学正确。
(2) 正确操作机床和使用工量具,加工的零件尺寸符合图纸要求。
(3) 遵守安全操作规程。

三、实训条件

实训条件:数控机床、键槽铣刀、游标卡尺、深度尺、平口钳。

四、实训的具体步骤与详细内容

1. 工艺分析

(1) 刀具的选择。选用 $\phi 20$ mm 的立铣刀。
(2) 零件装夹方案的确定。需要加工的零件比较规则,采用平口钳夹持。
(3) 加工工序安排。零件图主要就是轮廓加工,以工件顶面右下角为工件原点,根据零件图拟定加工工序,具体如下。
① 选用 $\phi 20$ mm 的立铣刀对上下轮廓进行粗加工,余量 0.5 mm。
② 选用 $\phi 20$ mm 的立铣刀对上下轮廓进行精加工。

2. 数控加工工序卡片

数控加工工序卡片见表 6-11。

表 6-11 数控加工工序卡片 19

工厂名称	数控加工工序卡片	产品及型号	零件名称	零件图号	材料名称	材料牌号	第 页	共 页
					钢	Q235		
工序号	工序名称	程序编号	夹具名称	夹具编号	设备名称	设备型号	设备规格	加工车间
			平口钳	001	数控铣床			实训中心
工步号	工步内容	刀具名称	刀具号	主轴转速/(r/min)	进给量/(mm/min)	背吃刀量/mm	备注	
1	粗铣轮廓	$\phi 20$	01	600	120	2.5		
2	精铣轮廓	$\phi 20$	01	800	100	5		
编制		抄写		校对		审核	批准	

3. 加工程序

1) 华中数控系统 HNC-21M

φ20 mm 的立铣刀对轮廓进行加工

%6007

N10　M03 S600(主轴正转,转速 600 r/min,精加工转速 800 r/min)

N20　G00 X10 Y－15 Z100(快速定位到 X－10 Y－15 Z100 处)

N30　Z5(Z 快速下降至零件上方 5 mm 处)

N40　G01 Z0 F200(以 200 mm/min 的速度下降至零件表面)

N50　M98 P1 L2(调用 1 号子程序 2 次,精加工时改为 M98 P1)

N60　G00 Z100(快速抬刀至 100 mm 处)

N70　M05(主轴停止)

N80　M30(程序结束并返回程序头)

%1(1 号子程序)

N90　G91 G01 Z－2.5 F20(以 20 mm/min 的速度每次 2.5 mm 增量进刀,精加工时改为 G91 G01 Z－5 F20)

N100　G90 G41 G01 X－10 D01 F120(D02 F100)(建立刀补,粗加工刀补 D01＝10.3,精加工刀补 D02＝10,F100)

N110　Y60(直线切削至 Y60 处)

N120　G38 X－100 Y60(极坐标有效)

N130　♯0＝0(定义起点极角)

N140　♯1＝90(定义起点半径)

N150　WHILE ♯ OLE 180(循环判断)

N160　G01 AP＝[♯0] RP＝[♯1] F120(小直线段逼近圆弧)

N170　♯0＝♯0＋2(角度每次递增 2°)

N180　♯1＝90－4×♯0/9(半径每次递减 4×♯0/9)

N190　ENDW(循环结束)

N200　G01 Y20(直线切削至 Y20 处)

N210　X10(直线切削至 X10 处)

N220　G40 Y－15(取消刀补,返回起点)

N230　M99(子程序结束)

2) FANUC 0i-M 数控系统

将 HNC 程序略作修改即可,修改如下。

(1) 改程序头,将地址符"％"改为"O"。

(2) 地址符中整数值后需要加点号,小数值不需要,如 X－20. Y0.5 R3.。

(3) 每行程序结束时后面加上分号,如 G00 X－20. Y0.5;。

(4) 主程序相同,子程序如下：

O1;(1 号子程序)

N90　G91 G01 Z－2.5 F20;(以 20 mm/min 的速度每次 2.5 mm 增量进刀,精加工时改为 G91G01Z－5.F20)

N100　G90 G41 G01 X－10. D01 F120(D02 F100);(建立刀补,粗加工刀补 D01＝10.3,精加工刀补 D02＝10,F100)

N110   Y60.;(直线切削至Y60处);
N120   G52 X-100.Y60.;(局部坐标系)
N130   G16;(极坐标有效)
N140   #100=0;(定义起点极角)
N150   #101=90.;(定义起点半径)
N160   WHILE[#100]LE[180.]DO1;(循环判断)
N170   G01Y[#0] X[#1]F120;(小直线段逼近圆弧)
N180   #100=#100+2.;(角度每次递增2°)
N190   #101=90.-4.×#101/9.;(半径每次递减4×#100/9.)
N200   END 1;(循环结束)
N210   G15;(极坐标取消)
N220   G01 Y20.;(直线切削至Y20处)
N230   X10.;(直线切削至X10处)
N240   G40 Y-15.;(取消刀补,返回起点)
N250   M99;(子程序结束)
%;

实训任务八 数控铣零件数控编程的综合实训(一)

【例6-8】 零件如图6-8所示,毛坯尺寸为100 mm×80 mm×21 mm,只需要加工顶面,材料为Q235。按照数控工艺要求,分析加工工艺及编写加工程序。

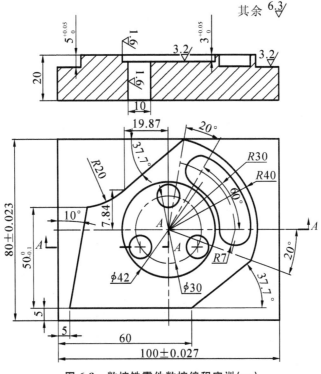

图6-8 数控铣零件数控编程实训(一)

一、实训目的

(1) 培养学生根据中等复杂类零件图进行编程指令综合应用加工的能力。
(2) 了解中等复杂类零件数控加工的基本工艺过程。
(3) 掌握 G02/G03、G41/G42、G40、G68/G69 等指令的编程方法。
(4) 掌握子程序的应用。
(5) 熟悉平口钳、游标卡尺、深度尺及刀具装卸的使用方法。

二、实训要求

(1) 选用合理的刀具和切削用量,加工方案及加工路线正确,工序安排合理,程序科学正确。
(2) 正确操作机床和使用工量具,加工的零件尺寸符合图纸要求。
(3) 遵守安全操作规程。

三、实训条件

实训条件:数控机床、立铣刀、麻花钻、游标卡尺、深度尺、平口钳。

四、实训的具体步骤与详细内容

1. 工艺分析

(1) 刀具的选择。选用 $\phi 20$ mm、$\phi 12$ mm、$\phi 8$ mm 的立铣刀,$\phi 3$ mm 中心钻,$\phi 7.8$ mm 麻花钻。
(2) 零件装夹方案的确定。需要加工的零件比较规则,采用平口钳夹持。
(3) 加工工序安排。零件图主要包括平面、圆弧、正圆、内外轮廓、槽、钻孔等加工工序。以工件顶面中心为工件原点,根据零件图拟定加工工序,具体如下。
① 选用 $\phi 20$ mm 的立铣刀铣削平面,保证高度尺寸 20.0 mm。
② 选用 $\phi 3$ mm 的中心钻点三个孔。
③ 选用 $\phi 10$ mm 平底刀进行扩孔。
④ 选用 $\phi 20$ mm 的立铣刀粗铣零件凸台的外轮廓,逐渐改变刀具半径补偿值,环切法去除轮廓以外的余量。
⑤ 选用 $\phi 20$ mm 的立铣刀精铣零件凸台的外轮廓。
⑥ 选用 $\phi 20$ mm 的立铣刀粗加工整圆,设置刀具半径补偿,留 0.5 mm 的精加工余量。
⑦ 选用 $\phi 20$ mm 的立铣刀精加工整圆,设置刀具半径补偿,去除余量至尺寸要求。
⑧ 选用 $\phi 12$ mm 的立铣刀粗加工腰型槽,设置刀具半径补偿,留精加工余量。
⑨ 选用 $\phi 12$ mm 的立铣刀精加工腰型槽,设置刀具半径补偿,去除余量至尺寸要求。

2. 数控加工工序卡片

数控加工工序卡片见表 6-12。

表 6-12 数控加工工序卡片 20

工厂名称	数控加工工序卡片	产品及型号	零件名称	零件图号	材料名称	材料牌号	第 页	共 页
					钢	Q235		
工序号	工序名称	程序编号	夹具名称	夹具编号	设备名称	设备型号	设备规格	加工车间
			平口钳	01	数控铣床			实训中心
工步号	工步内容	刀具名称	刀具号	主轴转速/(r/min)	进给量/(mm/min)	背吃刀量/mm	备注	
1	平面铣削	ϕ20	01	1000	300	1		
2	点孔	ϕ3	02	800	300	0.5		
3	钻孔	ϕ10	03	1000	200	3		
4	轮廓铣削	ϕ20	01	600	200	1	余量 0.3	
5	整圆铣削	ϕ20	01	1000	200	0.5	余量 0.3	
6	腰槽铣削	ϕ12	05	1000	200	0.5	余量 0.3	
编制		抄写		校对		审核		批准

3. 加工程序

1) 华中数控系统 HNC-21M

(1) ϕ20 mm 平底刀平面加工。

%6008

N10　G90 G54 G00 X0 Y0 Z100(绝对编程,设置 G54 坐标系,快速定位在工件原点距工件上方 Z 100 mm 处)

N20　M03 S1000(主轴正转,转速为 1000 r/min)

N30　X−60 Y−50(快速定位)

N40　Z2(快速将刀具定位工件上方 Z 2 mm 处)

N50　Y−40(−Y 向进给)

N60　G01 Z0 F300(定位在工件表面 Z0 处)

N70　M98 P3 L4(调用 3 号子程序 4 次)

N80　G90 G00 Z100(快速抬刀至 Z 100 mm 处)

N90　X0 Y0(回到工件原点)

N100　M05(主轴停止)

N110　M30(程序结束并返回程序头)

%3(3 号子程序)

N120　G91 X120(增量编程,刀具在当前位置向+X 向前进 120 mm)

N130　Y16(刀具在当前位置向+Y 向前进 16 mm)

N140　X−120(刀具在当前位置向−X 向前进 120 mm)

N150　Y16(刀具在当前位置向+Y 向前进 16 mm)

N160　M99(子程序返回)

(2) A3 点孔。

%6108(主程序名)

N170　G90 G54 G00 X0 Y0 Z100(绝对编程,设置G54坐标系,快速定位在工件原点上,距工件表面Z100 mm处)

N180　M03 S800(主轴正转,转速为800 r/min)

N190　Z5(快速走刀,距离工件表面Z5 mm处)

N200　M98 P1(调用1号子程序钻孔)

N210　G68 X0 Y0 P120(以工件中心旋转120°)

N220　M98 P1(调用1号子程序钻孔)

N230　G68 X0 Y0 P240(以工件中心旋转240°)

N240　M98 P1(调用1号子程序钻孔)

N250　G69(取消旋转)

N260　G90 G00 Z100(快速提刀至Z100 mm处)

N270　M05(主轴停止)

N280　M30(程序停止并返回程序头)

%1(1号子程序)

N290　G90 G00 X0 Y15(绝对编程,XY向快速定位)

N300　G98 G81 Z-0.5 R4 F200(点孔,点深0.5 mm)

N310　G80(取消钻孔循环)

N320　M99(子程序返回)

(3) ϕ10 mm的键槽铣刀钻孔。

%6208

N330　G90 G54 G00 X0 Y0 Z100(绝对编程,设置G54坐标系,快速定位在工件原点上,距工件表面Z 100 mm处)

N340　M03 S1000(主轴正转,转速为1000 r/min)

N350　Z5(快速走刀,距离工件表面Z 5 mm处)

N360　M98 P1(调用1号子程序钻孔)

N370　G68 X0 Y0 P120(以工件中心旋转120°)

N380　M98 P1(调用1号子程序钻孔)

N390　G68 X0 Y0 P240(以工件中心旋转240°)

N400　M98 P1(调用1号子程序钻孔)

N410　G69(取消旋转)

N420　G90 G00 Z100(快速提刀至Z=100 mm处)

N430　M05(主轴停止)

N440　M30(程序停止并返回程序头)

%1(1号子程序)

N450　G90 G00 X0 Y15(绝对编程,XY向快速定位)

N460　G98 G83 Z-22 R4 Q-3 K1 F200(钻孔,钻深22 mm)

N470　G80（取消钻孔循环）
N480　M99（子程序返回）

(4) φ20 mm 平底刀轮廓铣削。

%6308

N490　G90 G54 G00 X－55 Y－40 Z50（绝对编程，设置 G54 坐标系，快速定位 XY，距工件表面 Z 50 mm 处）

N500　M03 S600（主轴正转，转速为 600 r/min）

N510　Z5（快速走刀，距离工件表面 Z 5 mm 处）

N520　X－60 Y55（XY 向定位）

N530　G01 Z0 F100（以进给为 100 mm/min 速度进给到工件表面）

N540　M98 P130 L5（调用子程序 5 次，精加工时改为 M98 P130）

N550　G90 G00 Z100（绝对编程，快速提刀至 Z 100 mm 处）

N560　M05（主轴停止）

N570　M30（程序结束并返回程序头）

%130（130 号子程序）

N580　G91 G01 Z－1 F200（增量下刀，每次下降－1 mm，精加工时改为 G91 G01 Z－5 F200）

N590　G90 G41 Y－35 D01（绝对编程，建立刀具半径左补偿 D01＝10.2，精加工时刀补为 D02＝10）

N600　X10（＋X 方向进给 10 mm）

N610　X37.585 Y－13.68（＋X 方向进给 37.585 mm，＋Y 方向进给 13.68 mm）

N620　G03 X7.087 Y40.195 R40（R40 圆弧铣削）

N630　G01 X－20.498 Y18.875（直线进给）

N640　G02 X－36.184 Y15 R20（R20 圆弧切削）

N650　G01 X－45 Y－35（直线进给）

N660　G40 G01 X－60 Y－55（取消刀具补偿，并回至下刀点）

N670　M99（子程序返回）

(5) φ20 mm 的平底刀铣 φ42 mm 的圆。

%6408

N680　G90 G54 G00 X0 Y0 Z100（绝对编程，设置 G54 坐标系，快速定位在工件原点上，距工件表面 Z 100 mm 处）

N690　M03 S1000（主轴正转，转速为 1000 r/min）

N700　Z5（快速定位到离工件表面 Z 5 mm 处）

N710　G01 Z0 F200（以 200 mm/min 的进给率定位在工件原点上）

N720　M98 P101 L6（调用 101 号子程序 6 次）

N730　G42 G01 X21 F200 D03（建立刀补 D03＝10）

N740　G91 G02 I－21（走整圆）

N750　G90 G40 G01 X0 Y0（取消刀补）

N760   G90 G00 Z100(快速提刀至工件表面 Z 100 mm 处)

N770   M05(主轴停止)

N780   M30(程序结束并返回程序头)

%101(子程序名)

N790   G42 G01 X21 F300 D02(建立刀具半径右补偿 D02=10.2,进给速率 300 mm/min)

N800   G91 G02 I−21 Z−0.5(增量编程,采取螺旋下刀方式,每次下刀量 Z=−0.5 mm)

N810   G90 G40 G01 X0 Y0(绝对编程,取消刀补,返回原点)

N820   M99(子程序返回)

(6) $\phi 12$ mm 的平底刀铣腰型槽。

%6508

N830   G90 G54 G00 X0 Y0 Z100(绝对编程,设置 G54 坐标系,快速定位在工件原点上,距工件表面 Z 100 mm 处)

N840   M03 S1000(主轴正转,转速为 1 000 r/min)

N850   Z5(快速定位到离工件表面 Z 5 mm 处)

N860   X30 Y0(快速定位在 X30 处)

N870   G01 Z0 F300(以 300 mm/min 的进给率定位在工件表面)

N880   M98 P121 L10(调用 121 子程序 10 次)

N890   G90 G00 Z100 M05(绝对编程,快速提刀至 Z 100 mm 处,主轴停止)

N900   M30(程序结束并返回程序头)

%121(子程序名)

N910   G91 G01 G41 D03 X7 Z0.5 F200(增量编程,设置刀具半径左补偿,斜线下刀)

N920   G90 G02 X23 R7 F200(绝对编程,R7 圆弧铣削)

N930   G03 X11.5 Y19.919 R23(R23 圆弧铣削加工)

N940   G02 X18.5 Y32.043 R7(R7 圆弧铣削加工)

N950   X37 Y0 R37(R23 圆弧铣削加工)

N960   G40 G01 X30 Y0(退刀,并取消刀补)

N970   M99(子程序返回)

2) FANUC 0i-M 数控系统

将 HNC 程序略作修改即可,修改如下。

(1) 改程序头,将地址符"%"改为"O"。

(2) 地址符中整数值后需要加点号,小数值不需要,如 X−20. Y0.5 R3。

(3) 每行程序结束时后面加上分号,如 G00 X−20. Y0.5;。

(4) 所有子程序名要以字母"O"开头,且所有子程序不能编入主程序后面,需要另起程序,例:原先"%1"改为"O1"。

(5) 旋转指令 G68 X Y R,R 为旋转角度。

(6) G83 钻孔循环需要修改,G99/G98 G83 X Y Z R Q F,Q 为正负都可以,默认为负。

实训任务九 数控铣零件数控编程的综合实训(二)

【例 6-9】 零件如图 6-9 所示,要求加工上表面圆凸台,材料为 Q235。按照数控工艺要求,分析加工工艺及编写加工程序。

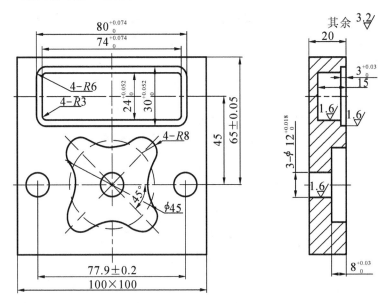

图 6-9 数控铣零件数控编程的综合实训(二)

一、实训目的

(1) 培养学生根据中等复杂类零件图进行综合编程加工的能力。
(2) 了解中等复杂类零件数控加工的基本工艺过程。
(3) 掌握 G02/G03、G41/G42、G40、G81、G83、G80 等指令的编程方法。
(4) 掌握子程序的应用。
(5) 熟悉平口钳、游标卡尺、深度尺及刀具装卸的使用方法。

二、实训要求

(1) 选用合理的刀具和切削用量,加工方案及加工路线正确,工序安排合理,程序科学正确。
(2) 正确操作机床和使用工量具,加工的零件尺寸符合图纸要求。
(3) 遵守安全操作规程。

三、实训条件

实训条件: 数控机床、键槽铣刀、麻花钻、中心钻、铰刀、游标卡尺、深度尺、平口钳。

四、实训的具体步骤与详细内容

1. 工艺分析

（1）刀具的选择。选用 ϕ12 mm、ϕ6 mm、ϕ10 mm 的键槽铣刀，A3 中心钻，ϕ11.8 mm 的钻头，ϕ12 mm 的铰刀。

（2）零件装夹方案的确定。需要加工的零件比较规则，采用平口钳夹持。

（3）加工工序安排。零件图主要包括轮廓、孔、及槽加工。以工件顶面中心为工件原点，根据零件图拟定加工工序，具体如下。

① 选用 ϕ12 mm 的键槽铣刀对星型槽和 70 mm×24 mm 方槽粗加工，运用刀补预留余量 0.3 mm 进行精加工。

② 选用 ϕ10 mm 的键槽铣刀对星型槽和 80 mm×30 mm 的方槽精加工。

③ 选用 ϕ6 mm 的键槽铣刀对 70 mm×24 mm 方槽精加工。

④ 选用 A3 的中心钻对三个孔点孔。

⑤ 选用 ϕ11.8 mm 中心钻对三个孔进行钻孔。

⑥ 选用 ϕ12 mm 的铰刀铰三个孔。

2. 数控加工工序卡片

数控加工工序卡片见表 6-13。

表 6-13 数控加工工序卡片 21

工厂名称	数控加工工序卡片	产品及型号	零件名称	零件图号	材料名称	材料牌号	第 页	共 页
					钢	Q235		
工序号	工序名称	程序编号	夹具名称	夹具编号	设备名称	设备型号	设备规格	加工车间
			平口钳	01	数控铣床			实训中心
工步号	工步内容	刀具名称	刀具号	主轴转速/(r/min)	进给量/(mm/min)	背吃刀量/mm	备注	
1	粗铣星型槽及70×24方槽子	ϕ12	01	900	200	4		
2	精铣星型槽及80×30方槽子	ϕ10	02	1000	200	8		
3	精铣70×24槽	ϕ6	03	1400	120	12		
4	点孔	A3	04	1200	120	1		
5	钻孔	ϕ11.8	05	800	120	3		
6	铰孔	ϕ12	06	100	50	22		
编制		抄写		校对		审核		批准

3. 加工程序

1) 华中数控系统 HNC-21M

(1) φ12 mm 的键槽铣刀对星型内部残料及轮廓加工。

%6009
N10 G54 G17 G90(建立 G54 工件坐标系,加工平面为 XY,绝对编程方式)
N20 M03 S900(主轴正转,转速 900 r/min)
N30 G00 Z100(快速定位至 Z 100 mm)
N40 X0 Y0(快速定位至工件原点)
N50 Z5(快速下降至工件表面上方 5 mm 处)
N60 G01 Z0 F200(以 200 mm/min 的速度,到达零件表面)
N70 M98 P1 L2(调用 1 号子程序 2 次)
N80 G00 Z5(快速抬刀至零件表面上方 5 mm 处)
N90 X30 Y40(定位到下刀点)
N100 G01 Z0 F200(以 200 mm/min 的速度,到达零件表面)
N110 M98 P2 L3(调用 2 号子程序 3 次)
N120 G00 Z100(快速返回至 Z 100 mm 处)
N130 M05(主轴停止)
N140 M30(程序结束并返回程序头)

%1(1 号子程序)
N150 G91 G01 Z－4 F30(以增量方式下刀,每次下刀－4 mm)
N160 G90 G01 X6 F200(绝对编程方式,直线切削至 X 6 mm 处)
N170 G02 I－6(整圆切削)
N180 G01 X12.9(直线切削至 X 12.9 mm 处)
N190 G02 I－12.9(整圆切削)
N200 G01 X－5.049 Y0(切削至起始点)
N210 G01 Y－12 D01(建立刀补)
N220 G41 X6.951 F200(刀补生效)
N230 G03 X18.951 Y0 R12(切削 R12 的圆弧)
N240 G02 X22.493 Y11.364 R20(切削 R20 的圆弧)
N250 G03 X11.364 Y22.493 R8(切削 R8 的圆弧)
N260 G02 X－11.364 R20(切削 R20 的圆弧)
N270 G03 X－22.493 Y11.364 R8(切削 R8 的圆弧)
N280 G02 Y－11.364 R20(切削 R20 的圆弧)
N290 G03 X－11.364 Y－22.493 R8(切削 R8 的圆弧)
N300 G02 X11.364 R20(切削 R20 的圆弧)
N310 G03 X22.493 Y－11.364 R8(切削 R8 的圆弧)
N320 G02 X18.951 Y0 R20(切削 R20 的圆弧)
N330 G03 X6.951 Y12 R12(切削 R12 的圆弧)

N340　G01 G40 X－5.049(取消刀具半径补偿)
N350　Y0
N360　G01 X0(回至下刀点)
N370　M99(子程序返回)

%2(2号子程序)
N380　G91 G01 Z－4 F30(以增量方式下刀,每次下刀－4 mm)
N390　G90 G01 Y50 F200(绝对编程方式,直线进给至 Y 50 mm 处)
N400　X－30(直线进给至 X－30 mm 处)
N410　Y40(直线进给至 Y 40 mm 处)
N420　X30(回至下刀点)
N430　M99(子程序返回)

(2) ϕ10 mm 的键槽铣刀精加工星型槽及 80 mm×30 mm 的槽。
%6109
N440　G54 G17 G90(建立 G54 工件坐标系,加工平面为 XY,绝对编程方式)
N450　M03 S1000(主轴正转,转速 1 000 r/min)
N460　G00 Z100(快速定位至 Z 100 mm 处)
N470　X－5.049 Y0(定位至下刀点)
N480　Z5(快速下降至零件表面上方 5 mm 处)
N490　G01 Z－8 F120(以 120 mm/min 的速度将 Z 下降至－8 mm 处)
N500　G01Y－12 D02(D02＝5)(建立刀补号)
N510　G41 X6.951 F200(刀补激活有效)
N520　G03 X18.951 Y0 R12(R12 的圆弧切削)
N530　G02 X22.493 Y11.364 R20(R20 的圆弧切削)
N540　G03 X11.364 Y22.493 R8(R8 的圆弧切削)
N550　G02 X－11.364 R20(R20 的圆弧切削)
N560　G03 X－22.493 Y11.364 R8(R8 的圆弧切削)
N570　G02 Y－11.364 R20(R20 的圆弧切削)
N580　G03 X－11.364 Y－22.493 R8(R8 的圆弧切削)
N590　G02 X11.364 R20(R20 的圆弧切削)
N600　G03 X22.493 Y－11.364 R8(R8 的圆弧切削)
N610　G02 X18.951 Y0 R20(R20 的圆弧切削)
N620　G03 X6.951 Y12 R12(R12 的圆弧切削)
N630　G01 G40 X－5.049(取消刀补)
N640　Y0(回至下刀点)
N650　G00 Z150(快速将刀具提高至 Z 150 mm 处)
N660　X－10 Y50(快速移至下刀点)
N670　Z5(快速下降至零件表面上方 5 mm 处)
N680　G01 Z－3 F120(以 120 mm/min 的速度,Z 下降至－3 mm 处)

N690   G41 D2 Y40 F200(D2＝5)(建立刀补)
N700   G03 X0 Y30 R10(R10 圆弧切削)
N710   G01 X34(直线进给)
N720   G03 X40 Y36 R6(R6 圆弧切削)
N730   G01 Y54(直线进给)
N740   G03 X34 Y60 R6(R6 圆弧切削)
N750   G01 X－34(直线进给)
N760   G03 X－40 Y54 R6(R6 圆弧切削)
N770   G01 Y36(直线进给)
N780   G03 X－34 Y30 R6(R6 圆弧切削)
N790   G01 X0(直线进给)
N800   G03 X10 Y40 R10(R6 圆弧切削)
N810   G01 G40 Y50(直线进给)
N820   X－10(回至下刀点)
N830   G00 Z150(快速向上抬刀至 Z 150 mm 处)
N840   M05(主轴停止)
N850   M30(程序结束并返回程序头)

(3) φ6 mm 的键槽铣刀加工 70 mm×24 mm 的槽。

%6209

N860   G17 G40 G49 G80 G90(加工平面为 XY,取消刀具半径和长度补偿,取消固定
        循环,绝对编程方式)
N870   M03 S1400(主轴正转,转速 1 400 r/min)
N880   G00 G90 G54 X－6 Y45(定下刀点)
N890   Z25(Z 快速定位至零件表面 25 mm 处)
N900   Z5(Z 快速定位至零件表面 5 mm 处)
N910   G01 Z－3 F200(Z 以 200 mm/min 的速度下降至－3 mm 处)
N920   M98 P1 L4(调用 1 号子程序 4 次)
N930   G00 Z100(快速提刀至 Z 100 mm 处)
N940   M05(主轴停止)
N950   M30(程序结束并返回程序头)

%1(1 号子程序)

N960   G91 G01 Z－3 F30(增量编程方式,每次进刀－3 mm)
N970   G90 G41 D3 Y39 F120(D3＝3)(绝对编程方式,建立道具半径补偿)
N980   G03 X0 Y33 R6(R6 圆弧铣削)
N990   G01 X37(直线进给)
N1000   Y57(直线进给)
N1010   X－37(直线进给)
N1020   Y33(直线进给)

N1030   X0(直线进给)

N1040   G03 X6 Y39 R6(圆弧切削)

N1050   G01 G40 Y45(取消刀补)

N1060   X-6(返回下刀点)

N1070   M99(子程序返回)

(4) A3 中心钻,ϕ11.8 mm 钻头钻孔,ϕ12 mm 的铰刀铰孔。

％6309

N1080   G54 G17 G90(建立 G54 工件坐标系,加工平面 XY,绝对编程方式)

N1090   M03 S1200(主轴正转,转速 1 200 r/min)

N1100   G00 Z100(快速将刀具定位在 Z 100 mm 处)

N1110   G98 G81 X38.95 Y0 Z-1 R3 F120(G81 点孔,点-1 mm 深)

N1120   X0 Z-9 R-7(孔坐标)

N1130   X-38.95 Y0 Z-1 R3(孔坐标)

N1140   G80(取消钻孔循环)

N1150   G00 Z150(快速抬刀至 Z 150 mm 处)

N1160   M05(主轴停止)

N1170   M00(程序暂停,手动将钻头刀具换上主轴)

N1180   M03 S800(主轴正转,转速 800 r/min)

N1190   G43 G00 Z100 H01(建立刀具长度补偿)

N1200   G98 G83 X38.95 Y0 Z-22 R3 Q-3 K1 F120(深孔钻循环,每次钻-3 mm)

N1210   X0 Z-22 R-7(孔坐标)

N1220   X-38.95 Y0 Z-22 R3(孔坐标)

N1230   G80(取消钻孔循环)

N1240   G00 Z150(快速抬刀至 Z 150 mm 处)

N1250   M05(主轴停止)

N1260   M00(程序暂停,手动将铰刀刀具换上主轴)

N1270   M03 S100(主轴正转,转速 100 r/min)

N1280   G43 G00 Z100 H02(建立刀具长度补偿)

N1290   G98 G82 X38.95 Y0 Z-22 R3 P2 F50(以带停顿钻孔编程方式,进行铰孔)

N1300   X0 Z-22 R-7(孔坐标)

N1310   X-38.95 Y0 Z-22 R3(孔坐标)

N1320   G80(取消钻孔循环)

N1330   G00 Z150(快速抬刀至 Z 150 mm 处)

N1340   M05(主轴停止)

N1350   M30(程序结束并返回程序头)

2) FANUC 0i-M 数控系统

将 HNC 程序略作修改即可,修改如下。

(1) 改程序头,将地址符"％"改为"O"。

(2) 地址符中整数值后需要加点号,小数值不需要,如 X-20. Y0.5 R3.。

(3) 每行程序结束时后面加上分号,如 G00 X-20.Y0.5;。

(4) 所有子程序名要以字母"O"开头,且所有子程序不能编入主程序后面,需要另起程序,例:原先"%1"改为"O1"。

(5) G83 钻孔循环需要修改,在 G99/G98G83X Y Z R Q F 中,Q 为正负都可以,默认为负。

实训任务十　数控铣零件数控编程的综合实训(三)

【例 6-10】　零件如图 6-10 所示,要求加工上表面圆凸台,材料为 Q235。按照数控工艺要求,分析加工工艺及编写加工程序。

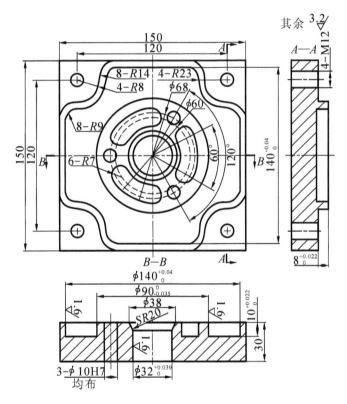

图 6-10　数控铣零件数控编程的综合实训(三)

一、实训目的

(1) 培养学生根据复杂类零件图进行综合编程加工的能力。

(2) 了解复杂类零件数控加工的基本工艺过程。

(3) 掌握 G02/G03、G41/G42、G40、G81、G83、G80、宏等指令的编程方法。

(4) 掌握宏程序的应用范围。

(5) 熟悉平口钳、游标卡尺、深度尺及刀具装卸的使用方法。

二、实训要求

(1) 选用合理的刀具和切削用量,加工方案及加工路线正确,工序安排合理,程序科学正确。

(2) 正确操作机床和使用工量具,加工的零件尺寸符合图纸要求。

(3) 遵守安全操作规程。

三、实训条件

实训条件:数控机床、键槽铣刀、麻花钻、中心钻、铰刀、游标卡尺、深度尺、平口钳。

四、实训的具体步骤与详细内容

1. 工艺分析

(1) 刀具的选择。选用 $\phi 20$ mm、$\phi 14$ mm、$\phi 12$ mm 键槽铣,A3 中心钻,$\phi 10.5$ mm,$\phi 9.8$ mm 钻头,$\phi 10H7$ mm 铰刀。

(2) 零件装夹方案的确定。需要加工的零件比较规则,采用平口钳夹持。

(3) 加工工序安排。零件图主要包括轮廓、槽、孔、螺纹加工。以工件顶面中心为工件原点,根据零件图拟定加工工序,具体如下。

① 选用 $\phi 20$ mm 的键槽铣刀对十字凸轮廓加工,留 0.3 mm 的余量进行精加工。

② 选用 $\phi 14$ mm 的键槽铣刀进行型腔铣削,留 0.3 mm 的余量进行精加工。

③ 选用 $\phi 12$ mm 的键槽铣刀对腰型槽铣削,留 0.3 mm 余量进行精加工。

④ 选用中心钻对所有的孔进行点孔。

⑤ 选用 $\phi 11.5$ mm 的钻头对 M12 的螺纹孔钻孔。

⑥ 选用 M12 的丝锥进行刚性攻丝。

⑦ 选用 $\phi 9.8$ mm 的钻头对 $\phi 10$ mm 的孔进行钻孔。

⑧ 选用 $\phi 10$ mm 的铰刀对 $\phi 10$ mm 的孔进行绞孔。

⑨ 选用 $\phi 20$ mm 的键槽刀对中间孔加工,留 0.2 mm 的余量。

⑩ 选用 $\phi 32$ mm 的镗刀进行镗孔。

⑪ 选用 $\phi 12$ mm 的键槽铣刀加工 SR25 的球面。

⑫ 选用 $\phi 12$ mm 的键槽铣刀加工多余残料。

2. 数控加工工序卡片

数控加工工序卡片见表 6-14。

表 6-14 数控加工工序卡片 22

工厂名称	数控加工工序卡片	产品及型号	零件名称	零件图号	材料名称	材料牌号	第 页	共 页
					钢	Q235		
工序号	工序名称	程序编号	夹具名称	夹具编号	设备名称	设备型号	设备规格	加工车间
			平口钳					实训中心
工步号	工步内容	刀具名称	刀具号	主轴转速/(r/min)	进给量/(mm/min)	背吃刀量/mm	备注	
1	凸台轮廓	ϕ20	01	2500	3000	2		
2	铣型腔	ϕ14	02	3000	1000	2		
3	铣腰型槽	ϕ12	03	3000	1000	2		
4	点孔	A3	04	1000	120	4		
5	螺纹底孔	ϕ10.5	05	1000	120	5		
6	攻螺纹	M12	06	50	2	35		
7	钻扩底孔	ϕ9.8	07	1000	120	5		
8	铰孔	ϕ10H7	08	1000	120	35		
9	中间孔	ϕ30	09	1000	80	36		
10	镗中间孔	ϕ32	10	800	80	31		
11	球面	ϕ12	11	3200	3000	0.1		
12	残料加工	ϕ12	11	800	80	5		
编制		抄写		校对		审核		批准

3. 加工程序

1) 华中数控系统 HNC-21M

(1) ϕ20 mm 的立铣刀铣削外轮廓。

%6010

N10　G54 G17 G90(建立工件坐标系 G54,加工平面 XY,绝对编程方式)

N20　G00 Z100(快速将刀具定位在 Z100 mm 处)

N30　X－120 Y0(定位至下刀点)

N40　M03 S2500(主轴正转,转速 2500 r/min)

N50　Z10(Z 快速下降至 10 mm 处)

N60　M08(冷却液开)

N70　♯101＝－2(定义 ♯1 为－2)

N80　WHILE♯101GE[－8](循环判断,♯1 大于或等于－8)

N90　G01 Z[♯101] F3000(以 3000 mm/min 的速度直线下刀♯1 个深)

N100　G41 X－90 Y－15 D01(建立刀具半径补偿)

N110　G03 X－75 Y0 R15 F1000(以 1000 mm/min 的速度,进行圆弧切削)

N120　G01 X－75 Y28.016(直线切削)

N130　G02 X－60.529 Y42.008 R14(R14 的圆弧切削)

N140　G03 X-42.009 Y60.563 R18(R18的圆弧切削)
N150　G02 X-28.016 Y75 R14(R14的圆弧切削)
N160　G01 X28.016 Y75(直线切削)
N170　G02 X42.009 Y60.563 R14(R14的圆弧切削)
N180　G03 X60.529 Y-42.008 R18(R18的圆弧切削)
N190　G02 X75 Y28.016 R14(R14的圆弧切削)
N200　G01 X75 Y-28.016(直线切削)
N210　G02 X60.529 Y-42.008 R14(R14的圆弧切削)
N220　G03 X42.009 Y-60.563 R18(R18的圆弧切削)
N230　G02 X28.016 Y-75 R14(R14的圆弧切削)
N240　G01 X-28.016 Y-75(直线切削)
N250　G02 X-42.009 Y-60.563 R14(R14的圆弧切削)
N260　G03 X-60.529 Y-42.008 R18(R18的圆弧切削)
N270　G02 X-75 Y-28.016 R14(R14的圆弧切削)
N280　G01 X-75 Y0(直线切削)
N290　G03 X-90 Y15 R15(R15的圆弧切削)
N300　G01 G40 X-120 Y0(取消刀补,回至下刀点)
N310　♯101=♯101-2(每循环一次,♯1递减-2 mm)
N320　ENDW(循环返回)
N330　G00 Z100(快速提刀至Z100 mm处)
N340　M05(主轴停止)
N350　M30(程序结束并返回程序头)

(2) φ14 mm的键槽铣刀铣削型腔。

%6110

N360　G54 G17 G90 G00 Z100(建立工件坐标系G54,加工平面XY,绝对编程方式,Z轴定位至100 mm处)
N370　G00 X55 Y25 M03 S3000(定位至下刀点,主轴正转,转速3 000 r/min)
N380　Z10(Z轴快速定位至10 mm处)
N390　M08(冷却液开)
N400　♯102=-2(定义♯2为-2)
N410　WHILE♯102GE[-10](循环判断,♯1大于或等于-10)
N420　G01 Z[♯102] F80(以80 mm/min的速度下刀♯1个深)
N430　G41 X57.5 Y-12.5 D01 F1000(建立刀具半径补偿)
N440　G03 X79 Y0 R12.5(圆弧切入轮廓)
N450　G01 X70 Y28.016(直线切削)
N460　G03 X60.676 Y37.010 R9(R9圆弧切削)
N470　G02 X37.011 Y60.719 R23(R23圆弧切削)
N480　G03 X28.016 Y75 R9(R9圆弧切削)
N490　G01 X-28.016 Y75(直线切削)

N500　G03 X−37.011 Y60.719 R9(R9 圆弧切削)
N510　G02 X−60.676 Y37.010 R23(R23 圆弧切削)
N520　G03 X−70 Y28.016 R9(R9 圆弧切削)
N530　G01 X−70 Y−28.016(直线切削)
N540　G03 X−60.676 Y−37.01 R9(R9 圆弧切削)
N550　G02 X−37.011 Y−60.719 R23(R23 圆弧切削)
N560　G03 X−28.016 Y−75 R9(R9 圆弧切削)
N570　G01 X28.016 Y−75(直线切削)
N580　G03 X37.011 Y−60.719 R9(R9 圆弧切削)
N590　G02 X60.676 Y−37.01 R23(R23 圆弧切削)
N600　G03 X70 Y−28.016 R9(R9 圆弧切削)
N610　G01 X70 Y0(直线切削)
N620　G03 X57.5 Y12.5 R12.5(R12.5 圆弧切削)
N630　G03 X45 Y0 R12.5(R12.5 圆弧切削)
N640　G02 I−45(直线切削)
N650　G03 X57.5 Y−12.5 R12.5(圆弧切出轮廓)
N660　G01 G40 X55 Y25(取消刀补,并回至下刀点)
N670　♯102＝♯102−2(每循环一次,♯1 递减−2 mm)
N680　ENDW(循环返回)
N690　G00 Z200 M05(快速提刀至 Z100 mm 处,主轴停止)
N700　M30(程序结束并返回程序头)

(3) φ12 mm 的键槽铣刀铣削腰型槽。

%6210

N710　G54 G17 G90(建立工件坐标系 G54,加工平面 XY,绝对编程方式)
N720　G00 Z100(Z 轴定位至 100 mm 处)
N730　X30 Y2 M03 S3000(定位至下刀点,主轴正转,转速 3000 r/min)
N740　Z10(Z 轴定位至 10 mm 处)
N750　M08 冷却液开
N760　♯100＝0(定义起始角度为♯100)
N770　WHILE♯100LE240(循环判断,♯1 小于或等于−10)
N780　G17 G68 X0 X0 P[♯100](以 X0Y0 为中心,旋转♯100)
N790　♯101＝−2(定义深度♯101＝−2)
N800　WHILE♯101GE[−10](循环判断,♯1 大于或等于−10)
N810　G00 X30 Y2(定位至下刀点)
N820　G01 Z[♯101] F80(以 80 mm/min 的速度下刀♯101 个深)
N830　G41 X23 F1000(建立刀补)
N840　G01 Y0(直线切削)
N850　G02 X19.919 Y−11.5 R23(R23 圆弧切削)
N860　G03 X32.043 Y−18.5 R7(R7 圆弧切削)

N870　Y18.5 R37(R37 圆弧切削)

N880　X19.919 Y11.5 R7(R7 圆弧切削)

N890　G02 X23 Y0 R23(R23 圆弧切削)

N900　G01 Y－2(直线切削)

N910　G40 X30 Y2(取消刀补)

N920　♯101＝♯101－2(每循环一次,♯101 递减－2 mm)

N930　ENDW(循环返回)

N940　G00 Z5(快速抬刀至 Z5 mm)

N950　♯100＝♯100＋120(每循环一次,角度递增 120°)

N960　ENDW(循环返回)

N970　G17 G69(取消旋转)

N980　G00 Z200(快速抬刀至 Z 200 mm 处)

N990　M05(主轴停止)

N1000　M30(程序结束并返回程序头)

(4) A3 中心钻钻中心孔。

％6310

N1010　G54 G17 G90 G00 Z100(建立工件坐标系 G54,加工平面 XY,绝对编程方式,
　　　　　Z 轴定位至 100 mm 处)

N1020　X0 Y0 M03 S1000(主轴正转,转速 1000 r/min,定位至工件中心)

N1030　Z10 M08(Z 轴定位至零件表面上方 10 mm 处,冷却液开)

N1040　G81 G98 Z－4 R2 F120(点孔,深－4 mm)

N1050　X－60 Y60(孔坐标)

N1060　X60 Y60(孔坐标)

N1070　X－60 Y－60(孔坐标)

N1080　X60 Y－60(孔坐标)

N1090　G38 X0 Y0(极坐标有效)

N1100　AP＝60 RP＝34(孔坐标)

N1110　AP＝180(孔坐标)

N1120　AP＝300(孔坐标)

N1130　G80(取消钻孔循环)

N1140　G00 Z150(快速抬刀至 Z 150 mm 处)

N1150　M05(主轴停止)

N1160　M30(程序结束并返回程序头)

(5) ϕ10.5 mm 麻花钻钻螺纹底孔。

％6410

N1170　G54 G17 G90 M03 S1000(建立工件坐标系 G54,加工平面 XY,绝对编程方
　　　　　式,主轴正转,转速 1 000 r/min)

N1180　G00 Z100(Z 轴定位至 100 mm 处)

N1190　Z10 M08(Z轴定位至零件表面上方10 mm处,冷却液开)

N1200　G98 G83 X－60 Y60 Z－35 Q－5 K1 R3 F120(深孔钻循环,每次钻－5 mm)

N1210　X60 Y60(孔坐标)

N1220　X－60 Y－60(孔坐标)

N1230　X60 Y－60(孔坐标)

N1240　G80(取消钻孔循环)

N1250　G00 Z150(快速抬刀至Z 150 mm处)

N1260　M05(主轴停止)

N1270　M30(程序结束并返回程序头)

(6) M12的丝锥攻螺纹。

％6510

N1280　G54 G17 G90 M03 S50(建立工件坐标系G54,加工平面XY,绝对编程方式,
　　　　主轴正转,转速50 r/min)

N1290　G00 X0 Y0 Z100(快速定位在工件上方100 mm处)

N1300　Z10 M08(Z轴定位至零件表面上方10 mm处,冷却液开)

N1310　G98 G84 X－60 Y60 Z－35 R－6 P2 F2(以2 mm/r的速度,刚性攻丝35 mm深)

N1320　X－60 Y－60(孔坐标)

N1330　X60 Y－60(孔坐标)

N1340　G80(取消钻孔循环)

N1350　G00 Z150(快速抬刀至Z 150 mm处)

N1360　M05(主轴停止)

N1370　M30(程序结束并返回程序头)

(7) φ9.8 mm的麻花钻钻φ10 mm的底孔。

％6610

N1380　G54 G17 G90(建立工件坐标系G54,加工平面XY,绝对编程方式)

N1390　G00 X0 Y0 Z100(快速定位在工件上方100 mm处)

N1400　M03 S1000(主轴正转,转速1 000 r/min)

N1410　Z10 M08(Z轴定位至零件表面上方10 mm处,冷却液开)

N1420　G83 Z－35 Q－5 K1 R3 F120(深孔钻循环,每次钻－5 mm)

N1430　G38 X0 Y0(极坐标有效)

N1440　AP＝60 RP＝34(孔坐标)

N1450　AP＝180(孔坐标)

N1460　AP＝300(孔坐标)

N1470　G80(取消钻孔循环)

N1480　G00 Z150(快速抬刀至Z 150 mm处)

N1490　M05(主轴停止)

N1500　M30(程序结束并返回程序头)

(8) φ10H7的铰刀进行绞孔。

%6710

N1510   G54 G17 G90(建立工件坐标系 G54,加工平面 XY,绝对编程方式)
N1520   G00 X0 Y0 Z100(快速定位在工件上方 100 mm 处)
N1530   M03 S1000(主轴正转,转速 1000 r/min)
N1540   Z10 M08(Z 轴定位至零件表面上方 10 mm 处,冷却液开)
N1550   G38 X0 Y0(极坐标有效)
N1560   AP=60 RP=34(孔坐标)
N1570   G82 Z-35 P2 R3 F120(用带停顿的钻孔循环实现铰孔)
N1580   AP=180(孔坐标)
N1590   AP=300(孔坐标)
N1600   G80(取消钻孔循环)
N1610   G00 Z150(快速抬刀至 Z150 mm 处)
N1620   M05(主轴停止)
N1630   M30(程序结束并返回程序头)

(9) ϕ30 mm 的麻花钻钻底孔。

%6810

N1640   G54 G17 G90(建立工件坐标系 G54,加工平面 XY,绝对编程方式)
N1650   G00 X0 Y0 Z100(快速定位在工件上方 100 mm 处)
N1660   M03 S1000(主轴正转,转速 1000 r/min)
N1670   Z10 M08(Z 轴定位至零件表面上方 10 mm 处,冷却液开)
N1680   G98 G82 Z-35 R2 P2 F80(钻孔,深度-36 mm)
N1690   G80(取消钻孔循环)
N1700   G00 Z150(快速抬刀至 Z 150 mm 处)
N1710   M05(主轴停止)
N1720   M30(程序结束并返回程序头)

(10) ϕ32 mm 的镗刀镗孔。

%6910

N1730   G54 G17 G90(建立工件坐标系 G54,加工平面 XY,绝对编程方式)
N1740   G00 X0 Y0 Z100(快速定位在工件上方 100 mm 处)
N1750   M03 S800(主轴正转,转速 800 r/min)
N1760   Z10 M08(Z 轴定位至零件表面上方 10 mm 处,冷却液开)
N1770   G98 G82 Z-31 R2 P2 F80(镗孔,深度-31 mm)
N1780   G80(取消钻孔循环)
N1790   G00 Z150(快速抬刀至 Z 150 mm 处)
N1800   M05(主轴停止)
N1810   M30(程序结束并返回程序头)

(11) ϕ12 mm 的键槽铣刀铣削球面。

%6101

N1820   G54 G17 G90(建立工件坐标系 G54,加工平面 XY,绝对编程方式)

N1830　G00 X0 Y0 Z100(快速定位在工件上方100 mm处)
N1840　M03 S3200(主轴正转,转速3 200 r/min)
N1850　Z10 M08(Z轴定位至零件表面上方10 mm处,冷却液开)
N1860　♯101＝53(弧面起始角)
N1870　WHILE♯101LE72(循环判断♯101小于或等于72)
N1880　♯102＝20×COS71.81－20×COS[♯101](计算Z向深度)
N1890　♯103＝20×SIN[♯101](计算圆弧半径)
N1900　♯104＝♯103－10(计算X向的值)
N1910　G01Z[♯102]F3000(Z向定位)
N1920　G41X[♯104]Y－10D01(建立刀补)
N1930　G03X[♯103]Y0R10(圆弧切入)
N1940　I[－♯103](整圆切削)
N1950　X[♯104]Y10R10(圆弧切出)
N1960　G01G40X0Y0(取消刀补)
N1970　♯101＝♯101＋0.1(每循环一次,角度递增0.1°)
N1980　ENDW(循环返回)
N1990　G00 Z100(Z轴快速返回至100 mm处)
N2000　M05(主轴停止)
N2010　M30(程序结束并返回程序头)

2) FANUC 0i-M数控系统

将HNC程序略作修改即可,修改如下。

(1) 改程序头,将地址符"％"改为"O"。

(2) 地址符中整数值后需要加点号,小数值不需要,如X－20. Y0.5 R3.。

(3) 每行程序结束时后面加上分号,如G00 X－20. Y0.5；。

(4) 所有子程序名要以字母"O"开头,且所有子程序不能编入主程序后面,需要另起程序,例:原先"％1"改为"O1"。

(5) 工步4、7和8程序:

中心钻钻中心孔

O6310；

G54 G17 G90 G00 Z100.；(建立工件坐标系G54,加工平面XY,绝对编程方式,Z轴定位至100 mm处)

X0 Y0 M03 S1000；(主轴正转,转速1000 r/min,定位至工件中心)

Z10. M08；(Z轴定位至零件表面上方10 mm处,冷却液开)

G81 G98 Z－4. R2. F120；(点孔,深－4 mm)

X－60. Y60.；(孔坐标)

X60. Y60.；(孔坐标)

X－60. Y－60.；(孔坐标)

X60. Y－60.；(孔坐标)

G16；(极坐标有效)

X34. Y60.；(孔坐标)

Y180.；(孔坐标)

Y300.；(孔坐标)

G15；

G80；(取消钻孔循环)

G00 Z150.；(快速抬刀至150 mm处)

M05；(主轴停止)

M30；(程序结束并返回程序头)

%；

φ9.8 mm的麻花钻钻φ10 mm的底孔

O6610；

G54 G17 G90；(建立工件坐标系G54,加工平面XY,绝对编程方式)

G00 X0 Y0 Z100.；(快速定位在工件上方100 mm处)

M03 S1000；(主轴正转,转速1 000 r/min)

Z10. M08；(Z轴定位至零件表面上方10 mm处,冷却液开)

G83 Z－35. Q－5. R3. F120；(深孔钻循环,每次钻－5 mm)

G16；(极坐标有效)

X34. Y60.；(孔坐标)

Y180.；(孔坐标)

Y300.；(孔坐标)

G15；

G80；(取消钻孔循环)

G00 Z150.；(快速抬刀至Z 150 mm处)

M05；(主轴停止)

M30；(程序结束并返回程序头)

%；

φ10H7的铰刀进行绞孔

O6710；

G54 G17 G90；(建立工件坐标系G54,加工平面XY,绝对编程方式)

G00 X0 Y0 Z100.；(快速定位在工件上方100 mm处)

M03 S1000；(主轴正转,转速1 000 r/min)

Z10. M08；(Z轴定位至零件表面上方10 mm处,冷却液开)

G16；(极坐标有效)

G82 Z－35. P2 R3. F120；(用带停顿的钻孔循环实现铰孔)

X34. Y60.；(孔坐标)

Y180.；(孔坐标)

Y300.；(孔坐标)

G15；

G80；(取消钻孔循环)

G00 Z150.;(快速抬刀至 Z 150 mm 处)
M05;(主轴停止)
M30;(程序结束并返回程序头)
%;

(6) 程序中所有的深度分层铣削都是用宏来实现的,FANUC 0i-M 数控系统与 HNC 宏的应用有所区别,WHILE_LE_DO(数字),与后面 END(数字)相对应即可,以便循环结束后返回。如果出现宏程序嵌套,择每一层返回时数字相通即可,若不相通会出现程序混乱。例程序(3)的嵌套如下:

....
WHILE_LE_ DO1
....
....
WHILE_LE_ DO2
....
....
END 2
....
END 1
....

【思考题】

按照数控加工工艺要求,编写图 6-11~图 6-13 所示零件程序,并完成加工。

6-1

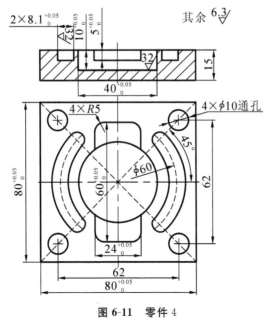

图 6-11　零件 4

6-2

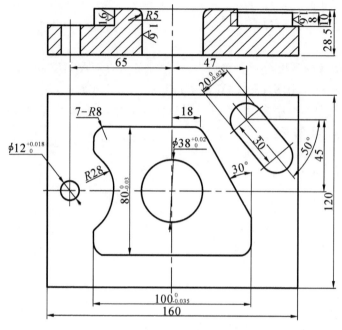

图 6-12 零件 5

6-3

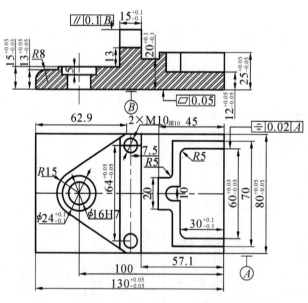

图 6-13 零件 6

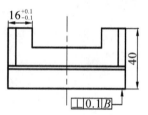

技术要求：
1. Ra在1.6~3.2之间；
2. 材料：45锻件。

第 7 章 数控加工中心手工编程综合实训

7.1 数控加工中心的基本指令

7.1.1 数控加工中心的换刀指令

1. 加工中心主轴的准停

主轴准停也称为主轴定向。在加工中心等数控机床上,由于有机械手自动换刀,要求刀柄上的键槽对准主轴的端面键,因此主轴每次必须停在一个固定准确的位置上,以利于机械手换刀。在镗孔时为不使刀尖划伤加工表面,在退刀时要让刀尖退出加工表面一个微小量,由于退刀方向是固定的,因此要求主轴也必须在一个固定方向上停止。另一方面,在加工精密的坐标孔时,由于每次都能在主轴固定的圆周位置上装刀,这样能保证刀尖与主轴相对位置的一致性,从而减少被加工孔的尺寸误差,这是主轴准停装置带来的另一个好处。主轴准停装置有机械式和电气式两种。

图 7-1 所示为采用电气准停装置的工作原理图。在传动主轴旋转的多楔带轮 1 的端面上装有一个厚垫片 4,垫片上装有一个体积很小的永久磁铁 3。在主轴箱箱体的对应于主轴准停的位置上,装有磁传感器 2。当机床需要停车换刀时,数控装置发出主轴停转的指令,主轴电动机立即降速,在主轴以最低转速慢转几转,永久磁铁 3 对准磁传感器 2 时,后者发出准停信号。此信号经放大后,由定向电路控制主轴电动机准确地停止在规定的周向位置上。这种装置可保证主轴准停的重复精度在±1°范围内。

2. 换刀指令

M06 为自动换刀指令。本指令将驱动机械手进行换刀动作,但不包括刀库转动的选刀动作。刀库转动的选刀动作由 T 功能完成。

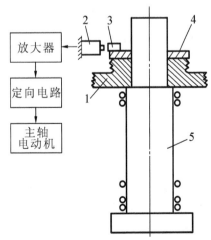

图 7-1 主轴准停装置的工作原理
1—多楔带轮;2—磁传感器;3—永久磁铁;
4—厚垫片;5—主轴

需要说明的是具备 M06 功能的加工中心也可以手动换刀。

M05、M19 为主轴准停指令。本指令将使主轴定向停止,标记方位一致。

T 功能指令是用以驱动刀库电动机带动刀库转动而实施选刀动作的,数控铣床上是没有此功能的。T××中,T 指令后面跟的两位数字,是将要更换的刀具地址号。如果 T 指令与某加工程序段写在同一行时,选刀动作将和加工动作同时进行。

3. 换刀程序

不同的数控系统,其换刀程序是不相同的,通常选刀和换刀分开进行。换刀动作必须在主轴停止转动条件下进行。换刀完毕启动主轴后,方可执行下面程序段的加工动作。为节省加工时间,提高工作效率,选刀动作可与机床的加工动作重合起来,即利用切削时间进行选刀,因此,换刀指令 M06 必须安排在用新刀具进行加工的程序段之前,而下一个选刀指令 T 常紧接着安排在这次换刀指令之后。

多数加工中心都规定了"换刀点"位置,即定距换刀。主轴只有走到这个位置,机械手才能执行换刀动作。一般立式加工中心规定换刀点的位置在 Z_0 处(机床 Z 轴零点),同时规定换刀时应有回参考点的准备功能 G28 指令。当控制机接到选刀 T 指令后,将会自动选刀,被选中的刀具处于刀库最下方;按到换刀 M06 指令后,机械手执行换刀动作。因此,换刀程序可采用下列两种方法设计:

方法一:N10 G28 Z0 T02;
　　　　N20　　　M06;

返回 Z 轴换刀点的同时,刀库将 T02 号刀具选出,然后进行刀具交换,换到主轴上的刀具为 T02。若 Z 轴回零时间小于 T 功能执行时间(即选刀时间),则 M06 指令等刀库将 T02 号刀具转到最下方位置后才能执行。因此这种方法占用机动时间较长。

方法二:N100 G011 Z30 T02;
　　　　……
　　　　N200 G28 Z0 M06;
　　　　N210 G01 Z30 T05;
　　　　……

N200 程序段换上 N100 程序段选出的 T02 号刀具;在换刀后,紧接着选出下次要用的 T05 号刀具。在 N100 程序段和 N210 程序段执行选刀时,不占用机动时间,所以这种方法较好。

在对加工中心进行换刀动作的编程安排时,应考虑以下几个问题。

(1) 换刀动作必须在主轴停转的条件下进行,且必须实现主轴准停即定向停止(用 M05 或 M19 指引)。

(2) 换刀点的位置应根据所用机床的要求安排,有的机床要求必须将换刀位置安排在参考点处或至少应让 Z 轴方向返回参考点,这时要使用 G28 指令。无论怎样,换刀点的位置必须远离工件及夹具,应保证有足够的换刀空间,以刀具不与工件发生碰撞为原则。

(3) 为节省自动换刀时间,提高加工效率,应将选刀动作与机床加工动作在时间上重合起来。比如可以将选动作指令安排在换刀前的回参考点移动过程中,如果返回参考点所用的时间小于选刀动作时间,则应将选刀动作安排在换刀前的耗时较长的加工程序段中。

(4) 如果换刀位置在参考点处,换刀完成后,可使用 G29 指令返回到下一道工序的加工起始位置。

(5) 换刀完毕后,不要忘记安排重新启动主轴的指令,否则加工将无法持续。

7.1.2 数控加工中心其他指令与铣削加工指令的简单比较

实际上,加工中心编程与数控铣削加工编程几乎是一样的,它们的区别主要在于加工中心增加了用 M06、M19(FANUC-0i 支持,其他系统请参看说明书)和 T×× 进行自动换刀的功能指令,也就是说,除了换刀程序外,加工中心的编程方法和普通数控机床是相同的。

7.2 数控加工中心的刀库装刀步骤

当加工所需要的刀具比较多时,要将全部刀具在加工之前根据工艺设计放置到刀库中,并给每一把刀具设定刀具号码,然后由程序调用,具体步骤如下。

(1) 将需用的刀具在刀柄上装夹好,并调整到准确尺寸。
(2) 根据工艺和程序的设计将刀具和刀具号一一对应。
(3) 主轴回 Z 轴零点。
(4) 手动输入并执行"T01 M06"。
(5) 手动将 1 号刀具装入主轴,此时主轴上刀具即为 1 号刀具。
(6) 手动输入并执行"T02 M06"。
(7) 手动将 2 号刀具装入主轴,此时主轴上刀具即为 2 号刀具。
(8) 其他刀具按照以上步骤依次放入刀库。

将刀具装入刀库中应注意以下几个问题。

(1) 装入刀库的刀具必须与程序中的刀具号一一对应,否则会损伤机床和加工零件。
(2) 只有主轴回到机床零点,才能将主轴上的刀具装入刀库,或者将刀库中的刀具调在主轴上。
(3) 交换刀具时,主轴上的刀具不能与刀库中的刀具号重号。例如,主轴上已是"1"号刀具,则不能再从刀库中调用"1"号刀具。

7.3 数控综合实训

实训任务一 盖板零件数控加工中心编程的综合实训

【例 7-1】 用数控铣削加工中心完成如图 7-2 所示的零件加工,工件外形尺寸为 100 mm×100 mm×20 mm,表面均已加工,并符合尺寸与表面粗糙度要求,材料为 45#钢。按图样要求完成数控加工程序的编制。

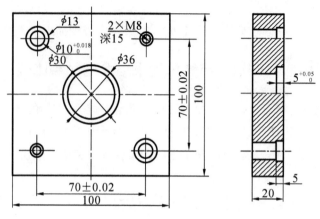

图 7-2 盖板零件

一、实训目的

(1) 能够掌握孔类零件的基本加工工艺。
(2) 正确使用钻、铣、镗等加工刀具,合理选择加工用量。
(3) 掌握加工中心典型数控系统常用固定循环指令编程方法。

二、实训要求

(1) 选用合理的刀具和加工用量,加工方案及加工路线正确,工序安排合理,程序科学正确。
(2) 正确操作机床和工量具,加工的零件尺寸符合图纸要求。
(3) 遵守安全操作规程。

三、实训条件

实训条件:FANUC 0i-M 数控系统、XH713 数控铣削加工中心、麻花钻、中心钻、平底钻、立铣刀、丝锥、机用铰刀、游标卡尺、深度尺、平口钳。

四、实训的具体步骤与详细内容

1. 零件工艺性分析

如图 7-2 所示零件,材料为 45 钢,毛坯尺寸为 100 mm×100 mm×20 mm。该零件有 5 个孔,这些孔的尺寸精度和位置精度要求都较高,采取一次装夹及更换不同的刀具方式完成加工,可保证零件的技术要求。

2. 工序与工步的划分

(1) 对于孔类零件,加工工艺路线一般可以按以下原则安排。
① 先铣后钻。

② 对所有的孔,先进行粗加工,再进行精加工。
③ 在孔系加工,先加工大孔,后加工小孔。
④ 尽量减少刀具数量,一把刀具应完成其所能进行的所有加工部位。
⑤ 粗、精加工的刀具应分开使用,即使是相同尺寸规格的刀具。

(2) 根据以上几条原则,结合实际加工零件,设定以下加工工艺路径。
① φ10 mm 孔:中心钻定位→钻孔→铰孔。
② φ30 mm 孔:钻孔扩孔→粗镗→精镗。
③ φ36 mm 台阶孔:φ20 mm 立铣刀圆周铣削。
④ φ13 mm 台阶孔:平底钻钻削。
⑤ M8 螺丝孔:小心钻定位→钻孔→孔口倒角→攻螺丝。

3. 零件装夹方案的制订

由于工件尺寸较小,毛坯形状很规则,一般使用机用平口钳装夹,上表面高出钳口 2~3 mm,下表面用等高垫块垫起并作为定位面(垫块避开孔加工位置)。

4. 刀具的选用

刀具的选用是数控加工工艺中的重要内容,它不仅影响数控机床的加工效率,而且直接影响加工质量。正确选用刀具及刀柄,应综合考虑机床的加工能力、工件材料的力学性能、加工工序、切削用量及其他相关因素。选择刀具总的原则:安装调整方便,刚度好,耐用度和精度高。在满足以上要求的前提下,尽量选择较短的刀柄,以提高刀具的刚度。

根据实际零件,初步设定以下工艺方案:选用 φ5 mm 的中心钻定位;用 φ9.8 mm 的钻头加工 φ10 mm 的孔,然后用 φ10 mm 的铰刀加工;用 φ13 mm 平底钻头钻 φ13 mm 的台阶孔,孔深 5 mm;用 φ6.7 mm 的钻头钻 M8 螺丝孔底孔,用 φ9.8 mm 的钻头钻倒角,然后用 M8 丝锥攻螺丝;用 φ18 mm 的钻头钻 φ30 mm 顶孔,用 φ28 mm 的钻头扩孔,然后用可调粗镗刀镗孔至 φ29.8 mm,最后用微调精镗刀粗镗 φ30 mm 的孔;用 φ20 mm 立铣刀铣 φ36 mm 的台阶孔。

本例零件选用刀具和刀柄规格见表 7-1。

表 7-1 选用刀具和刀柄规格表

刀 具 号	刀 具 规 格	刀具补偿数据号
T01	φ5 mm 中心钻	T01 D01
T02	φ6.7 mm 钻头	T02 D01
T03	φ9.8 mm 钻头	T03 D01
T04	φ13 mm 平底钻头	T04 D01
T05	φ18 mm 钻头	T05 D01
T06	φ28 mm 钻头	T06 D01
T07	可调粗镗刀	T07 D01
T08	φ20 mm 立铣刀	T08 D01
T09	M8 机用丝锥	T09 D01
T10	φ10 mm 铰刀	T10 D01
T11	φ30 mm 粗镗刀	T11 D01

5. 数控加工工序卡片的制定

数控加工工序卡片见表 7-2。

表 7-2 数控加工工序卡片 23

工厂名称	数控加工工序卡片	产品名称及型号	零件名称	零件图号	材料名称	材料牌号	第 页	共 页
		盖板零件	KL001		45钢			
工序号	工序名称	程序编号	夹具名称	夹具编号	设备名称	设备型号	设备规格	加工车间
						XH713		
工步号	工步内容	刀具名称	刀具号	主轴转速/(r/min)	进给量/(mm/r)	背吃刀量/mm	备注	
1	$\phi 5$ mm 中心钻钻中心孔	中心孔钻	T01	2000	150			
2	$\phi 6.7$ mm 钻头加工螺丝孔底径	麻花钻	T02	800	120			
3	$\phi 9.8$ mm 钻头加工螺丝孔底径	麻花钻	T03	750	120			
4	$\phi 13$ mm 平底钻头钻 $\phi 13$ mm 孔深 5 mm	平底钻头	T04	650	100			
5	$\phi 18$ mm 钻头钻 $\phi 30$ mm 预孔	麻花钻	T05	600	80			
6	$\phi 28$ mm 钻头扩 $\phi 30$ mm 预孔	扩孔钻	T06	400	40			
7	粗镗 $\phi 30$ mm 孔,留 0.2 mm 余量	镗刀	T07	800	80			

续表

工步号	工步内容	刀具名称	刀具号	主轴转速/(r/min)	进给量/(mm/r)	背吃刀量/mm	备注
8	φ20 mm立铣刀铣削φ36 mm台阶孔	三刃立铣刀	T08	1500	150		
9	M8机用丝锥攻2×M8深15 mm孔	机用丝锥	T09	80			
10	φ10 mm铰刀铰削φ10 mm通孔	铰刀	T10	250	60		
11	φ30 mm粗镗刀精镗φ30 mm孔	粗镗刀	T11	2000	70		

6. 加工程序编制

1) 确定工件坐标系

根据加工零件图的要求和毛坯的装夹方式,确定工件坐标系,该坐标系的 X 轴平行于毛坯的长边,Y 轴平行于毛坯的短边,零点设置在毛坯的中间,Z 轴向上,零点设置在毛坯的上表面。

2) 华中数控系统 HNC-21M

％7001

N10　G90 G54 G17(程序初始化)

N20　M06 T01(换1号刀,用 φ5 mm 中心钻)

N30　M07

N40　G43 G00 X35 Y－35 Z10 H01(1号刀长度补偿)

N50　M03 S2000

N60　G99 G81 R2 Z－5 F150(钻中心位孔,深度以钻出锥面即可)

N70　X－35

N80　Y35

N90　X35

N100　G49 G00 Z100(取消1号刀长度补偿)

N110　M05

N120　M06 T02(换2号刀,用 φ6.7 mm 钻头)

N130　M03 S800

N140　G00 X－35 Y－35

N150   G43 Z10 H02（2号刀长度补偿）
N160   G99 G73 Q－5 K2 R2 Z－25 F120（加工2×M8螺纹孔底孔）
N170   X35 Y35
N180   G49 G00 Z100（取消2号刀长度补偿）
N190   M05
N200   M06 T03（换3号刀，用φ9.8 mm钻头）
N210   M03 S750
N220   G00 X35 Y－35
N230   G43 Z10 H03（3号刀具长度补偿）
N240   G73 Q－5 K2 R2 Z－25 F120（钻2×φ10 mm预孔，深度应保证完全钻通）
N250   X－35 Y35
N260   G82 X－35 Y－35 R2 Z－3.8 P1（2×M8螺纹孔口倒角）
N270   X35 Y35
N280   G49 G00 Z100（取消3号刀长度补偿）
N290   M05
N300   M06 T04（换4号刀，用φ13 mm钻头）
N310   M03 S650
N320   G00 X35 Y－35
N330   G43 Z10 H04（4号刀具长度补偿）
N340   G82 R2 Z－5 P1 F100（钻2×φ13 mm深5 mm孔）
N350   X－35 Y35
N360   G49 G00 Z100（取消4号刀长度补偿）
N370   M05
N380   M06 T05（换5号刀，用φ18 mm钻头）
N390   M03 S600
N400   G00 X0 Y0
N410   G43 Z10 H05（5号刀具长度补偿）
N420   Z2
N430   G01 Z－28 F80（预钻φ30 mm孔）
N440   G49 G00 Z100（取消5号刀长度补偿）
N450   M05
N460   M06 T06（换6号刀，用φ28 mm钻头）
N470   M03 S400
N480   G00 X0 Y0
N490   G43 Z10 H06（6号刀具长度补偿）
N500   Z2
N510   G01 Z－35 F40（扩φ30 mm预孔，深度应保证完全钻通）
N520   G49 G00 Z100（取消6号刀长度补偿）
N530   M05

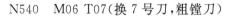

N540	M06 T07(换 7 号刀,粗镗刀)
N550	M03 S800
N560	G00 X0 Y0
N570	G00 G43 Z10 H07(7 号刀具长度补偿)
N580	G86 R2 Z-22 F80
N590	G49 G00 Z100(取消 7 号刀长度补偿)
N600	M05
N610	M06 T08(换 8 号刀,用 ϕ20 mm 立铣刀)
N620	M03 S1500
N630	G00 X0 Y0
N640	G43 Z10 H08(8 号刀具长度补偿)
N650	Z2
N660	G01 Z-5 F150
N670	G42 X-15 Y3 D01(采用刀具半径补偿编程)
N680	G02 X0 Y18 R15
N690	J-18(加工 ϕ360 mm 整圆)
N700	X15 Y3 R15
N710	G49 G00 Z100(取消 8 号刀长度补偿)
N720	G40 X0 Y0 M09(取消 8 号刀半径补偿)
N730	M05
N740	M06 T09(换 9 号刀,机用丝锥)
N750	M03 S80
N760	G00 X-35 Y-35
N770	G43 Z10 H09(9 号刀具长度补偿)
N780	M07
N790	G84 R2 Z-28 P1 F100(刚性丝锥攻 2×M8 深 15 mm 孔)
N800	X35 Y35
N810	G49 G00 Z100(取消 9 号刀半径补偿)
N820	M05
N830	M06 T10(换 10 号刀,ϕ10 mm 铰刀)
N840	M03 S150
N850	G00 X35 Y-35
N860	G43 Z10 H10(10 号刀具长度补偿)
N870	G85 R2 P1 Z-25 F60(铰 2×ϕ10 mm 通孔)
N880	X-35 Y35
N890	G49 G00 Z100(取消 10 号刀半径补偿)
N900	M05
N910	M06 T11(换 11 号刀,精镗刀)
N920	M03 S2000

N930　G00 X0 Y0
N940　G43 Z10 H11(11号刀具长度补偿)
N950　G76 R2 Z—22 I—2 F70(精镗φ30 mm 孔)
N960　G49 G00 Z100(取消11号刀半径补偿)
N970　M05
N980　M09
N990　M30(程序结束)

3) FANUC 0i-M 数控系统

将 HNC 程序略作修改即可,修改如下。

(1) 改程序头,将地址符"％"改为"O"。

(2) 地址符中整数值后需要加点号,小数值不需要,如 X—20. Y0.5 R3。

(3) 每行程序结束时后面加上分号,如 G00 X—20. Y0.5;。

(4) N160 G99 G73 Q—5 R2 Z—25 F120(加工 2×M8 螺纹孔底孔)。

(5) N240 G73 Q—5 R2 Z—25 F120(钻 2×φ10 mm 预孔,深度应保证完全钻通)。

(6) N260 G82 X—35 Y—35 R2 Z—3.8 P1000(2×M8 螺纹孔口倒角)。

(7) N340 G82 R2 Z—5 P1000 F100(钻 2×φ13 mm 深 5 mm 孔)。

(8) N790 G84 R2 Z—28 P1000 F100 (刚性丝锥攻 2×M8 深 15 mm 孔)。

(9) N870 G85 R2 P1000 Z—25 F60(铰 2×φ10 mm 通孔)。

(10) N950 G76 R2 Z—22 Q2 F70(精镗 φ30 mm 孔)。

实训任务二　圆盘零件数控加工中心编程的综合实训

【例 7-2】　用数控铣削加工中心完成如图 7-3 所示的零件加工,工件外形尺寸为 100 mm×100 mm×20 mm,除上表面以外的其他表面均已加工,并符合尺寸与表面粗糙度要求,材料为 45 钢。按图样要求完成数控加工程序的编制。

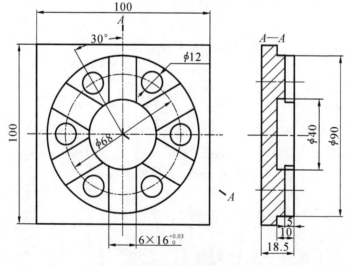

图 7-3　盘类零件

一、实训目的

(1) 能够掌握盘类零件的基本加工工艺。
(2) 正确使用钻、铣、镗等加工刀具,合理选择加工用量。
(3) 掌握加工中心典型数控系统常用固定循环指令以及子程序的编程方法。

二、实训要求

(1) 选用合理的刀具和加工用量,加工方案及加工路线正确,工序安排合理,程序科学正确。
(2) 正确操作机床和工量具,加工的零件尺寸符合图纸要求。
(3) 遵守安全操作规程。

三、实训条件

实训条件:FANUC 0i-M 数控系统、XH713 数控铣削加工中心、麻花钻、中心钻、立铣刀、面铣刀、机用铰刀、游标卡尺、深度尺、平口钳。

四、实训的具体步骤与详细内容

1. 零件工艺性分析

如图 7-3 所示,零件外形规则,被加工部分的各尺寸、形位、表面粗糙度要求较高。零件结构简单,包含了平面、圆弧、内外轮廓、挖槽。

2. 工序与工步的划分

根据零件图样要求,制订零件的加工工序如下:
(1) 粗铣削平面;
(2) 精铣削平面;
(3) 粗加工圆环;
(4) 精加工圆环;
(5) 点孔加工;
(6) 钻孔加工六孔;
(7) 铰加工六孔;
(8) 粗加工花键轮廓槽;
(9) 精加工花键轮廓槽。

3. 零件装夹方案的制订

选用机用平口钳装夹。校正平口钳固定钳口,使之与工作台 X 轴移动方向平行。在工件下表面与平口钳之间放入精度较高的平行垫块(垫块厚度与宽度适当),利用木槌或铜棒敲击工件,使平行垫块不能移动后夹紧工件,利用寻边器找正工件 X、Y 轴的零点,零点位于上件表面中间,设置 Z 轴零点与机械原点重合,刀具长度补偿利用 Z 轴零点设置器设定。

4. 刀具的选用

刀具选用如表 7-3 所示。

表 7-3　刀具表

刀 具 号	刀 具 规 格	刀具补偿数据号
T01	φ100 mm 面铣刀	H1/T1D1
T02	φ20 mm 立铣刀	H2/T2D2
T03	φ3 mm 中心钻	H3/T3D3
T04	φ11.8 mm 麻花钻	H4/T4D4
T05	φ12 mm 机用铰刀	H5/T5D5
T06	φ10 mm 立铣刀	H6/T6D6

5. 数控加工工序卡片的制定

数控加工工序卡片见表 7-4。

表 7-4　数控加工工序卡片 24

工厂名称	数控加工工序卡片	产品名称及型号	零件名称	零件图号	材料名称	材料牌号	第　页	共　页
		盘类零件	KL001		45钢			
工序号	工序名称	程序编号	夹具名称	夹具编号	设备名称	设备型号	设备规格	加工车间
						XH713		
工步号	工步内容	刀具名称	刀具号	主轴转速/(r/min)	进给量/(mm/r)	背吃刀量/mm	备注	
1	粗铣削平面	φ100 mm 面铣刀	T01	350	200			
2	精铣削平面,保证尺寸18.5 mm	φ100 mm 面铣刀	T01	600	100			
3	粗加工圆环	φ20 mm 立铣刀	T02	400	80		D=15	
4	精加工圆环	φ20 mm 立铣刀	T02	800	100		D=10	
5	点孔加工	φ3 mm 中心钻	T03	1200	120			
6	钻孔加工六孔	φ11.8 mm 麻花钻	T04	550	80			
7	铰加工六孔	φ12 mm 机用铰刀	T05	200	30			
8	粗加工花键轮廓槽	φ10 mm 立铣刀	T06	1000	80		D=5.2	
9	精加工花键轮廓槽	φ10 mm 立铣刀	T06	1200	100		D=5	

6. 加工程序编制

1) 确定工件坐标系

根据加工零件图的要求和毛坯的装夹方式,确定工件坐标系,该坐标系的 X 轴平行于毛坯的长边,Y 轴平行于毛坯的短边,零点设置在毛坯的中间,Z 轴向上,零点设置在毛坯的上表面。

2) 华中数控系统 HNC-21M

％7002

N10　　G54 G00 X0 Y0 Z100
N20　　M03 S350(ϕ100 mm 的端面盘铣刀粗加工)
N30　　G00 G43 Z50 H01(1 号刀长度补偿)
N40　　X110 Y－10 M07
N50　　Z0.3
N60　　G01 X－110 F200
N70　　Y10
N80　　X110
N90　　G00 Z150
N100　 M05
N110　 M00(ϕ100 mm 的端面盘铣刀精加工)
N120　 M03 S600
N130　 X110 Y－10
N140　 Z0
N150　 G01 X－110 F200
N160　 Y10
N170　 X110
N180　 G49 G00 Z100 M09(取消 1 号刀长度补偿)
N190　 M05
N200　 M00
N210　 M06 T02(换 2 号刀粗加工圆环)
N220　 G43 G00 Z5 H02(2 号刀长度补偿)
N230　 G00 X－60 Y－60
N240　 Z0
N250　 M98 P0005
N260　 M98 P0002 D02 F80
N270　 M98 P0005
N280　 M98 P0002 D02 F80
N290　 G00 Z5
N300　 X0 Y0
N310　 G01 Z0 F80
N320　 G41 X20 Y0 D02(2 号刀半径补偿 D02)

N330   G03 Z-5 I-20 J0
N340   G03 I-20 J0
N350   G40 X0(取消2号刀半径补偿)
N360   G41 X20 Y0 D02(2号刀半径补偿)
N370   G03 Z-10 I-20 J0
N380   G03 I-20 J0
N390   G40 X0
N400   M03 S1000(2号刀精加工)
N410   G41 X20 Y0 F100 D07(2号刀半径补偿D07)
N420   G03 I-20 J0
N430   G40 X0
N440   G00 Z5
N450   G00 X-60 Y-60
N460   Z-10
N470   M98 P0002 D07 F100
N480   G00 Z10
N490   G49 Z100 M09(取消2号刀长度补偿)
N500   M05
N510   M00
N520   M06 T06(换6号刀粗加工)
N530   M03 S1000
N540   X0 Y0 M07
N550   G43 G00 Z5 H06(6号刀长度补偿)
N560   Z-5
N570   M98 P0004 D06 F80
N580   M03 S1200(6号刀精加工)
N590   M98 P0004 D08 F100
N600   G49 G00 Z100 M09
N610   M06 T03(3号刀钻中心孔)
N620   M03 S1200
N630   G43 G00 Z10 M07(3号刀长度补偿)
N640   G99 G81 X17 Y29.444 Z-3 R5 F120
N650   X-17
N660   X-34 Y0
N670   X-17 Y-29.444
N680   X17 Y-29.444
N690   X34 Y0
N700   X17 Y29.444
N710   G49 G00 Z100 M09(取消3号刀长度补偿)

N720 M05
N730 M00
N740 M06 T04(换4号刀钻孔)
N750 M03 S550
N760 G43 G00 Z10 M07(4号刀长度补偿)
N770 G99 G81 X17 Y29.444 Z−25 R5 F80
N780 X−17
N790 X−34 Y0
N800 X−17 Y−29.444
N810 X17 Y−29.444
N820 X34 Y0
N830 X17 Y29.444
N840 G49 Z100 M09(取消4号刀长度补偿)
N850 M05
N860 M00
N870 M06 T05(换5号刀铰孔)
N880 M03 S200
N890 G49 G00 Z10(4号刀长度补偿)
N900 G99 G81 X17 Y29.444 Z−3 R5 F30
N910 X−17
N920 X−34 Y0
N930 X−17 Y29.444
N940 X17 Y29.444
N950 X34 Y0
N960 X17 Y29.444
N970 G49 Z100 M09(取消5号刀长度补偿)
N980 X0 Y0
N990 M05
N1000 M30

O0004
N10 M98 P0003
N20 G68 X0 Y0 P60
N30 M98 P0003
N40 G69
N50 G68 X0 Y0 P120
N60 M98 P0003
N70 G69
N80 G68 X0 Y0 P180

N90   M98 P0003
N100   G69
N110   G68 X0 Y0 P240
N120   M98 P0003
N130   G69
N140   G68 X0 Y0 P300
N150   M98 P0003
N160   G69
N170   M99

O0002
N10   G41 G01 X−45
N20   G01 Y0
N30   G02 X−45 Y0 I45 J0
N40   G01 Y10
N50   G40 G00 X−60 Y−60
N60   M99

O0003（轮廓槽加工）
N10   G41 X8 Y10
N20   G01 Y45
N30   G03 X−8 R8
N40   G01 Y10
N50   G40 G00 X0 Y0
N60   M99

O0005（环槽加工）
N10   G91 Z−5
N20   G90 G01 X−55
N30   Y55
N40   X55
N50   Y−55
N60   X−60 Y−60
N70   M99

3) FANUC 0i-M 数控系统

将 HNC 程序略作修改即可，修改如下。

(1) 改程序头，将地址符"％"改为"O"。

(2) 地址符中整数值后需要加点号，小数值不需要，如 X−20. Y0.5 R3。

(3) 每行程序结束时后面加上分号，如 G00 X−20. Y0.5；。

(4) N20 G68 X0 Y0 R60。
(5) N50 G68 X0 Y0 R120。
(6) N80 G68 X0 Y0 R180。
(7) N110 G68 X0 Y0 R240。
(8) N140 G68 X0 Y0 R300。

实训任务三　孔系零件数控加工中心编程的综合实训

【例 7-3】　用数控铣削加工中心完成如图 7-4 所示的孔系零件加工,工件外形尺寸为 100 mm×100 mm×20 mm,上、下表面及其他表面均已加工,并符合尺寸与表面粗糙度要求,材料为 45 钢。按图样要求完成数控加工程序的编制。

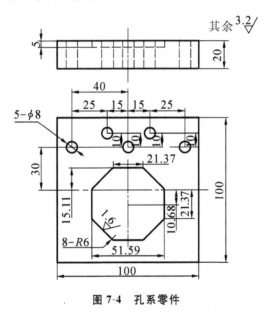

图 7-4　孔系零件

一、实训目的

(1) 能够掌握孔系零件的基本加工工艺。
(2) 正确使用钻、铣等加工刀具,合理选择加工用量。
(3) 掌握加工中心典型数控系统常用固定循环指令的编程方法。

二、实训要求

(1) 选用合理的刀具和加工用量,加工方案及加工路线正确,工序安排合理,程序科学正确。
(2) 正确操作机床和工量具,加工的零件尺寸符合图纸要求。

(3) 遵守安全操作规程。

三、实训条件

实训条件：FANUC 0i-M 数控系统、XH713 数控铣削加工中心、麻花钻、中心钻、立铣刀、游标卡尺、深度尺、平口钳。

四、实训的具体步骤与详细内容

1. 零件工艺性分析

零件图纸中孔的尺寸和位置精度要求不是很高，属于次要加工型面。需注意的是根据孔的位置尺寸标注，可选用增量方式编程。另外，图纸中八方槽的尺寸要求较严格，属于重要的加工型面，在加工中要特别注意。在编写程序过程中要注意八方槽的中心与零件对称中心在 Y 轴上偏离有 10.68 mm 距离，编程前要注意坐标值的计算，而且八方的每个角都带有 $R0.5$ mm 的过渡圆弧，在铣削加工时可采用特殊编程方法以避免复杂计算。

2. 工序与工步的划分

根据零件图样要求给出零件的加工工序，具体如下：

（1）用 $\phi 3$ mm 的中心钻钻定位；

（2）钻 $\phi 8$ mm 孔及预制孔；

（3）粗加工零件八方槽轮廓；

（4）精加工零件八方槽轮廓。

3. 零件装夹方案的制订

零件选用平口虎钳装夹，装夹工件前需校正钳口，装夹工件时需在工件下表面与虎钳之间垫入精度较高的平行垫块。

工件装夹后，通过对刀建立工件坐标系 G54。

工件坐标系确定在零件对称中心，Z 轴工件零点确定在工件上表面。

4. 刀具的选用

刀具的选用如表 7-5 所示。

表 7-5 刀具表

刀 具 号	刀 具 规 格	刀具补偿数据号
T01	$\phi 3$ mm 的中心钻	H1/T1D1
T02	$\phi 8$ mm 麻花钻	H2/T2D2
T03	$\phi 16$ mm 立铣刀	H3/T3D3
T04	$\phi 8$ mm 立铣刀	H4/T4D4

5. 数控加工工序卡片的制定

数控加工工序卡片见表 7-6。

表 7-6 数控加工工序卡片 25

工厂名称	数控加工工序卡片	产品名称及型号	零件名称	零件图号	材料名称	材料牌号	第 页	共 页
		孔系零件	KL001		45钢			
工序号	工序名称	程序编号	夹具名称	夹具编号	设备名称	设备型号	设备规格	加工车间
						XH713		
工步号	工步内容	刀具名称	刀具号	主轴转速/(r/min)	进给量/(mm/r)	背吃刀量/mm	备注	
1	用 φ3 mm 的中心钻钻定位	φ3 mm 的中心钻	T01	1500	50			
2	钻 φ8 mm 孔及预制孔	φ8 mm 麻花钻	T02	1000	80			
3	粗加工零件八方槽轮廓	φ16 mm 立铣刀	T03	700	50			
4	精加工零件八方槽轮廓	φ8 mm 立铣刀	T04	1000	100			

6. 加工程序编制

1) 确定工件坐标系

根据加工零件图的要求和毛坯的装夹方式,确定工件坐标系,该坐标系的 X 轴平行于毛坯的长边,Y 轴平行于毛坯的短边,零点设置在毛坯的中间,Z 轴向上,零点设置在毛坯的上表面。

2) 华中数控系统 HNC-21M

%7003
N10　G54 G40 G49 G80(第一工件坐标系,取消刀具补偿,取消循环指令)
N15　M06T01
N20　M03 S1500
N30　G00 G43 H01 Z100 M07(1号刀长度补偿)
N40　G99 G81 X0 Y－10.68 Z－2 R10 F50(钻中心孔)
N50　X－40 Y30
N60　G91 X25 Y10
N70　X15Y－10
N75　X15Y10
N80　X25 Y－10
N90　G49 G00 G90 Z200(取消1号刀长度补偿)

N100   M06 T02(换 2 号刀)
N110   S1000
N120   G00 G43 H02 Z100(2 号刀长度补偿)
N130   G99 G81 X0 Y－10.68 Z－5 R10 F80(钻 φ8 mm 孔)
N140   X－40 Y30 Z－25
N150   G91 X25 Y10
N160   X15 Y－10
N170   X15 Y10
N180   X25 Y－10
N190   G43 G00 G90 Z200(取消 2 号刀长度补偿)
N200   M06 T03(换 3 号刀)
N210   S700
N220   G00 G43 H03 Z100(3 号刀长度补偿)
N230   X0 Y－10.68
N240   Z10
N250   G01 Z－5 F50
N260   X15
N270   G03 I－15
N280   G00 G43 Z200(取消 3 号刀长度补偿)
N290   M06 T04(换 4 号刀)
N300   S1000
N310   G00 G43 H04 Z200
N320   X0 Y－10.68
N330   Z10
N340   G01 Z－5 F100
N350   G41 X5.795 D04(4 号刀半径补偿)
N360   G03 X25.795 R10
N370   G01 Y0(精加工八方槽轮廓)
N380   X10.68 Y15.11
N390   X－10.685
N400   X－25.795 Y0
N410   Y－21.37
N420   X－10.685 Y－36.48
N430   X10.685
N440   X25.795 Y－21.37
N450   Y－10.68
N460   G03 X5.795 R10
N470   G01 G40 X0(取消 4 号刀半径补偿)
N480   M05

N490   M09
N500   M30

3) FANUC 0i-M 数控系统

将 HNC 程序略作修改即可,修改如下。

(1) 改程序头,将地址符"%"改为"O"。

(2) 地址符中整数值后需要加点号,小数值不需要,如 X-20. Y0.5 R3。

(3) 每行程序结束时后面加上分号,如 G00 X-20. Y0.5;。

【思考题】

7-1 编写如图 7-5 所示零件加工程序。

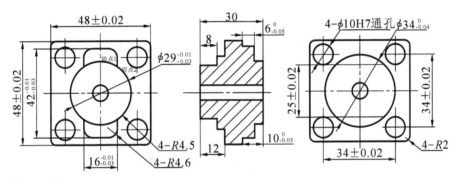

技术要求:
1. 零件毛坯为 φ70mm 的棒料,厚35mm,材料为YL12;
2. 所有加工表面粗糙度值为3.2;
3. 未标注公差±0.05mm;
4. 零件加工时间为180min;
5. 切点1坐标:X8.0,Y14.309;切点2坐标:X9.539,Y10.92。

图 7-5 零件示例 1

7-2 编写如图 7-6 所示零件加工程序。

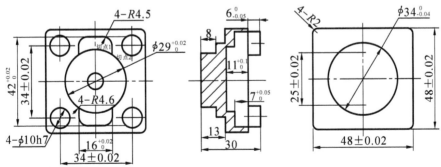

技术要求:
1. 零件毛坯为 φ70mm 的棒料,厚为35mm,材料为YL12;
2. 所有加工表面粗糙度值为3.2;
3. 未标注公差±0.05mm;
4. 零件加工时间为180min;
5. 切点1坐标:X8.0,Y14.309;切点2坐标:X9.539,Y10.92。

图 7-6 零件示例 2

7-3 编写如图 7-7 所示零件加工程序。

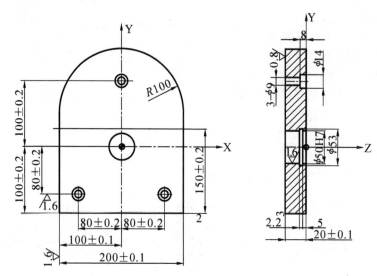

图 7-7 零件示例 3

第 8 章 数控电火花机床编程与操作综合实训

8.1 数控电火花加工机床知识

电火花加工的原理是,基于工具和工件(正、负电极)之间脉冲性火花放电时的电蚀现象来蚀除多余的金属,使零件的尺寸、形状及表面质量达到预定的加工要求。电蚀现象早在19世纪初就被人们发现了,例如,在插头或电器开关触点开、闭时,往往产生火花而把接触表面烧毛、腐蚀成粗糙不平的凹坑。长期以来电蚀一直被认为是一种有害的现象,因而不断地研究电蚀的原因并设法减轻和避免它。

但事物都是一分为二的,只要掌握规律,在一定条件下可以把坏事转化为好事,把有害变为有用。研究结果表明,电火花蚀除的主要原因是:电火花放电时火花通道中瞬时产生大量的热,可达到很高的温度,足以使任何金属材料局部熔化、气化而被蚀除掉,形成放电凹坑。这样,人们在研究抗腐蚀办法的同时,开始研究利用电蚀现象对金属材料进行加工,就是所谓的电火花加工。

8.1.1 电火花加工机理简介

火花放电时,电极表面的金属材料究竟是怎样被蚀除下来的,这一微观的物理过程即所谓电火花加工的机理,也就是电火花加工的物理本质。了解这一微观过程,有助于掌握电火花加工的基本规律,从而对脉冲电源、进给装置、机床设备等提出合理的要求。从大量实验资料来看,每次电蚀的微观过程都是电场力、磁力、热力、流体动力、电化学和胶体化学等综合作用的过程。这一过程大致可分为以下四个连续的阶段:极间介质的电离、击穿,形成放电通道;介质热分解、电极材料熔化、气化热膨胀;电极材料的抛出;极间介质的消电离。

1. 极间介质的电离、击穿,形成放电通道

图 8-1 所示为矩形波脉冲放电时的电压和电流波形。当约 80 V 的脉冲电压施加于工具电极与工件之间时(图 8-1 中 0~1 段和 1~2 段),两极之间立即形成一个电场。电场强度与电压成正比,与距离成反比,即随着极间电压的升高或是极间距离的减小,极间电场强度也将随着增大。由于工具电极和工件的微观表面是凸凹不平的,极间距离又很小,因而极间电场强度是很不均匀的,两极间离得最近的突出点或尖端处的电场强度一般为最大。液

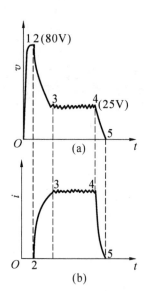

图 8-1 极间放电电压和电流波形
a) 电压波形 b) 电流波形

体介质中不可避免地含有某种杂质(如金属微粒、碳粒子、胶体粒子等),也有一些自由电子,使介质呈现一定的电导率。在电场作用下,这些杂质将使极间电场更不均匀。当阴极表面某处的电场强度增加到 10^5 V/mm,即 100 V/μm 左右时,就会导致场致电子发射,由阴极表面向阳极逸出电子。在电场作用下负电子高速向阳极运动并撞击工作液介质中的分子或中性原子,产生碰撞电离,形成带负电的粒子(主要是电子)和带正电的粒子(正离子),导致带电粒子雪崩式增多,使介质击穿而形成放电通道。

从雪崩电离开始,到建立放电通道的过程非常迅速,一般小于 0.01 μs,间隙电阻从绝缘状况迅速降低到几分之一欧姆,间隙电流迅速上升到最大值(几安到几百安)。由于通道直径很小,所以通道中的电流密度可高达 $10^5 \sim 10^6$ A/cm^2 ($10^3 \sim 10^4$ A/mm^2)。间隙电压则由击穿电压迅速下降到火花维持电压(一般约为 25 V),电流则由零上升到某一峰值电流(图 8-1(b)中 2~3 段)。

放电通道是由数量大体相等的带正电粒子(正离子)和带负电粒子(电子)及中性粒子(原子或分子)组成的等离子体。带电粒子高速运动相互碰撞,产生大量的热,使通道温度相当高,通道中心温度可高达 10 000 ℃以上。由于受到放电时电流产生磁场,磁场又反过来对电子流产生向心的磁压缩效应,以及周围介质惯性动力压缩效应的作用,通道瞬间扩展受到很大阻力,故放电开始阶段通道截面很小,而通道内由瞬时高温热膨胀形成的初始压力可达数十兆帕。高压高温的放电通道及随后瞬时气化形成的气体(以后发展成气泡)急速扩展,并产生一个强烈的冲击波向四周传播。在放电过程中,同时还伴随着一系列派生现象,其中有热效应、电磁效应、光效应、声效应及频率范围很宽的电磁波辐射和局部爆炸冲击波等。

关于通道的结构,一般认为是单通道,即在一次放电时间内只存在一个放电通道;少数人认为可能有多通道,即在一次放电时间内可能同时存在几个放电通道,理由是单次脉冲放电后电极表面有时会出现几个电蚀坑。最近的实验表明,单个脉冲放电时有可能先后出现多次击穿(即一个脉冲内间隙击穿后,有时产生短路或开路,接着又产生击穿放电),另外,也会出现通道受某些随机因素的影响而产生游移,因而在单个脉冲周期内先后会出现多个形状不规则的电蚀坑,但同一时间内只存在一个放电通道,因为形成通道后,间隙电压降至 25 V 左右,不可能再击穿别处形成第二个通道。

2. 介质热分解、电极材料熔化、气化热膨胀

极间介质一旦被电离、击穿、形成放电通道后,脉冲电源使通道间的电子高速奔向正极,正离子奔向负极。电能变成动能,动能通过碰撞又转变为热能。于是在通道内,正极和负极表面分别成为瞬时热源,分别达到很高的温度。通道高温首先把工作液介质气化,进而热裂分解气化(如煤油等碳氢化合物工作液,高温后裂解为 H_2(约占 40%)、C_2H_2(约占 30%)、CH_4(约占 15%)、C_2H_4(约占 10%)和游离碳等,水基工作液则热分解为 H_2、O_2 的分子甚至原子等)。正负极表面的高温除使工作液气化、热分解气化外,也使金属材料熔化、直至沸腾气化。这些气化后的工作液和金属蒸气,瞬时间体积猛增,迅速热膨胀,就像火药、爆竹点燃后那样具有爆炸的特性。观察电火花加工过程,可以见到放电间隙间冒出很多小气泡,工作液逐渐变黑,听到轻微而清脆的爆炸声。

靠此热膨胀和局部微爆炸,使熔化、汽化了的电极材料抛出、蚀除,相当于图 8-1 中 3~4 段,此时 80 V 的空载电压降为 25 V 左右的火花维持电压,由于它含有高频成分而呈锯齿状;电流则上升为锯齿状的放电峰值电流。

3. 电极材料的抛出

通道和正负极表面放电点瞬时高温使工作液气化和金属材料熔化、气化,热膨胀产生很高的瞬时压力。通道中心的压力最高,使气化了的气体体积不断向外膨胀,形成一个扩张的"气泡"。气泡上下、内外的瞬时压力并不相等,压力高处的熔融金属液体和蒸气,就被排挤、抛出而进入工作液中。

表面张力和内聚力的作用使抛出的材料具有最小的表面积,冷凝时凝聚成细小的圆球颗粒(直径约 0.1~300 μm,随脉冲能量而异)。图 8-2(a)、(b)、(c)、(d)所示为放电过程中 4 个阶段放电间隙状态的示意图。

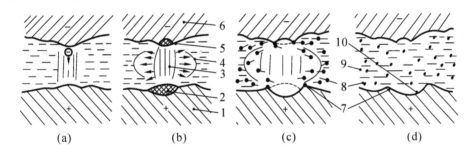

图 8-2 放电间隙状态示意图

1—正极;2—从正极上熔化并抛出金属的区域;3—放电通道;4—气泡;
5—在负极上熔化并抛出金属的区域;6—负极;7—翻边凸起;8—在工作液中凝固的微粒;
9—工作液;10—放电形成的凹坑

实际上熔化和气化了的金属在抛离电极表面时,向四处飞溅,除绝大部分抛入工作液中收缩成小颗粒外,有一小部分飞溅、镀覆、吸附在对面的电极表面上。这种互相飞溅、镀覆以及吸附的现象,在某些条件下可以用来减少或补偿工具电极在加工过程中的损耗。

半裸在空气中的电火花加工时,可以见到橙红色甚至蓝白色的火花四溅,它们就是被抛出的金属高温熔滴和微屑。

观察铜打钢电火花加工后的电极表面,可以看到钢上粘有铜,铜上粘有钢的痕迹。如果进一步分析电加工后的产物,在显微镜下可以看到除了游离碳粒,大小不等的铜和钢的球状颗粒之外,还有一些钢包铜、铜包钢、互相飞溅包容的颗粒,此外还有少数由气态金属冷凝成的中心带有空泡的空心球状颗粒产物。

实际上金属材料的蚀除、抛出过程远比上述的要复杂。放电过程中工作液不断气化,正极受电子撞击、负极受正离子撞击,电极材料不断熔化、气泡不断扩大。当放电结束后,气泡温度不再升高,但由于液体介质惯性作用使气泡继续扩展,致使气泡内压力急剧降低,甚至降到大气压以下,形成局部真空,使在高压下溶解、在熔化和过热材料中的气体析出,以及材料本身在低压下再沸腾。由于压力的骤降,使熔融金属材料及其蒸气从小坑中再次爆沸飞溅而被抛出。

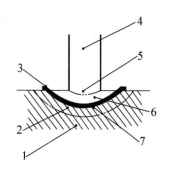

图 8-3　单个脉冲放电痕剖面放大示意图
1—无变化区;2—热影响层;3—翻边凸起;
4—放电通道;5—气化区;6—熔化区;
7—熔化凝固层

熔融材料抛出后,在电极表面形成单个脉冲的放电痕,其放大示意图如图 8-3 所示。熔化区未被抛出的材料冷凝后残留在电极表面,形成熔化凝固层,在四周形成稍凸起的翻边。熔化凝固层下面是热影响层,再往下才是无变化的材料基体。

总之,材料的抛出是热爆炸力、电动力、流体动力等综合作用的结果,对这一复杂的抛出原理的认识还在不断深化中。

正极、负极分别受电子、正离子撞击的能量、热量不同;不同电极材料的熔点、气化点不同;脉冲宽度、脉冲电流大小不同,正、负电极上被抛出材料的数量也不会相同,目前还无法定量计算。

4. 极间介质的消电离

随着脉冲电压的结束,脉冲电流也迅速降为零,如图 8-1 所示 4～5 段,标志着一次脉冲放电结束。但此后仍应有一段间隔时间,使间隙介质消电离,即放电通道中的带电粒子复合为中性粒子,恢复本次放电通道处间隙介质的绝缘强度,以免总是重复在同一处发生放电而导致电弧放电,这样可以保证在两极相对最近处或电阻率最小处形成下一击穿放电通道。

在加工过程中产生的电蚀产物(如金属微粒、碳粒子、气泡等)如果来不及排除、扩散出去,就会改变间隙介质的成分和降低绝缘强度。脉冲火花放电时产生的热量如不及时传出,带电粒子的自由能不易降低,将大大减少复合的概率,使消电离过程不充分,结果将使下一个脉冲放电通道不能顺利地转移到其他部位,而始终集中在某一部位,使该处介质局部过热而破坏消电离过程,脉冲火花放电将会恶性循环转,变为有害的稳定电弧放电,同时工作液局部高温分解后可能积碳,在该处聚成焦粒而在两极间搭桥,使加工无法进行下去,并烧伤电极对。

由此可见,为了保证电火花加工过程正常地进行,在两次脉冲放电之间一般都应有足够的脉冲间隔时间 t_0,这一脉冲间隔时间的选择,不仅要考虑介质本身消电离所需的时间(与脉冲能量有关),还要考虑电蚀产物排离出放电区域的难易程度(与脉冲爆炸力大小、放电间隙大小、抬刀及加工面积有关)。

因此,要达到电火花加工的目的,必须创造条件,解决下列问题。

(1) 必须使工具电极和工件被加工表面之间经常保持一定的放电间隙,这一间隙随加工条件而定,通常约为几微米至几百微米。如果间隙过大,极间电压不能击穿极间介质,因而不会产生火花放电;如果间隙过小,很容易形成短路接触,同样也不能产生火花放电。为此,在电火花加工过程中必须具有工具电极的自动进给和调节装置,使工具电极和工件保持某一放电间隙。

(2) 火花放电必须是瞬时的脉冲性放电,放电延续一段时间后,需停歇一段时间,放电延续时间一般为 $1\sim1\,000\,\mu s$。这样才能使放电所产生的热量来不及传导扩散到其余部分,把每一次的放电蚀除点分别局限在很小的范围内;否则,像持续电弧放电那样,会使表面烧伤而无法用作尺寸加工。为此,电火花加工必须采用脉冲电源。图8-4所示为脉冲电源的空载电压波形,图中t_i为脉冲宽度,t_o为脉冲间隔,t_p为脉冲周期,$\hat{u}_i$为脉冲峰值电压或空载电压。

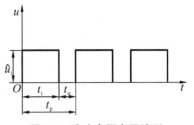

图 8-4　脉冲电源电压波形

(3) 火花放电必须在有一定绝缘性能的液体介质中进行,例如煤油、皂化液或去离子水等。液体介质又称工作液,它们必须具有较高的绝缘强度($10^3 \sim 10^7$ $\Omega \cdot cm$),以有利于产生脉冲性的火花放电。同时,液体介质还能把电火花加工过程中产生的金属小屑、炭黑等电蚀产物在放电间隙中悬浮排除出去,并且对电极和工件表面有较好的冷却作用。

以上这些问题的综合解决,是通过图8-5所示的电火花加工系统来实现的。工件1与工具4分别与脉冲电源2的两输出端相连接。自动进给调节装置3(此处为电动机及丝杆螺母机构)使工具和工件间经常保持一很小的放电间隙,当脉冲电压加到两极之间时,便在当时条件下相对某一间隙最小处或绝缘强度最低处击穿介质,在该局部产生火花放电,瞬时高温使工具和工件表面都蚀除掉一小部分金属,各自形成一个小凹坑,如图8-6所示。其中图8-6(a)所示为单个脉冲放电后的电蚀坑,图8-6(b)所示为多次脉冲放电后的电极表面。脉冲放电结束后,经过一段间隔时间(即脉冲间隔t_o),使工作液恢复绝缘后,第二个脉冲电压又加到两极上,又会在当时极间距离相对最近或绝缘强度最弱处击穿放电,又电蚀出一个小凹坑。这样随着相当高的频率,连续不断地重复放电,工具电极不断地向工件进给,就可将工具的形状复制在工件上,加工出所需要的零件,整个加工表面将由无数个小凹坑所组成。

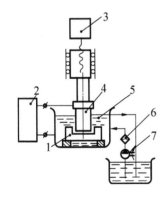

图 8-5　电火花加工原理示意图

1—工件;2—脉冲电源;3—自动进给调节装置;
4—工具;5—工作液;6—过滤器;7—工作液泵

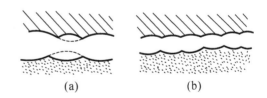

图 8-6　电火花加工表面局部放大图

到目前为止,人们对于电火花加工微观过程的了解还是很不够的,诸如工作液成分作用、间隙介质的击穿、放电间隙内的状况、正负电极间能量的转换与分配、材料的抛出,以及电火花加工过程中热场、流场、力场的变化,通道结构及其振荡等,都还需要进一步研究。

8.1.2 电火花加工工艺

按工具电极和工件相对运动的方式和用途的不同,大致可分为电火花穿孔成形加工、电火花线切割、电火花磨削和镗磨、电火花同步共轭回转加工、电火花高速小孔加工、电火花表面强化与刻字六大类。前五类属电火花成形、尺寸加工,是用于改变零件形状或尺寸的加工方法;后者则属表面加工方法,用于改善或改变零件表面性质。以上以电火花穿孔成形加工和电火花线切割应用最为广泛。表 8-1 所列为总的分类情况及各类加工方法的主要特点和用途。

表 8-1 各类加工方法的主要特点和用途

类别	工艺方法	特　点	用　途	备　注
Ⅰ	电火花穿孔成形加工	1. 工具和工件间主要只有一个相对的伺服进给运动 2. 工具为成形电极,与被加工表面有相同的截面和相反的形状	1. 型腔加工:加工各类型腔模及各种复杂的型腔零件 2. 穿孔加工:加工各种冲模、挤压模、粉末冶金模、各种异形孔及微孔等	约占电火花机床总数的 30%,典型机床有 D7125,D7140 等电火花穿孔成形机床
Ⅱ	电火花线切割加工	1. 工具电极为顺电极丝轴线方向移动着的线状电极 2. 工具与工件在两个水平方向同时有相对伺服进给运动	1. 切割各种冲模和具有直纹面的零件 2. 下料、截割和窄缝加工	约占电火花机床总数的 60%,典型机床有 DK7725,DK7740 数控电火花线切割机床
Ⅲ	电火花内孔、外圆和成形磨削	1. 工具与工件有相对的旋转运动 2. 工具与工件间有径向和轴向的进给运动	1. 加工高精度、表面粗糙度值小的小孔,如拉丝模、挤压模、微型轴承内环、钻套等 2. 加工外圆、小模数滚刀等	约占电火花机床总数的 3%,典型机床有 D6310 电火花小孔内圆磨床等
Ⅳ	电火花同步共轭回转加工	1. 成形工具与工件均作旋转运动,但二者角速度相等或成整倍数,相对应接近的放电点可有切向相对运动速度 2. 工具相对工件可作纵、横向进给运动	以同步回转,展成回转、倍角速度回转等不同方式,加工各种复杂型面的零件,加工高精度的异形齿轮,精密螺纹环规、高精度、高对称度、表面粗糙度值小的内、外回转体表面等	约占电火花机床总数不足 1%,典型机床有 JN-2,JN-8 内外螺纹加工机床

续表

类别	工艺方法	特　点	用　途	备　注
V	电火花高速小孔加工	1. 采用细管（>φ0.3 mm）电极，管内冲入高压水基工作液 2. 细管电极旋转 3. 穿孔速度较高（60 mm/min）	1. 线切割穿丝预孔 2. 深径比很大的小孔，如喷嘴等	约占电火花机床2%，典型机床有D703A电火花高速小孔加工机床
VI	电火花表面强化、刻字	1. 工具在工件表面上振动 2. 工具相对工件移动	1. 模具刃口，刀、量具刃口表面强化和镀覆 2. 电火花刻字、打印记	约占电火花机床总数的2%～3%，典型设备有D9105电火花强化器等

8.2　数控电火花线切割机床操作与编程

8.2.1　线切割机床简介

8.2.1.1　线切割加工的基本原理

线切割加工（WEDM）是电火花线切割加工的简称，它是用线状电极（钼丝或铜丝）以火花放电方式对工件进行切割。

线切割机床通常分为两类：快走丝与慢走丝。前者是电极丝做高速往复运动，走丝速度为 8～10 m/s，国产的线切割机床多是此类机床。慢走丝机床的电极做低速单向运动，一般走丝速度低于 0.2 m/s。

图 8-7 为快走丝线切割加工的示意图。铂丝 4 穿过工件 2 上预先钻好的小孔，经导轮 5 由储丝筒 7 带动做往复交替移动，工件通过绝缘板 1 安装在工作台上，工作台在水平面 X、Y 两个坐标方向各自按给定的控制程序移动而合成任意平面曲线轨迹。脉冲电源 3 对电极丝与工件施加脉冲电压，电极丝与工件之间浇注一定压力的工作液，当脉冲电压击穿电极丝与工件之间的间隙时，两者之间产生火花放电而切割工件。线切割的加工精度可达 0.01 mm，表面粗糙度 Ra 为 1.25～2.5 μm。

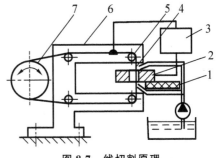

图 8-7　线切割原理
1—绝缘底；2—工件；3—脉冲电源；
4—铂丝；5—导轮；6—支架；7—储丝筒

线切割机床的控制方式有仿型控制、光电跟踪控制和数字程序控制等方式，但目前国内外 95% 以上的线切割机床都已数控化，采用不同水平的数控系统（单片机、单板机、微机）。微机数控是当今的发展趋势。

线切割加工属于电火花加工，但由于采用细金属丝作工具电极，无须制作成形工具电极,大大降低了成形工具电极的设计、制造费用,缩短了生产准备时间,而且细的电极丝可以加工微细的异形孔、窄缝和复杂的工件。由于采用移动的长电极丝进行加工,单位长度电极丝的损耗较小,从而对加工精度的影响较少。

线切割加工广泛应用于加工各种硬质合金和淬火钢的冲模、样板,以及各种外形复杂的精细小零件、窄缝等,并可多件叠加起来加工,能获得一致的尺寸。切割模具零件时,通过调整不同的间隙补偿量,只需一次编程就可以切割出凸模、凹模固定板、凹模及卸料板等。因此,线切割机床是模具制造企业必不可少的设备。对于多品种小批量的零件、特殊难加工材料的零件、材料试验样件、各种型孔、特殊齿轮、凸轮、样板、成形刀具等零件的制造,线切割加工也具有极大的优势。由于不要制造模具,在新产品试制中可以大大缩短制造周期、降低成本。四轴联动的线切割机床还可以加工锥体、上下异面扭转体等复杂形状零件。总之,线切割加工已经成为了一种非常普及的特殊加工工艺。

8.2.1.2 快速走丝电火花线切割机床结构

数控快速走丝电火花线切割机床主要由床身、工作台、锥度切割装置、走丝机构、机床电气箱、工作液循环系统、脉冲电源、数控系统等组成,如图8-8所示。

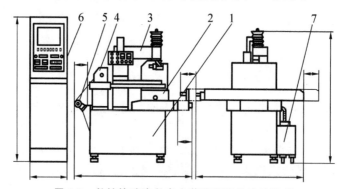

图8-8 数控快速走丝电火花线切割机床的组成
1—床身;2—工作台;3—丝架;4—储丝筒;
5—紧丝电动机;6—数控箱;7—工作液循环系统

1. 工作台

坐标工作台用来承载工件,由控制系统发出进给信号分别控制 X、Y 方向的驱动电动机,按设定的轨迹运动,完成工件的切割运动。该工作台主要由工作台驱动电动机(步进电动机或交、直流伺服电动机)、进给丝杠、导轨与拖板、安装工件的工作台面等组成。

2. 走丝机构

线切割机床走丝机构的主要功能是带动电极丝按一定的线速度,在加工区域保持张力的均匀一致,以完成预定的加工任务。

快速走丝线切割机床的线电极,被整齐有序地排绕在储丝筒1表面,如图8-9所示,线电极从储丝筒上的一端经丝架上上导轮(导向器)2定位后,穿过工件、再经过下导轮(定位器)返回到储丝筒上的另一端。加工时,线电极在储丝筒电极的驱动下,将在上、下导轮之间做高速往复运动。当驱动储丝筒的电动机为交流电动机时,线电极的走丝速度受到电动机转速和储丝筒外径的影响而固定为 450 m/min 左右,最高可达 700 m/min。如果采用直流电动机驱动储丝筒,该驱动装置则可根据加工工件的厚度自动调整线电极的走丝速度,使加工参数更为合理。尤其是在进行大厚度工件切割时,需要有更高的走丝速度,这样会有利于线电极的冷却和电蚀物的排除,以获得较低的表面粗糙度。为了保持加工时线电极有一个较固定的张紧力,在绕线时要有一定的拉力(预紧力),以减少加工时线电极的振动幅度,提高加工精度。

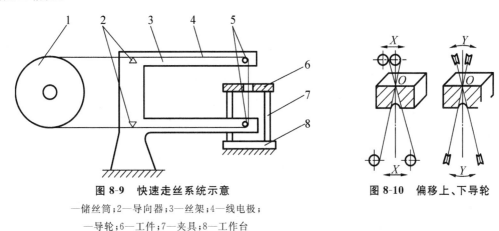

图 8-9　快速走丝系统示意
1—储丝筒;2—导向器;3—丝架;4—线电极;
5—导轮;6—工件;7—夹具;8—工作台

图 8-10　偏移上、下导轮

3. 锥度切割装置

电极丝通过两个导轮来支撑,并且电极丝工作部分与工作台面保持一定的几何角度。当切割直壁时,电极丝与工作台面垂直。需要进行锥度切割时,有的机床采用偏移上、下导轮的方法,如图 8-10 所示。用这种方法加工的锥度一般较小。采用四坐标联动机构的机床,能切割较大的锥度,并可进行上、下异形截面的加工。

4. 数控系统

数控系统的主要作用是在电火花线切割加工过程中,按加工要求自动控制电极丝相对工件的运动轨迹和进给速度,来实现对工件形状和尺寸的加工,即当控制系统使电极丝相对工件按一定轨迹运动时,还应实现进给速度的自动控制,以维持正常的稳定切割加工。进给速度是根据放电间隙大小与放电状态自动控制的,使进给速度与工件材料的蚀除速度相平衡。

电火花线切割数控机床控制系统的主要功能如下。

(1) 轨迹控制系统精确控制电极丝相对于工件的运动轨迹,以获得所需的形状和尺寸。

(2) 加工控制系统主要包括对伺服进给速度、电源装置、走丝机构、工作液系统以及其他的机床操作控制。此外,失效、安全控制及自诊断功能也是一个重要的方面。

5. 脉冲电源

电火花线切割所用的脉冲电源又称高频电源,是线切割机床重要的组成部分之一,是决定线切割加工工艺指标的关键装置,提供工件和电极丝之间的放电加工能量。线切割加工的切割速度、被加工面的表面粗糙度、尺寸和形状精度及电极丝的损耗等,都将受到脉冲电源的影响。对电火花线切割脉冲电源的基本要求如下。

(1) 脉冲峰值电流要适当。脉冲峰值电流的大小对切割速度、表面粗糙度和电极丝的损耗都有影响,故线切割的放电峰值电流的变化范围不宜太大,一般在 1.5～3.5 A 范围内。

（2）脉冲宽度相对要窄。脉冲宽度的宽窄标志着单个脉冲的能量的强弱,脉冲宽度窄可以得到较高的加工精度和较低的表面粗糙度。如果脉冲太窄会使加工速度降低,所以对于不同的材料和工件的厚度,应合理选择脉冲宽度。一般以机床进给均匀和不短路为宜。

（3）脉冲重复频率要尽量高。为了兼顾加工精度、表面粗糙度、切割速度这几项工艺指标,应尽量提高脉冲频率,即缩短脉冲间隔,增大单位时间内放电次数。这样既能获得较低的表面粗糙度,又能得到较高的切割速度。

（4）减少电极丝损耗。在快速走丝线切割加工中,电极丝往复使用,电极丝的损耗太大会影响加工精度,同时还会增大断丝的概率。因此,要求线切割加工脉冲电源应具备较低的电极丝损耗的性能,以便能保证一定的加工精度和维持长时间的稳定加工。

（5）参数调节方便,适应性强。脉冲电源应能适应各种条件的变化,即在不同材料、不同厚度、不同形状与不同精度、粗糙度要求的情况下,能获得满意的加工结果。

6. 工作液循环系统

工作液循环系统主要是保证线切割放电区域正常稳定工作,及时带走加工区域的电蚀物及放电产生的热量。

快速走丝线切割机床工作液循环系统原理如图 8-11 所示。工作液泵 7 将工作液经滤网 8 吸入,并通过主进液管 6 分别送到上丝臂进液管 4、下丝臂进液管 5,用阀门调节其供液量的大小,加工后的废液由工作台 1 靠自重(通过回液管 2)流回工作液箱 9。废液经过过滤层 3,大部分蚀物被过滤掉。乳化液主要用于快速走丝线切割机床。

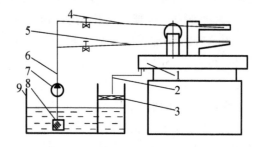

图 8-11　快速走丝线切割机床工作液循环系统原理

1—工作台；2—回液管；3—过滤层；4—上丝臂进液管；5—下丝臂进液管；
6—主进液管；7—工作液泵；8—滤网；9—工作液箱

电火花线切割加工的工作液应具有的性能有：一定的绝缘性能；较好的洗涤性能；较好的冷却性能；对环境无污染,对人体无危害；配制方便,使用寿命长,乳化充分,冲制后油水不分离,长时间储存也不应有沉淀或变质现象。

8.2.2　线切割加工的特点

1. 快速走丝电火花线切割的特点

电火花线切割加工与电火花线成型加工相比较的特点。

（1）不需要制造成型电极,工件材料的预加工量少。

（2）由于采用移动的长电极丝进行加工,单位长度电极丝损耗较少,对加工精度影响小。

（3）电极丝材料不必比材料硬,可以加工难切削的材料,例如,淬火钢、硬质合金；但无法加工非导电材料。

（4）由于电极丝很细，能够方便地加工复杂形状、微细异型孔、窄缝等零件，又由于切缝很窄，零件切除量少，材料损耗少，可节省贵重材料，成本低。

（5）由于加工中电极丝不直接接触工件，故工件几乎不受切削力，适宜加工低刚度工件和细小零件。

（6）直接利用电、热能加工，可以方便地对影响加工精度的参数（如脉冲宽度、间隔、电流等）进行调整。有利于加工精度的提高，操作方便，加工周期短。便于实现加工过程中的自动化。

2. 快速走丝电火花线切割加工应用范围

（1）模具加工。绝大多数冲裁模具都采用切割加工制造，如冲模，包括大、中、小型冲模的凸模、凹模、固定板、卸料板、粉末冶金模、镶拼型腔模、拉丝模、波纹板成型模、冷拔模等。

（2）特殊形状、难加工零件，如成型刀具、样板、轮廓量规；加工微细孔槽、任意曲线、窄缝，如异形孔喷丝板、射流元件、激光器件、电子器件等微孔与窄缝。

（3）特殊材料加工。各种特殊材料和特殊结构的零件，如电子器件、仪器仪表、电机电器、钟表等零件，以及凸轮、薄壳器件等。

（4）贵重材料的加工。各种导电材料，特别是稀有贵重金属的切断；各种特殊结构工件的切断。

（5）可多件叠加起来加工，能获得一致的尺寸。

（6）可制造电火花成型加工用的粗、精工具电极，如形状复杂、带穿孔的、带锥度的电极。

8.2.3 线切割机床操作介绍

8.2.3.1 DK7740E 工作原理

DK7740E 机床的机床电气按 GB 5226—1985 标准要求设计，它是由按钮面板、电气安装板及插座板等组成的，具有运丝筒自动换向、断丝保护、加工结束停机及断电刹车等功能。该电气结构简单、功能齐全、操作方便。

1. 按钮面板

按钮面板如图 8-12 所示。

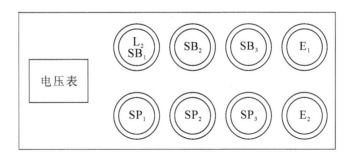

图 8-12 控制面板

SB_1—带灯按钮；SP_1—急停按钮；SB_2、SB_3、SP_2、SP_3—控制开关；E_1、E_2—旋钮开关

2. 开机过程

(1) 上丝、工件装夹、线架调整等准备就绪。

(2) 按下运丝按钮 SB_2,运丝电动机运转。

(3) 按水泵按钮 SB_3 按钮,水泵运行。

(4) 开启脉冲电源旋钮 SA_2。

(5) 计算机送入程序,步进电动机上电,执行程序切割,调节变频电位器稳定。

3. 关机过程

(1) 关脉冲电源按钮。

(2) 按下控制按钮 SP_2、SP_3,运丝电动机和水泵电动机停。

(3) 关控制柜电源,计算机退出执行程序状态。

(4) 关总停电源开关。

4. 工作原理

本机床电器电路,包括水泵电路、运丝及自动换向电路、关运转或换向时自动关高频电路、停机制动电路、无人自动值班电路。

(1) 接通机床外设电源开关,合上急停开关 SP_1 按下带灯按钮 SB_1,电源指示灯 L_2 亮,机床进电控制电路接通电源,要求输入电压范围 380 V±10%,按 SB_2 开启运丝。

(2) 开启运丝后,丝筒朝远离操作者方向运行,移动感应块与一端接近开关感应发出信号,运丝筒换向运行;移动感应块与另一端接近开关感应发出信号,运丝筒再换向运行,周而复始。

(3) 运丝换向接近开关失效时,丝筒继续前移,移动撞杆压下行程开关即停机制动,全机停。

(4) 按下控制按钮 SB_3,水泵工作。

(5) 打开旋钮开关 E_1、E_2,控制系统发出加工结束信号或发生断丝现象,机床电气控制部分将立即报警停机。

8.2.3.2 机床操作和调整

1. 准备工作

(1) 启动电源开关,让机床空载运行,观察其工作状态是否正常。其内容如下:

① 控制台必须正常工作 10 min 以上;

② 机床各部件运动副正常工作;

③ 脉冲电源和机床电器工作正常无误;

④ 各个行程开关触点动作灵敏;

⑤ 工作液各个进出管路畅通无阻,压力正常,扬程符合要求。

(2) 按机床润滑要求注油。

(3) 添加或更换工作液,一般以每隔 10~15 天更换 1 次为宜。

(4) 决定是否调换电极丝。

2. 调整线架

(1) 导轮及排丝轮的调整。调整时,既要保证导轮及排丝轮转动灵活,又要无轴向间隙。更换时,导轮及排丝轮轴承内应加高速润滑油。

(2) 用角尺或钼丝校正器检测钼丝与工作台垂直度,若钼丝与工作台不垂直,可用锥度旋钮及悬臂上的调整套来进行调节。

3. 钼丝绕装

(1) 上丝的起始位置在丝筒右侧(远离运丝电动机一端),用摇手柄将丝筒右侧停在线架中心位置。

(2) 将右边撞块压住换向行程开关触点,左边撞块尽量拉远。

(3) 松开上丝器 4 上螺母 5,装上钼丝盘 6 后拧上螺母 5,如图 8-13 所示。

(4) 调节螺母 9,将钼丝盘压力调节适中。

(5) 将铜丝一端通过排丝轮 3 上丝轮后固定在储丝筒 1 右侧螺钉上。

(6) 逆时针空转储丝筒几圈,转动时撞块不能脱开换向行程开关触点。

(7) 按操纵面板 SB_2 旋钮(运丝开关),丝筒转动,钼丝自动缠绕在储丝筒上,达到要求后,按操纵面板 SP_2 急停旋钮,上丝结束。

(8) 手动上丝按上述②至⑦操作后用摇手柄转动丝筒即可。

(9) 剪断钼丝,松开上丝器上螺母 5,取下钼丝盘 6 后拧上螺母。

(10) 如图 8-14 所示绕丝,将钼丝另一端固定在丝筒左侧螺钉上。

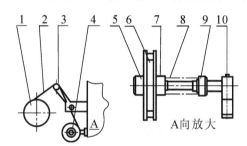

图 8-13 机床上丝示意图　　　　　图 8-14 绕丝示意图
1—储丝筒;2—铜丝;3—排丝轮;4—上丝器;5—螺母;　　1—上丝轮;2—断丝机构;3—排丝轮;4—导电块;
6—钼丝盘;7—挡圈;8—弹簧;9—调节螺母;10—螺钉　　5—导轮;6—切割;7—导轮;8—电极丝;9—储丝筒

(11) 用紧丝轮手动紧丝 2～3 遍,用力应均匀。

注意:开运丝时必须拿掉摇手柄以防其飞出伤人。

4. 工件装夹

(1) 装夹工件前先校正电极丝与工作台的垂直度。

(2) 选择夹具,并将夹具固定在工作台上。

(3) 装夹工件时,应根据工件图纸要求用百分表等量具找正基准面,使其与工作台的 X 向或 Y 向平行。

(4) 装夹工件位置应使工件的切割区控制在机床行程范围内。

(5) 装夹工件时应保证在切割过程中工件与夹具不应碰到线架的任何部分。

(6) 工件装夹完毕必须清除工作台面上的一切杂物。

5. 锥度切割

进给量及补偿量计算公式如下(见图 8-15):

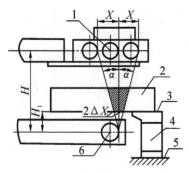

图 8-15 锥度切割示意图
1—上导轮中心；2—加工件；3—夹具上平面；
4—夹具；5—工作台面；6—导轮中心

设要切割锥度为 α，则锥度切割的进给量为

$$X = H\tan\alpha$$

补偿量为

$$\Delta X = H_1 \tan\alpha$$

式中：H——上、下导轮中心之间的距离；
H_1——夹具上平面与下导轮中心之间的距离。

6. 机床操作步骤

（1）开机、合上急停开关 SP_1 按下带灯按钮 SB_1。

（2）把加工程序输入计算机。

（3）根据工件的厚度调整线架跨距（切割工件时不允许调整线架跨距）。

（4）安装工件。

（5）绕电极丝。

（6）开运丝开关。

（7）开水泵开关，调节喷水量。开水泵时，应先把调节阀关掉，然后逐渐开启，调节至水柱包容电极丝射向切割即可，水量不必太大。

注意：开水泵时，如不关闭或关小调节阀，就会造成冷却液飞溅。

（8）开始切割以前，应设置好系统的加工状态，由计算机开进给、开高频及设定自动状态，正常切割时观察机床电流表，调节使指针稳定（允许电流表指针略有晃动）。

（9）加工结束后应先关闭水泵开关，然后关闭运丝开关，检查 X、Y 坐标是否到达终点，到终点时拆下工件，清洗并检查质量。未到终点时应检查程序是否有错、控制台是否有故障。

注意：机床控制面板上有红色急停按钮开关，工作中如有意外情况，按下此开关即可断电停机。

8.2.4 线切割 3B 格式编程

1. 3B 代码程序编制方法

3B 程序为相对坐标程序，即每一图线的坐标原点随图线发生变化，直线段的坐标原点为直线原点，圆弧段的坐标原点为此圆弧的圆心。常见的图形都是由直线或圆弧组成，任何复杂的图形，只要分解为直线和圆弧，就可以依次分别编程。编程需要的参数有五个：切割的终点坐标 X、Y；切割时的计数长度 J；切割时的计数方向 G；切割轨迹的类型 Z，也称为加工指令。

1）3B 代码程序格式

我国数控线切割机床采用统一的五指令 3B 程序格式，即

       BX BY BJ G Z

其中：B——分割符，用来区分、隔离 X、Y 和 J 等数码，B 后的数字为零，零可以不写；

X、Y——坐标值，即直线的终点或圆弧起点坐标值，编程时均取绝对值，单位 μm；

J——计数长度，单位 μm，计数长度应取从起点到终点某拖板移动的总距离，当计数方向确定后，计数长度则为被加工线段或圆弧在该方向坐标轴上的投影长度的总和；

G——计数方向，GX 为 X 方向计数，GY 为 Y 方向计数，表示工作台在该方向每走

$1\,\mu m$ 时,计数长度减 1,当计数长度减到等于零时,这段程序加工完毕;

Z——加工指令,分为直线 L 和圆弧 R 两大类,直线按走向和终点所在象限,分为 L1、L2、L3、L4 四种,圆弧又按第一步进入的象限及走向分为顺圆和逆圆,顺圆分别为 SR1、SR2、SR3、SR4,逆圆分别为 NR1、NR2、NR3、NR4,如图 8-16 所示。

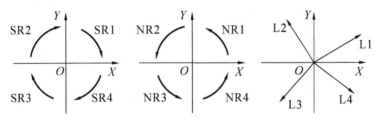

图 8-16 直线和圆弧的加工指令

2) 直线的编程方法

(1) 直线的起点作为坐标的原点。

(2) X、Y 值均为终点相对起点的坐标值的绝对值。

(3) 计数长度 J 是计数方向上该直线在 X 轴或 Y 轴上的投影值,决定计数长度要和选择的计数方向一起考虑。

(4) 计数方向 G 的选择应取此程序最后一步的轴向为计数方向。在不能预知时,一般选取与终点处的走向较平行的轴向为计数方向。对直线而言,取 X、Y 中较大的绝对值和轴向作为计数长度 J 和计数方向。

(5) 加工指令 Z 按直线走向和终点所在象限不同而分为 L1、L2、L3、L4,其中与正 X 轴重合的直线算作 L1,与正 Y 轴重合的直线算作 L2,与负 X 轴重合的直线算作 L3,与负 Y 轴重合的直线算 L4。与 X、Y 轴重合的直线,编程时 X、Y 均可作为 0,且在 B 后可不写。

3) 圆弧的编程方法

(1) 将圆弧圆心作为坐标的原点。

(2) X、Y 为圆弧起点相对于圆弧圆心的坐标值。

(3) 计数长度 J 是计数方向上圆弧在 X、Y 轴各象限投影长度之和,决定计数长度要和所选的计数方向一起考虑。

(4) 计数方向按圆弧终点计算,取终点坐标较小的一个轴作为计数方向。

(5) 对圆弧的加工指令,按圆弧插补时第一步所进入的象限可分为 R1、R2、R3、R4,按切割方向又分为顺圆 S 和逆圆 N,故共有八种加工指令:SR1、SR2、SR3、SR4;NR1、NR2、NR3、NR4。如图 8-16 所示。

2. 3B 代码编程举例

如图 8-17 所示的加工图形,其 3B 指令图形如下:

B B B15000GY L4

B B B20000GX l1

B B15000B30000GX SR1

B B B40000GX L3

B B15000B30000GX SR3

B B B20000GX L1

B B B20000GY L2

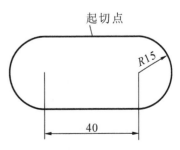

图 8-17 3B 代码编程举例

8.2.5 线切割 4B 格式编程

4B 指令用具有间隙补偿功能和锥度补偿功能的数控线切割机床的程序编制。所谓间隙补偿,就是指电极丝在切割工件时,电极丝中心运动轨迹能根据要求自动偏离编程轨迹一段距离(补偿量)。当补偿量设定为偏移量时,编程轨迹即为工件的轮廓线。显然,按工件的轮廓编程要比按电极丝中心运动轨迹编程方便得多,轨迹计算也比较简单。而且,当电极丝磨损,直径变小;当单边放电间隙 Z 随切割条件的变化而变化后,也无须改变程序,只需改变补偿量即可。锥度补偿是指系统能根据要求,同时控制 $X、Y、U、V$ 四轴的运动($X、Y$ 为机床工作台的运动,即工件的运动;$U、V$ 为上线架导轮的运动,分别平行于 $X、Y$),使电极丝偏离垂直方向一个角度(即锥度),切割出上大下小或上小下大的工件来。

4B 指令就是带"+/−"符号的 3B 指令,为了区别于一般的 3B 指令,故称为 4B 指令,4B 指令格式:+/−BXBYBJGZ。其中的"+/−"符号用以反映间隙补偿信息和锥度补偿信息,其他与 3B 指令完全一致。间隙补偿切割时,"+"号表示正补偿,当相似图形的线段大于基准轮廓尺寸时为正补偿;"−"号表示负补偿,当相似图形的线段小于基准轮廓尺寸时为负补偿。

8.2.6 线切割 ISO 格式编程

ISO 格式数控程序是指按国际标准化组织(ISO)规定的数控机床的坐标轴和运动方向、数控程序的编码字符和程序格式、准备功能和辅助功能等标准与规范编写的数控程序。这与编写数控车铣床的数控程序相似。

1. ISO 代码介绍

一个数控系统的零件程序就是一组被送到数控系统中去的指令和数据。一个程序是由遵循一定结构、句法和格式或规则的语句和命令所组成的。

下面以 HCKX320 为例来说明 ISO 代码的含义及编程使用的方法。

1)程序格式

(1)词:一个程序由许多指令语句组成,每个指令语句又由若干个词组成,词包括预备功能、进给功能、辅助功能等。词的组成结构如下:

词=地址+代码数据

(2)地址:用字母表示,字母规定代码后面数据的含义等,其规定意义见表 8-2。

表 8-2 字母规定意义

地　　址	意　　义
G	预备功能
X、Y、U、V	坐标移动的规定
Z、J	圆形坐标的规定(增量坐标指令)
D	偏值量和补偿值的规定
A	锥度的规定
C	加工条件的规定
M	辅助功能
H	导轮与工件之间参数的规定

(3)代码和数据:代码和数据的输入格式如下。

① G(预备功能):在预备功能中,在 G 后面输入的数据最多可以为两位,即 00~99。例

如 G00 或 G97。

② X、Y、U、V(坐标位移的规定):X、Y 后的输入数据在－999 999～＋9 999 999 μm 范围内有效,U、V 后的输入数据在－999 999～＋999 999 μm 之间有效,如果是正号则可省略。例如,X1000 或 X1.0。

③ I、J(圆心坐标的规定):I、J 后的数据为圆心相对于起点的坐标增量。

④ D(偏移量和补偿值的规定):D 后的数据在 0～＋9 999 999 μm 之间有效。

⑤ A(锥度的规定):A 后的数据在 ±1～±9999.999 之间有效。最小单位为 0.001。

⑥ C(加工条件的规定):C 后用两位数字格式规定加工条件,共 100 个,即 C0～C99。

⑦ M(辅助功能):用两位数字输入格式,规定机床加工程序的部分开关。

⑧ H(机床参数规定):切割锥度时必须给出的机床参数。H 工作厚度:输入数值在 0～＋9 999 999 μm 范围内有效。

(4) 语句格式:指令＋地址＋符号＋绝对值或增量值。例如,G01X1000Y1000。

2) 代码说明

MD22EDW 快走丝线切割系统常用指令如表 8-3 所示。

表 8-3 MD22EDW 快走丝线切割系统常用指令

代 码	意 义	代 码	意 义
G00	快速定位	G50	消除锥度
G01	直线插补	G51	锥度左偏
G02	顺圆插补	G52	锥度右偏
G03	逆圆插补	G54～G59	工件坐标系设定
G20H×××	程序面到上轮距离	G90	绝对坐标指令
G21	工作厚度	G91	相对坐标指令
G22H×××	程序面到上轮距离	G92	坐标起点设定指令
G80	接触感知指令	M01	程序暂停
G82	半程移动指令	M02	程序结束
G83	找正中心指令	M05	接触感知解除
G84	矫正钼丝指令	M96	子程序调用
G40	线径补偿取消	M97	调用子程序结束
G41	左偏指令		
G42	右偏指令		

3) 线径补偿及锥度加工说明

(1) 线径补偿就是用电极丝直径的一半(半径)表示电极丝路径的偏移。丝径的电极丝按理论给定的轮廓尺寸加工时得到一个与之相等的形状和尺寸,数控系统将电极丝实际走过的轨迹加大或缩小一个补偿值,以弥补丝径和放电间隙尺寸的影响。其补偿值 $D＝$ 丝半径 $＋\sigma$(放电间隙)。

如图 8-18 所示为补偿指令 G41 和 G42 的区别。

程序段如下:

G90X_Y_;

G41(G42)D_;

G01X_Y_;

G01X_Y_;
……
G40X_Y_;
M02

其中,D 后的数据为偏移量数据。

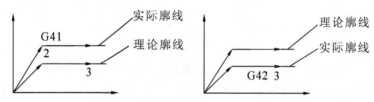

图 8-18 补偿指令 G41 和 G42 的区别

(2) 锥度加工。进行锥度加工时,首先必须输入几项数据,若不输入数据,则即使在程序中规定了锥度加工,也不会加工出正确的锥度。锥度加工必须输入以下数据:

G20H×××　程序面到上轮距离
G22H×××　程序面到上轮距离
G21H×××　工作厚度

锥度左偏 G51 时加工工件为上大下小,锥度右偏 G52 时加工工件为上小下大。

例:
G92X0Y0
G20H60000
G21H40000
G22H10000
……
G51(G52)A3
……
G50(G50 要放在推刀线以前)
……
M02

其他指令的格式及用法与加工中心或数控铣床的基本相同。

2. 数控线切割编程实例

如图 8-19 所示,按图中箭头所示加工轨迹加工零件,考虑线径补偿,进行编程。

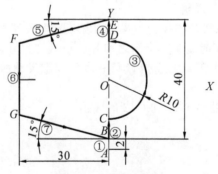

图 8-19 编程实例图

(1) 确定加工路线。根据图示零件形状和尺寸,编程原点选在 $R10$ 圆弧圆心 O 处,进刀点选在零件下尖角正下方 A 点处,并沿顺时针方向切削。其加工方向如图 8-19 中箭头所示。

(2) 分别计算各关键点坐标。
$A(0,-22)$ $B(0,-20)$ $C(0,-10)$ $D(0,10)$ $E(0,20)$ $F(30,8.04)$ $G(30,-8.04)$

(3) 按 G 点代码编写程序如下:

O0001

N01 G92 X0.0 Y22.0	坐标设在 O 点,起刀点为 A 点
N02 G42 D0.1	铜丝直径 d 若为 0.18,则放电间隙为 0.01
N03 G01 X0.0 Y−20.0	刀具补偿切入到 B 点
N04 G01 X0.0 Y−10.0	直线切削至 C 点
N05 G02 X0.0 Y10.0 I0.0 J10.0	加工圆弧至 D 点
N06 G01 X0.0 Y20.0	加工直线 DE 段
N07 G01 X−30.0 Y8.04	加工直线 DF 段
N08 G01 X−30.0 Y−8.04	加工直线 FG 段
N09 G01 X0.0 Y−20.0	加工直线 FB 段
N10 G40 X0.0 Y−22.0	取消刀具补偿,回到 A 点
M02	程序结束

(4) 有公差尺寸的编程计算方法。由于零件的实际尺寸大部分应在公差带的中值附近,因此,对标注有公差的尺寸,应采用中差尺寸编程,中差尺寸的计算公式为:

$$中差尺寸 = 基本尺寸 - (上偏差 - 下偏差)/2$$

例如,$40_{-0.056}^{0}$ 的编程尺寸为 $[40+(0-0.056)/2]$ mm = 39.972 mm。

8.2.7 线切割自动编程软件

DK7740 型电火花数控线切割机床采用 HL 线切割数控自动编程软件进行编程。HL 线切割数控自动编程软件系统是一个高智能化的图形交互式软件系统。通过简单、直观的绘图工具,将所要进行切割的零件形状描绘出来,按照工艺要求,将描绘出来的图形进行编排等处理,再通过系统处理成一定格式的加工程序,其具体步骤如下。

1. 绘制轨迹线

直接用固定菜单中的【点】、【直线】、【圆】、【块】等绘图项作出轨迹线。

2. 加引线

形成轨迹线后,一般需加引线。加引线后,图形已被修改,必须对图形进行排序,编辑加工路线。

3. 生成加工程序

生成一定格式的加工程序,如 3B 语言程序。

4. 进入加工界面加工

(1) 编程界面及功能模块界面。

HL 线切割数控自动编程软件主界面如图 8-20 所示。

图 8-20　HL 线切割数控自动编程软件主界面

在主界面点击"Pro 绘图编程"选项,则进入绘图编程界面,如图 8-21 所示。界面分成四个区域,分别为图形显示区、可变菜单区、固定菜单区和会话区。可通过键盘和鼠标选择菜单操作。

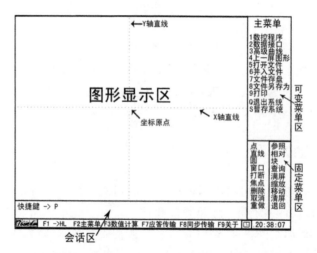

图 8-21　绘图编程界面

图形显示区:所画图形显示的区域,在整个绘图编程过程中,这个区域始终存在。

菜单区:分两个部分,可变菜单区和固定菜单区。在整个绘图编程过程中,可变菜单区随着功能的选择而变化。在选择固定菜单区中的绘图项时,可变菜单区显示绘图项的子菜单。

图 8-22 为选择了固定菜单区中的绘图项"圆"后出现的菜单。此菜单所在界面中"图形显示区"与图 8-21 相同;可变菜单区转换为"圆"的操作菜单,供操作者选择;会话区提示输入,可根据需要输入,再按回车键确定,一个满足要求的圆就显示在图形显示区内;固定菜单区不变。

以上两个界面是绘图编程中经常出现的界面,第二个菜单界面只是随着选择不同其绘图项所显示的内容会有所不同。

（2）绘图编程界面的主要功能的介绍。

① 主菜单。

数控程序：进入数控程序菜单，进行数控加工路线处理。

数据接口：DXF 文件并入、输出 DXF 文件、3B 并入、YH 并入。

上一屏图形：恢复上一层图形。当图形被放大或缩小后，用此菜单恢复上一层图形状态。

② 固定菜单。

点、直线、圆：分别进入子菜单进行图形输入操作。

打断：执行打断前先确定打断的直线、圆或圆上有两个点存在。执行打断后光标所在的两点间的线段被剪掉。

参考：建立用户参考坐标系。

相对：进入相对菜单，提供相对坐标系，方便有相对坐标系要求的图形处理。主要包含相对平移、相对旋转、取消相对、对称处理、原点重定。

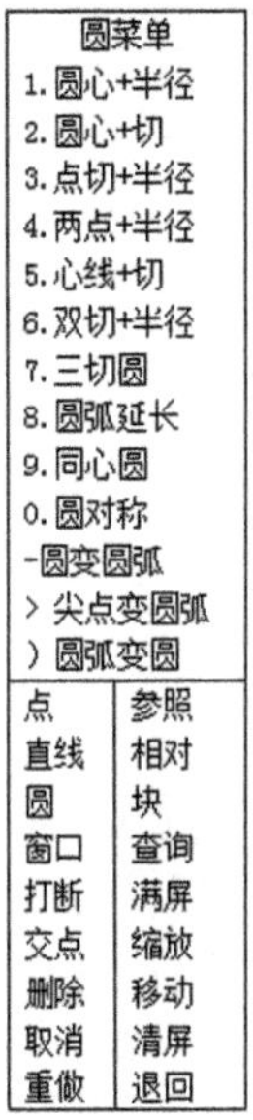

块：进入块菜单，块菜单可以对图形的某一部分或全部进行删除、缩放、旋转、拷贝和对称处理，对被处理的部分，首先需要用窗口建块或用增加元素方法建块，块元素以红色表示。

③ 文件管理器（见图 8-23）。

文件管理器除可用于文件的读取和存盘外，还可以进行图形预览、文件排序等。文件管理器界面主要分成四个区域，文件列表区、预览区、文件夹区、文件名区。可通过键盘进行操作，使用操作如下。

图 8-22　圆菜单界面

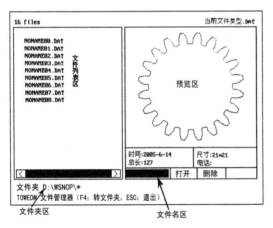

图 8-23　文件管理器界面

↑ ↓ ← →：箭头键用于选择已有的文件，也可用鼠标点击选择。"预览区"可即时预览选中的文件。

Delete：删除所选择的文件。

F6：按文件名称排序。

F7：按时间排序。

Tab：切换要修改的区域。在文件夹、文件名和电话之间切换，用键盘直接修改区域中的内容。

F4：转换文件夹。文件在硬盘和虚拟盘之间转换。

ESC/F3：退出文件管理器。

其他的功能名称对功能的描述很清楚，这里就不一一说明了。

（3）图形输入操作。

图形菜单中有点、直线、圆及高级曲线所包括的各种非圆曲线。

① 点菜单。点菜单见表 8-4。

表 8-4 点菜单

菜　　单	屏幕显示	解　　释
极/坐标点	点<X,Y>= （若要选取原点,可在屏幕上选取坐标原点或直接输入字母 O）	1. 普通输入格式:x,y 2. 相对坐标输入格式:@x,y("@"为相对坐标标志,"x"是相对的 x 轴坐标,"y"是相对的 y 轴坐标) 3. 相对极坐标输入格式:<a,1("<"为相对极坐标标志,"a"指角度,"1"是长度)。以前一个点为相对参考点 如先用光标选一参考点,会提示输入极径和角度
光标任意点	用光标指任意点	用光标在屏幕上任意定一个点
圆心点	圆,圆弧=	求圆或圆弧的圆心点
圆上点	圆,圆弧= 角度=	求在圆上某一角度的点
等分点	选定线,圆弧= 等分数<N>= 起始角度<A>=	直线、圆或圆弧的等分点
点阵	点阵基点<X,Y>= 点阵距离<Dx,Dy>= X 轴<Nx>= Y 轴<Ny>=	从已知点阵端点开始,以(Dx,Dy)为步距,X 轴数为 X 轴上点的数目,Y 轴数为 Y 轴上点的数目作为一个点阵列 改变步距 Dx,Dy 的符号就可以改变点阵端点为左上角、左下角、右上角和右下角。可使用此功能配合辅助作图,能加快作图速度 数控程序的阵列加工也需要此功能配合
中心	选定直线,圆弧=	直线或圆弧的中心
两点中心	选定点一<X,Y>= 选定点二<X,Y>=	两点间的中心
CL 交点	选定线圆弧一 = 选定线圆弧二 =	直线、圆或圆弧的交点,同"交点"功能有所不同,"CL 交点"不要求线圆间有可视的交点,执行此操作时,系统会自动将线圆延长,然后计算它们的交点
右旋转	选定点<X,Y>= 中心点<X,Y>= 旋转角度<A>= 旋转次数<N>=	旋转复制点
点对称	选定点<X,Y>= 对称于点,直线 =	求点的对称点
删除孤立点	删除孤立点	删除孤立点
查两点距离	点一<X,Y>= 点二<X,Y>= 两点距离<L>=	计算两点间的距离,当光标在捕捉范围内捕捉到一个点时,取该点为其中一个点;否则,取鼠标确认键按下时光标所在位置的坐标值

② 直线菜单。直线菜单见表8-5。

表8-5 直线菜单

直　　线	屏　幕　显　示	解　　释
二点直线	二点直线 直线端点<X,Y>＝ 直线端点<X,Y>＝ 直线端点<X,Y>＝	过一点作直线 起点 到一点 到一点
角平分线	选定直线一　＝ 选定直线二　＝ 直线<Y/N？>	求两直线角的平分线 选择两直线之一
点＋角度	选定点(X,Y)＝ 角度<A＝90>＝	求过某点并与X轴正反向成角度A的辅助线 直接按[ENTER]键,角度为90°
切＋角度	切于圆,圆弧 角度<A>＝ 直线<Y/N？>	切于圆或圆弧并与X轴正方向成角度A的辅助线
点线夹角	选定点<X,Y>＝ 选定直线　＝ 角度<A＝90>＝ 直线<Y/N？>	求过一已知点并与某条直线成角度A的直线
点切于圆	选定点<X,Y>＝ 切于圆,圆弧 直线<Y/N？>	已知直线上一点,并且该直线切于已知圆
二圆公切线	切于圆,圆弧一　＝ 切于圆,圆弧二　＝ 直线<Y/N？>	作两圆或圆弧的公切线。如果两圆相交,可选直线为两圆的两条公切线。如果两圆不相交,可选直线为两圆的两条外公切线加两条内公切线
直线延长	选定直线　＝ 交于线,圆,弧	延长直线直至另一选定直线,圆或圆弧相交 有两个交点时,选靠近光标的交点
直线平移	选定直线　＝ 平移距离<D>＝ 直线<Y/N？>	平移复制直线 如选定直线为实直线,复制后也为实直线 如选定直线为辅助线,结果也为辅助线
直线对称	选定直线　＝ 对称于直线　＝	对称复制直线 已知某一直线,对称于某一直线
点射线	选定点<X,Y>＝ 角度<A>＝ 交于线,圆,弧	过某点与X轴正方向成角度A并且相交于另一已知直线或圆或圆弧的直线 有两个交点时,选靠近光标的交点
清除辅助线		删除所有辅助线
查两线夹角	选定直线一　＝ 选定直线二　＝ 两线夹角　＝	计算两已知直线的夹角

③ 圆菜单。圆菜单见表8-6。

表8-6 圆菜单

菜　　单	屏幕显示	解　　释
圆心+半径	圆心<X,Y>= 半径 <R>=	按照给定的圆心和半径作圆
圆心+切	圆心<X,Y>= 切于点,线,圆 = 圆 <Y/N?>	已知圆心,已知圆切于另一已知点、直线、圆或圆弧作圆 出现多个圆时,选择所要的圆
点切+半径	圆心<X,Y>= 切于点,线,圆 = 半径 <R>= 圆 <Y/N?>	已知圆上一点,已知圆与另一点、直线、圆或圆弧相切,并已知半径作圆
两点+半径	点一<X,Y>= 点二<X,Y>= 半径 <R>=	已知圆上两点,已知圆半径作圆
心线+切	心线= 切于点,线,圆 = 半径 <R>= 圆 <Y/N?>	给定圆心所在直线,并已知圆相切于一已知点、直线、圆或圆弧作圆
双切+半径 (过渡圆弧)	切于点,线,圆 切于点,线,圆 圆 <Y/N?>	已知圆与两已知点、直线、圆或圆弧相切,并已知半径作圆,等同Autop的过渡圆弧
三切圆	点,线,圆,弧一 = 点,线,圆,弧二 = 点,线,圆,弧三 = 圆 <Y/N?>	求任意三个元素的公切圆
圆弧延长	圆弧 交于线,圆,弧	延长圆弧与另一直线,圆或圆弧相交
同心圆	圆,圆弧 偏移值 <D>=	作圆或圆弧按给定数值偏移后的圆或圆弧
圆对称	圆,圆弧 对称于直线=	作圆或圆弧的对称圆
圆变圆弧	圆 = 圆弧起点<X,Y>= 圆弧起点<X,Y>=	将选定圆按给定起始点和终止点编辑变成圆弧
尖点变圆弧	半径 <R>= 用光标指尖点	变尖点为圆弧,必须保证尖点只有两个有效图元(此处只能是直线或圆弧),且端点重合,否则此操作不能成功
圆弧变圆	圆弧= 圆弧= 按 ESC 退出	变圆弧为圆

④ 高级菜单。高级菜单见表 8-7。

表 8-7 高级菜单

菜 单	屏 幕 显 示	解 释
椭圆	长半轴＜Ra＞＝ 短半轴＜Rb＞＝ 起始角度＜A1＞＝ 终止角度＜A2＞＝	参数方程： $X = a\cos t$ $Y = b\sin t$
螺线	起始角度＜A1＞＝ 起始半径＜R1＞＝ 终止角度＜A2＞＝ 终止半径＜R2＞＝	阿基米德螺线
抛物线	系数＜K2＞＝ 起始参数＜X1＞＝ 终止参数＜X2＞＝	使用抛物线方程 $Y = K \times X \times X$
渐开线	基圆半径＜R＞＝ 起始角度＜A1＞＝ 终止角度＜A2＞＝	参数方程： $x = R(\cos t + \sin t)$ $y = R(\sin t + \cos t)$
标准齿轮	齿轮模数＜M＞＝ 齿轮齿数＜Z＞＝ 有效齿数＜N＞＝ 起始角度＜A＞＝	相当于自由齿数中，各参数设定如下：压力角＜A＞＝20，变位系数＜O＞＝0，齿高系数＜T＞＝1，齿顶隙系数＜R＞＝0.25，过渡圆弧系数＝0.38 不要使有效齿数大于齿轮齿数，这样虽然也能作出图形，但会有许多重复的线条，在生成加工代码时造成麻烦
自由齿轮	齿轮模数＜M＞＝ 齿轮齿数＜Z＞＝ 压力角＜A＞＝ 变位系数＜O＞＝ 齿高系数＜T＞＝ 齿顶隙系数＜B＞＝ 过渡圆弧系数＝ 有效齿数＜N＞＝ 起始角度＜A＞＝	渐开线齿轮： 基圆半径：$R_b = MZ/2 \times \cos A$ 齿顶圆半径：$R_t = MZ/2 + M \times (T + O)$ 齿根圆半径：$R_f = MZ/2 - M \times (T + B + O)$ 经验参数： 内齿 $T = 1.25 \quad B = -0.25$ 花键齿 $T = 0.5$ 内花键齿 $T = 0.75 \quad B = -0.25$

(4) 自动编程操作。

在绘图编程界面点击主菜单中的"数控程序"选项，则进入自动编程菜单界面，如图 8-24 所示。

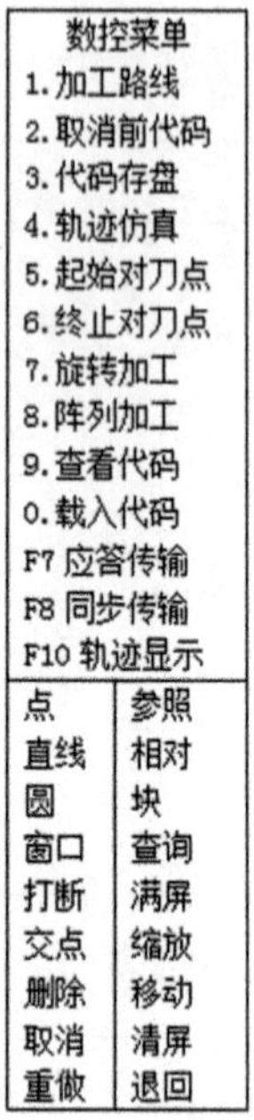

Towedm可对封闭或不封闭图形生成加工路线,并可进行旋转和阵列加工,可对数控程序进行查看、存盘,可直接传送到线切割机床中。

在加工零件图绘制完成后,进入自动编程界面,通过自动编程生成加工路线。加工代码的生成步骤如下。

① 选择加工起始点和切入点。

② 选择加工方向(YES/NO)。

③ 设置尖点圆弧半径。

④ 设置补偿间隙,根据图形上箭头所显示的正负号来给出数值。

⑤ 选择"重复切割"(YES/NO),如选"NO",则产生 3B 代码。如选"YES",则需设置"切割留空",输入多次切割的最后一刀的预留长度,单位 mm。再按提示输入第二次切割的补偿间隙。系统自动产生第二次逆向切割的 3B 代码。系统再次提出"重复切割",选"YES"继续重复设置切割,选"NO"则结束。

⑥ 操作完成后如果无差错,则会给出生成后的代码信息,有错误则给出错误提示。提示信息格式如下:

$R=$尖点圆弧,$F=$间隙补偿,$NC=$代码段数,$L=$路线总长,$X=X$轴校零,$Y=Y$轴校零。

图 8-24 自动编程菜单界面

8.3 数控综合实训

实训任务一 自动拨叉凹模数控线切割编程的综合实训

一、实训目的

(1) 掌握电火花线切割穿丝与工件的装夹方法。
(2) 掌握拨叉的电火花线切割加工方法。

二、实训要求

(1) 仔细进行线切割穿丝。
(2) 用线切割软件对拨叉精修图形绘制和编程。
(3) 对拨叉进行电火花线切割加工。

三、实训条件

实训条件:快走丝线切割机床、计算机、Towedm 线切割编程软件、加工工件、压板、支撑板、划针。

四、实训的具体步骤与详细内容

1. 零件工艺性分析

(1) 如图 8-25 所示,该凹模不仅要加工出凹模刃口尺寸,还要加工出两个直径为 $\phi 8$ mm 的销孔。自动拨叉凹模刃口尺寸见图 8-26 所示。

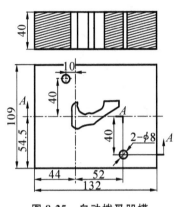

图 8-25　自动拨叉凹模　　　　图 8-26　自动拨叉凹模刃口尺寸

(2) 由于该模具是凹模,因此必需加工出穿丝孔,在图 8-27 中,直径为 $\phi 5$ mm 的 3 个孔即为穿丝孔(毛坯材料为 Gr12)。

(3) 在进行装夹前,应清除工件毛刺及穿丝孔处不利于导电的氧化层,并且将有螺纹孔的面放在下面,以保证凹模刃口尺寸。

(4) 用划针将图 8-27 中所示的中心线拉直,平行于相应的机床坐标,并以两中心线的交点(即穿丝孔圆心)为凹模刃口程序原点,进行切割。在进行跳步模加工时,必须保证各个加工轨迹的位置精度。

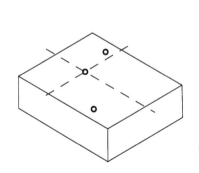
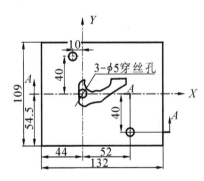

图 8-27　毛坯穿丝孔布置圈

2. 零件装夹方案的制订

(1) 装夹的前提是不损坏机床,必须保证工件坐标系(工件放置在机床上的坐标系)、机床坐标系(机床自身坐标系)、程序坐标系(采用图形交互式编程时编程软件有一个二维坐标系)等三坐标系一致。

(2) 采用桥式支撑方式,将工件安装在工作台面的中间位置并用一对压板压紧,如图 8-28 所示。

(3) 采用划针划线法拉直如图 8-28 所示的两个轴线,再复查外形边缘是否满足加工要求。

(4) 校正后,再用压板压紧工件。

提示:在装夹时,检查上丝臂、螺杆是否发生干涉现象。

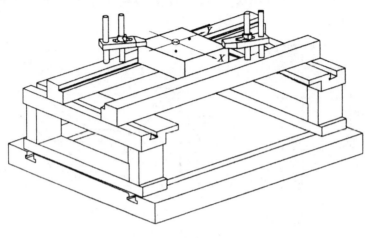

图 8-28　装夹示意图

3. 电极丝的安装

(1) 如图 8-29 所示,将储丝筒上钼丝的一端,经过副导轮 1,导电块 2,导轮 3,下水嘴中心 4,穿丝孔,上水嘴中心 5,上导轮 6,导电块 7,副导轮 8,最后将其缠在储丝筒压丝螺钉处。

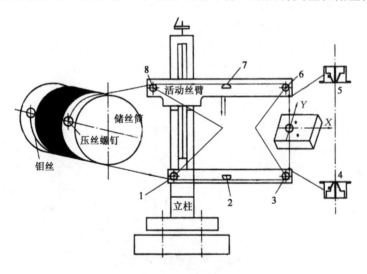

图 8-29　穿丝示意图

1—副导轮;2—导电块;3—导轮;4—下水嘴;5—上水嘴;6—导轮;7—导电块;8—副导轮

(2) 检查钼丝是否在导轮槽中,与导电块接触是否良好,松紧程度是否合适,并校正电极丝的垂直度。

4. 建立坐标系

(1) 首先通过 X 向目测、Y 向目测,将钼丝置于穿丝孔的中心位置。

(2) 然后用游标卡尺测量当前点到凹模刃口轮廓线边缘及其余穿丝孔的距离,是否保证加工工件的完整性,可根据实际情况做相应的调整。

(3) 调整后,按【F10】键,锁紧 X、Y 步进电动机。

(4) 用手松开 X、Y 轴刻度盘锁紧螺钉,旋转其到"0"位置,将 X、Y 轴坐标清零,再旋紧锁紧螺钉。当前位置就是程序的原点位置。

5. 自动编程

步骤1:打开 Towedm 线切割编程系统。

步骤2:选择主界面【Pro 绘图编程】进入线切割加工绘图编程界面。

步骤3:绘制已知点,依次单击菜单区的【点】→【极/坐标点】,通过键盘依次输入点 A【−4,0】、点 B【−4,14.5】、点 C【2.75,14.5】、点 D【2.75,8】、点 E【−4,−7.5】、圆心 O_1【1,−7.5】。

步骤4:连接已知点,依次单击菜单区的【直线】→【两点直线】,使用鼠标在图形显示区依次连接点 $EABCD$。

步骤5:绘制圆 O_1,依次单击菜单区的【圆】→【圆心+半径】,使用鼠标在图形显示区选取点 O_1,通过键盘输入半径【5】。

步骤6:绘制辅助线,依次单击菜单区的【直线】→【直线平移】,使用鼠标在图形显示区选取 Y 轴,通过键盘输入平移距离【4】,方向向左做辅助线 L_1;同上,依次将辅助线 L_1 向右平移【51.2】做辅助线 L_2,辅助线 L_2 向左平移【15.5】做辅助线 L_3,将 X 轴向下平移【7.5】做辅助线 L_4,辅助线 L_4 向上平移【24.3】做辅助线 L_5。

步骤7:单击菜单区的【交点】,使用鼠标在图形显示区依次单击辅助线 L_2、L_3 与 L_5 相交处,选取交点 F、G。

步骤8:绘制辅助线,依次单击菜单区的【直线】→【直线平移】,使用鼠标在图形显示区选取辅助线 L_5,通过键盘输入平移距离【6.3】,方向向下做辅助线 L_6。

步骤9:单击菜单区的【交点】,使用鼠标在图形显示区单击辅助线 L_5 与辅助线 L_6 的相交处,选取交点 H。

步骤10:连接交点,依次单击菜单区的【直线】→【两点直线】,使用鼠标在图形显示区依次连接点 FGH。

步骤11:绘制辅助线,依次单击菜单区的【直线】→【直线平移】,使用鼠标在图形显示区选取 Y 轴,通过键盘输入平移距离【14.75】,方向向右做辅助线 L_7;同上,将 Y 轴向右平移【20.25】做辅助线 L_8。

步骤12:单击菜单区的【交点】,使用鼠标在图形显示区单击辅助线 L_7、L_8 与 L_4 的相交处,选取交点 I、J。

步骤13:连接交点,依次单击菜单区的【直线】→【两点直线】,使用鼠标在图形显示区依次连接点 IJH。

步骤14:作线段,依次单击菜单区的【直线】→【点切于圆】,使用鼠标在图形显示区选上点 I,选择圆 O_1,直线切圆 O_1,切点为 K。

步骤15:绘制辅助线,依次单击菜单区的【直线】→【直线平移】,使用鼠标在图形显示区选取线段 JH,通过键盘输入平移距离【8.1】,方向向上做辅助线 L_9;同上,依次将线段 KI 向上平移【10.8】做辅助线 L_{10},将辅助线 L_4 向上平移【11.5】做辅助线 L_{11}。

步骤 16：单击菜单区的【交点】，使用鼠标在图形显示区单击辅助线 L_9、L_{10} 与 L_{11} 的相交处，选取交点 L、M；同上，单击辅助线 L_9 与 L_7 的相交处，选取交点 N。

步骤 17：删除辅助线 L_9，单击菜单区的【删除】，使用鼠标在图形显示区单击辅助线 L_9。

步骤 18：连接交点，依次单击菜单区的【直线】→【两点直线】，使用鼠标在图形显示区依次连接点 $LMNF$。

步骤 19：作斜线，依次单击菜单区的【直线】→【点＋角度】，使用鼠标在图形显示区选定点 D，通过键盘输入角度【－45】，作线段 L_{12}。

步骤 20：单击菜单区的【交点】，使用鼠标在图形显示区单击辅助线 L_{12} 与 L_{10} 的相交处，选取交点 U。

步骤 21：删除辅助线 L_{10}、L_{12}，单击菜单区的【删除】，使用鼠标在图形显示区单击辅助线 L_{10}、L_{12}。

步骤 22：连接交点，依次单击菜单区的【直线】→【两点直线】，使用鼠标在图形显示区依次连接点 DUL。

步骤 23：单击菜单区的【打断】，删除圆 O_1 多余的部分。

步骤 24：依次单击菜单区的【圆】→【尖点变圆弧】，输入半径【5】，使用鼠标在图形显示区选择点 B；同上，输入半径【3】，使用鼠标在图形显示区选择点 U；输入半径【4】，使用鼠标在图形显示区选择点 N。

步骤 25：删除图中多余辅助线，单击菜单区的【删除】，使用鼠标在图形显示区单击多余辅助线。

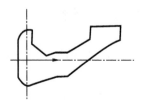

图 8-30 自动拨叉凹模图

步骤 26：选取穿丝孔，依次单击菜单区的【点】→【极/坐标点】，通过键盘依次输入原点【0,0】，圆心 O_2【－10,40】、圆心 O_3【52,－40】。

步骤 27：绘制加工起始路线，依次单击菜单区的【直线】→【两点直线】，使用鼠标在图形显示区依次连接原点与点 A。

步骤 28：绘制销孔，依次单击菜单区的【圆】→【圆心＋半径】，使用鼠标在图形显示区选取点 O_2，通过键盘输入半径【4】；同上，使用鼠标在图形显示区选取点 O_3，通过键盘输入半径【4】。

提示：两个销孔以自身圆心为穿丝起点，而凹模刃口以坐标系原点为穿丝起点，绘制图形结果如图 8-30 所示。

步骤 29：进入主菜单，单击【文件存盘】，输入文件名【BOCHA】，生成文件 BOCHA.DAT。

6. 编辑加工路线

步骤 1：依次单击菜单区的【数控程序】→【加工路线】，进入加工路线编辑。根据左下方会话区提示进行输入。

步骤 2：屏幕左下方提示【加工起始点】，使用鼠标在图形显示区选取【原点】作为加工起始点。

步骤 3：屏幕左下方提示【加工方向】，拨叉轮廓线上出现两个相反方向的箭头，分别指示的是顺时针切割方向和逆时针切割方向，用鼠标选择其一。

步骤 4：屏幕左下方提示【尖点圆弧半径】，图形尖点处不用倒角，通过键盘输入【0】回车或直接回车。

步骤 5：屏幕左下方提示【补偿间隙】，现用 $\phi 0.16$ mm 的钼丝加工该凹模。间隙补偿值为 0.09 mm（$f_{凹}=r_{丝}+\delta_{电}=0.08+0.01=0.09$）。如图 8-31(a)所示，选择箭头的 B 端方向，通过键盘输入【0.09】。

步骤 6：屏幕左下方提示【重复切割】，通过键盘输入【N】，结果如图 8-31(b)所示。

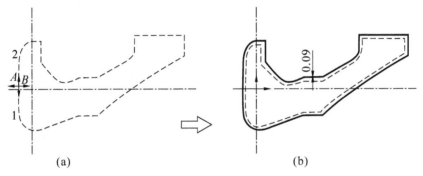

图 8-31　拨叉轨迹生成

步骤 7：采用相同方法编写销孔的轨迹，结果如图 8-32 所示。
步骤 8：单击【代码存盘】，自动生成文件 BOCHA.3B。
步骤 9：单击【轨迹仿真】，如图 8-33 所示。

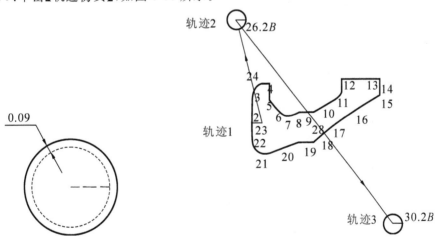

图 8-32　销孔轨迹生成　　　　图 8-33　拨叉静态仿真

7. 拨叉线切割加工

步骤 1：依次单击线切割数控自动编程软件主界面的【Work 加工♯1】→【Cut 切割】→【BOCHA.3B】，从图库装入编制好的程序（BOCHA.3B）。

步骤 2：检查机床，开启工作液泵，开走丝，机床做好准备。

步骤 3：在加工界面下，将【F10 Track 自动】、【F11 H.F. 高频】、【F12 Lock 进给】打开，按下【F1 Start 开始】，按【Enter】键确认后，机床开始执行编程指令，沿工件切割路径进行切割。

步骤 4：切割加工中，注意工作液包裹住钼丝。工作液的浓度变化会影响切割效率，可适当降低工作液的浓度。

步骤5:切割完成后,取下拨叉凹模,将其擦拭干净,再将机床擦干净,工作台表面涂上机油。按机床红色关机按钮,关闭控制系统,再关闭机床总开关,切断电源。

实训任务二　五角星数控线切割编程的综合实训

一、实训目的

掌握线切割软件的使用方法。

二、实训要求

线切割软件的使用与代码生成。

三、实训条件

实训条件:计算机、Towedm 线切割编程软件。

四、实训的具体步骤与详细内容

1. 加工工件图形的绘制

步骤1:打开 Towedm 线切割编程系统。

步骤2:选择主界面【Pro 绘图编程】进入线切割加工绘图编程界面。

步骤3:绘制辅助圆,依次单击菜单区的【圆】→【圆心＋半径】,使用鼠标在图形显示区选取【原坐标点】做圆心,通过键盘输入半径【50】。

步骤4:选取等分点,依次单击菜单区的【点】→【等分点】,使用鼠标在图形显示区【选定圆】,通过键盘输入等分数【5】,起始角度【90】。

步骤5:绘制五角星,依次单击菜单区的【直线】→【两点直线】,使用鼠标在图形显示区选取各点,依次连接。

步骤6:选取交点,单击菜单区的【交点】,使用鼠标在图形显示区单击各线段相交处。

步骤7:删除图中多余线段,单击菜单区的【删除】,使用鼠标在图形显示区单击多余线段和辅助圆。

步骤8:绘制切割起点段,依次单击菜单区的【直线】→【两点直线】,使用鼠标在图形显示区选取原点和五角星的一个端点,得到五角星图案。

提示:五角星以坐标系原点为穿丝起点,如图 8-34 所示。

步骤9:进入主菜单,单击【文件存盘】,输入文件名【WJX】,

图 8-34　穿丝点位置确定

生成文件 WJX.DAT。

2. 加工工件图形的轨迹生成

步骤 1：依次单击菜单区的【数控程序】→【加工路线】,进入加工路线编辑。根据左下方会话区提示进行输入。

步骤 2：屏幕左下方提示【加工起始点】,使用鼠标在图形显示区选取【原点】作为加工起始点。

步骤 3：屏幕左下方提示【加工方向】,五角星轮廓线上出现两个相反方向的箭头,表示切割路径选择方向,要求操作者选择是顺时针切割方向还是逆时针切割方向,用鼠标选择其一,本例选择逆时针切割方向,如图 8-35(a)所示。

步骤 4：屏幕左下方提示【尖点圆弧半径】,图形尖点处不用倒角,通过键盘输入【0】回车或者直接回车。

步骤 5：屏幕左下方提示【补偿间隙】,现用 $\phi 0.18$ mm 的钼丝加工该凹模。间隙补偿值为 0.10 mm($f_{凹}=r_{丝}+\delta_{电}=0.09+0.01=0.10$)。如图 8-35(b)所示,选择切割内轮廓,通过键盘输入【0.10】。

步骤 6：屏幕左下方提示【重复切割】,通过键盘输入【N】,轨迹编辑完成。

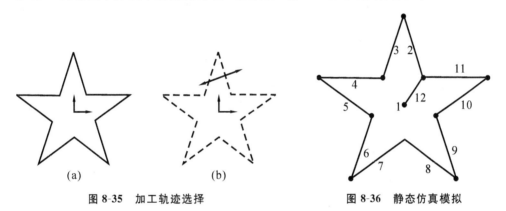

图 8-35　加工轨迹选择　　　　　图 8-36　静态仿真模拟

3. 加工工件图形的编程代码生成

在加工工件图形的轨迹编辑完成后,使用鼠标单击【代码存盘】,自动生成文件 WJX.3B。单击【轨迹仿真】,屏幕出现静态仿真模拟,如图 8-36 所示。

退出绘图编辑,进入主界面,选择【File 文件调入】,弹出对话框,对话框内容为加工工件图形所需的 3B 代码文件,选择文件【WJX.3B】,生成的具体代码如下。

```
* * * * * * * * * * * * * * * * * * * * * * * * * * * * * * * * * * * * * * *
* * * * * * * * * * * * * * * * * * * * * *
Towedm-Version 2.96  D:\WSNCP\WJX.DAT
Conner R=0.000, offset F=0.100  Length=398.868
* * * * * * * * * * * * * * * * * * * * * * * * * * * * * * * * * * * * * * *
* * * * * * * * * * * * * * * * * * * * * *
-------------------------------------------------------------------------------
Start Point = 0.0000, 0.0000  X Y
```

```
N 1  B 11153 B 15351 B 15351 GY L1 ； 11.153  15.351
N 2  B 11153 B 34325 B 34325 GY L2 ； 0.000   49.676
N 3  B 11153 B 34325 B 34325 GY L3 ； －11.153 15.351
N 4  B 0B 0B 36092 GX L3 ； －47.245  15.351
N 5  B 29199 B 21215 B 29199 GX L4 ； －18.046 －5.864
N 6  B 11153 B 34325 B 34325 GY L3 ； －29.199 －40.189
N 7  B 29199 B 21214 B 29199 GX L1 ； 0.000   －18.975
N 8  B 29199 B 21214 B 29199 GX L4 ； 29.199  －40.189
N 9  B 11153 B 34325 B 34325 GY L2 ； 18.046  －5.864
N 10 B 29199 B 21215 B 29199 GX L1 ； 47.245  15.351
N 11 B 0B 0B 36092 GX L3 ； 11.153  15.351
N 12 B 11153 B 15351 B 15351 GY L3 ； 0.000   0.000
DD
```

【思考题】

8-1 简述电火花线切割加工和电火花成形机加工的工艺特点。

8-2 简述 DK7740 线切割机床的工作原理。

8-3 编制图 8-37 所示凸凹模的线切割加工程序。已知电极丝直径为 $\phi 0.18$ mm，单边放电间隙为 0.01 mm。图 8-37 中双点划线为坯料外轮廓。工件装夹方式如图 8-38 所示。

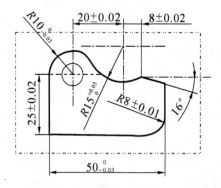

图 8-37 凸凹模的线切割加工程序

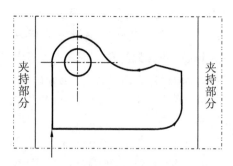

图 8-38 工件装夹方式

参 考 文 献

[1] 林岩.数控车工技能实训[M].北京:化学工业出版社,2007.
[2] 王雷.数控铣床加工中心操作与加工实训[M].北京:电子工业出版社,2008.
[3] 冯志刚.常见系统操作难点快速掌握[M].北京:机械工业出版社,2008.
[4] 叶桂容,彭心恒.数控车床操作技能训练[M].广州:广东科技出版社,2007.
[5] 胡育辉.数控铣床加工中心[M].沈阳:辽宁科学技术出版社,2005.
[6] 关颖.数控车床[M].北京:化学工业出版社,2005.
[7] 徐衡.FANUC系统数控铣床和加工中心培训教程[M].北京:化学工业出版社,2007.
[8] 夏端武,李茂才.FANUC数控车编程加工技术[M].北京:化学工业出版社,2010.
[9] 胡友树.数控车床编程、操作及实训[M].合肥:合肥工业大学出版社,2005.
[10] 黄道业.数控铣床(加工中心)编程、操作及实训[M].合肥:合肥工业大学出版社,2005.
[11] 周湛学,刘玉忠.数控电火花加工[M].北京:化学工业出版社,2006.
[12] 胡相斌.数控加工实训教程[M].北京:机械工业出版社,2004.
[13] 胡相斌.数控加工实训教程[M].西安:西安电子科技大学出版社,2007.
[14] 王金城.数控机床实训技术[M].北京:电子工业出版社,2006.
[15] 冯文杰.数控加工实训教程[M].重庆:重庆大学出版社,2008.
[16] 吴德军.CAXA数控线切割加工[M].重庆:重庆大学出版社,2008.
[17] 宋昌才.数控电火花加工[M].北京:化学工业出版社,2008.
[18] 华中数控股份有限公司.数控车床编程及使用说明书[M].武汉:华中数控股份有限公司,2004.
[19] 华中数控股份有限公司.数控铣床编程及使用说明书[M].武汉:华中数控股份有限公司,2004.
[20] 邓奕.数控加工技术实践[M].北京:机械工业出版社,2009.
[21] 齐洪方,张胜利.数控编程与加工仿真[M].武汉:华中科技大学出版社,2010.
[22] 上海宇龙软件工程有限公司.数控加工仿真系统使用手册[M].上海:上海宇龙软件工程有限公司,2007.
[23] 赵军华,肖珑.数控铣削(加工中心)加工操作实训[M].北京:机械工业出版社,2008.
[24] 周虹.数控编程与操作[M].西安:西安电子科技大学出版社,2007.
[25] 王军,王申银.数控加工编程与应用[M].武汉:华中科技大学出版社,2009.
[26] 刘长伟.数控加工工艺[M].西安:西安电子科技大学出版社,2007.
[27] 荣瑞芳.数控加工工艺与编程[M].西安:西安电子科技大学出版社,2006.
[28] 崔元刚.数控机床技术应用[M].北京:北京理工大学出版社,2006.